JIANZHU HUANJING
LITI LÜHUA JISHU

建筑环境
立体绿化技术

徐峰　主编

化学工业出版社
·北京·

图书在版编目（CIP）数据

建筑环境立体绿化技术/徐峰主编. —北京：化学工业出版社，2014.2
ISBN 978-7-122-19199-1

Ⅰ.①建…　Ⅱ.①徐…　Ⅲ.①建筑物-空间-绿化
Ⅳ.①TU985

中国版本图书馆 CIP 数据核字（2013）第 286861 号

责任编辑：张林爽　　　　装帧设计：韩　飞
责任校对：徐贞珍

出版发行：化学工业出版社（北京市东城区青年湖南街 13 号　邮政编码 100011）
印　　装：北京虎彩文化传播有限公司
787mm×1092mm　1/16　印张 16　字数 418 千字　　2014 年 4 月北京第 1 版第 1 次印刷

购书咨询：010-64518888　　　　售后服务：010-64518899
网　　址：http：//www.cip.com.cn
凡购买本书，如有缺损质量问题，本社销售中心负责调换。

定　　价：**49.00 元**

编写人员名单

主　　编　徐　峰

参编人员　徐　峰　王　静　李均超　姜　丽　尹丹红

何伟强　曹　洋　胡　南　任振宇

前言

随着人们对城市绿地景观环境的生态价值的深入认识，植物在城市绿化中的作用越显突出，应用程度越来越广泛，立体绿化已日趋成为改善城市生态环境的一个重要手段。在实际的建筑环境设计应用中合理地选择，根据不同的建筑环境特点和生态功能上的要求来确定适合栽植的最佳植物种类，能够为屋顶、阳台、露台产生多种生态效益。

我国的建筑环境立体绿化尚处于探索阶段，缺乏比较系统的理论指导。在指导书方面，虽然有关于立体绿化的文献及书籍，但是针对建筑环境立体绿化目前尚无一本适应新形势、比较系统的指导用书。为了解决这些问题，特编写《建筑环境立体绿化技术》一书，以期为建筑环境立体绿化提供借鉴和参考。本书系统介绍了建筑环境立体绿化的基本理论和方法，建筑环境立体绿化概述、绿化形式、绿化植物选择以及绿化的养护管理，通过本书可以掌握立体绿化的基本方法和技术。本书在内容上采用理论讲解和实例分析相结合的方式，形式上图文并茂，力求通俗易懂、深入浅出，以期为读者突出学习重点，指明学习方向；本书可供园林绿化的初、中、高级技术人员，广大园林爱好者，工程技术人员学习参考，也可作为各大中专院校相关专业教师和学生的参考教材。

全书共分八章，其中第一章介绍建筑环境立体绿化应用概述；第二至第六章介绍屋顶绿化，墙体绿化，阳台露台窗台、门厅室内和庭院立体绿化的设计应用，主要包括每项内容的概述、设计和实例分析；第七章介绍建筑环境立体绿化施工技术，包括植物选择、基质要求、辅助设施和栽植方法；第八章介绍建筑环境立体绿化养护管理，主要包括植物材料和附属设施的养护管理两部分；另附屋顶绿化规范。本书的插图有自己绘制拍摄的，也有一些是参考已出版的书刊，在此谨向原作者表示感谢。

由于时间比较仓促，加上笔者能力水平有限，书中的错误和纰漏在所难免，敬请各位专家和读者批评指正。

编者

2014年1月

目 录

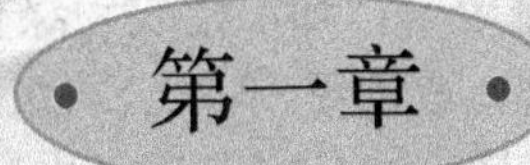

第一章 建筑环境立体绿化应用概述

一、建筑环境立体绿化简介

立体绿化是指除平面绿化以外的所有绿化，其中建筑环境立体绿化主要形式为：屋顶绿化、墙体绿化、阳台露台绿化、室内绿化、庭院绿化等。面对城市飞速发展带来寸土寸金的局面，还有绿化面积不达标、空气质量不理想、城市噪声无法隔离等难题，发展立体绿化将是绿化行业发展的大趋势。

立体绿化是城市绿化的重要形式之一，是改善城市生态环境，丰富城市绿化景观重要而有效的方式。发展立体绿化，能丰富城区园林绿化的空间结构层次和城市立体景观艺术效果，有助于进一步增加城市绿量，减少热岛效应，吸尘、减少噪声和有害气体，营造和改善城区生态环境，还能保温隔热，节约能源，滞留雨水，缓解城市下水、排水压力。

屋顶绿化：指在建筑物、构筑物的顶部、天台、露台之上进行的绿化和造园的一种绿化形式。

墙体绿化：泛指用植物通过攀缘或者铺贴式方法装饰建筑物内外墙和各种围墙的一种立体绿化形式。

阳台绿化：指利用各种植物材料，包括攀缘植物，对建筑物的阳台进行绿化的方式。

门庭绿化：指各种攀缘植物借助于门架以及与屋檐相连接的雨篷进行绿化的形式，融和了墙体绿化、棚架绿化和屋顶绿化的方式方法。

花架、棚架绿化：是各种攀缘植物在一定空间范围内，借助于各种形式、各种构件在棚架、花架上生长，并组成景观的一种立体绿化形式。

栅栏绿化：是攀缘植物借助于篱笆和栅栏的各种构件生长，用以划分空间地域的绿化形式。主要是起到分隔庭院和防护的作用。

假山与枯树绿化：指在假山、山石及一些需要保护的枯树上种植攀缘植物，使景观更富自然情趣。

二、建筑环境立体绿化施工方案

①工程图的制定；②铺设种植结构；③种植环境的固定；④水源及养源的结构安装；

⑤对种植环境和水源结构的兼容调试；⑥植物种植；⑦调整植物并修剪；⑧整体完工。

三、建筑环境立体绿化国内外发展现状

世界各地的许多城市十分重视立体绿化、垂直绿化和空中绿化，这已成为全世界绿色运动的一部分。日本在这方面已走在世界前列，为了增加绿地、改善生态环境，目前东京正在开展屋顶绿化运动，日本其它各大城市也开始了兴建高档天台的空中花园。

1991年东京都政府就颁发了城市绿化法律，法律规定在设计大楼时，必须提出绿化计划书，1992年又制定了“都市建筑物绿化计划指南”，使城市绿化更为具体。东京都市绿化运动是由东京建设、造景等48家公司组成的高档天台开发研究会率先兴起的，它得到了东京都政府的大力支持。在日本东京已出现不少屋顶小型花园、空中花园等，它们在吸引游客的同时，也造福了东京市民。为了使东京成为21世纪的绿色城市，日本在绿色屋顶建筑中采用了许多新技术，例如采用人工土壤、自动灌水装置，甚至有控制植物高度及根系深度的种植技术。

立体绿化要收到实效，必须两手抓，两手都要硬，既要有鼓励政策，又应有强制性政策。鼓励政策包括政府补贴和免费的技术支持等；强制性政策主要针对公共基础设施和商业开发，通过建筑设计和规划硬性要求，促使开发商向空中要绿地。

2010年上海世博会上的植物墙和屋顶绿化夺人眼球，从此中国地区涌现出一大批优秀的立体绿化企业，有代表性的技术有链摸盆组技术、模块种植技术、植物袋种植技术，这些技术成功地在上海、武汉、广州、杭州等城市得到广泛应用，并且得到广大市民一致认可。

国外还有不少的国家规定，城市不准建单纯的砖墙、水泥墙，必须营造“生态墙”，具体做法是沿墙等距离植树，中间种植攀缘爬藤类花草，亦可辅以铁艺网，这样省工、省料、又实用，既达到了垂直绿化效果，而且可以起到透绿的作用。“花园城市”新加坡，到处是郁郁葱葱的植被，立体绿化让建筑物淹没在一片绿色之中。美国许多城市所有空地几乎都被绿色覆盖，各大超级市场的护栏、建筑物墙上都植有树木花草，通过各种方法增加绿量；芝加哥的屋顶花园也十分普及，芝加哥环境部决定设计建造各种屋顶花园，这样可以节省市政府在夏季的开销，每年节省下的4000万美元降温费用于建筑新屋顶，其寿命比传统屋顶长一倍，设计多层特制土壤，并用聚苯乙烯材料、蛋壳形锥体和防水薄膜等防止屋顶因不能承受土壤、洒水和植物的总重量而发生的渗漏，屋顶花园种植野洋葱、红花山桃草、天蓝色翠菊和野牛草等各种植物。匈牙利的布达佩斯也是繁花似锦的花园城市，该市居民楼的每户阳台上布满藤蔓植物，每个楼梯上及转弯平台处也摆放盆盆鲜花。

随着植物和花草在空中花园中出现，在阳台或屋顶上种植绿色植物在欧洲也十分普遍，在欧洲有的城市中机关、学校、商厦、居民住宅的屋顶花园随处可见，立体绿化不仅可以对人产生良好的心理效果，而且能改善环境，净化空气，美化城市，同时对建筑物本身起隔热节能和降低噪声的作用，由此可见，搞好立体绿化是大有裨益的。

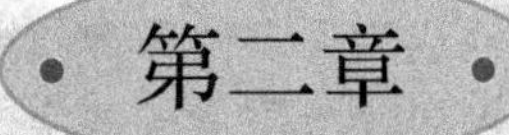

屋顶绿化的设计应用

第一节　屋顶花园概述

一、屋顶花园的概念

近代工业革命给城市带来了巨大的变化，不仅创造了前所未有的财富，同时给现代城市（图 2-1）带来了各种问题：城市规模越来越大，布局越来越混乱；都市人口大量增加，高楼大厦迅猛崛起；城市局部地区卫生条件恶化，疾病和瘟疫流行。其导致的结果必然是：城市整体环境质量明显下降以及绿化率和绿化面积的急剧下降，进而更加严重的后果是城市景观环境和生态环境的恶化，热岛效应更加显著。

图 2-1　现代城市

城市问题变得越来越尖锐和复杂，引起了社会的广泛关注并使得社会各个阶层对这些问题进行着不同方式的探讨。随着城市建设的发展和人们生活水平的提高，人们越来越重视高质量的生活空间，对城市的环境与面貌的要求也在不断提高，渴望有一个健康的生存环境。人们希望对现有城市，特别是大城市本身的内部进行改造，使其能够适应现代城市的发展需要。绿化与阳光、空气并列为城市居住区内不可缺少的三大要素之一，对城市生态环境的影响非常大，城市发展必须保证有一定比例的绿地面积才能发挥改善城市环境的作用。由于在建筑之外的水平方向上扩展绿化空间越来越困难，因此必须把更多的绿化空间引入到建筑空间，向“第五立面”索取绿色，以立体绿化来增加城市绿地面积的不足，为都市人在紧张工作之余提供休息和消除疲劳的舒适场所。因此城市中对建筑进行垂直绿化和屋顶绿化来增加城市绿化面积，已经成为许多优秀建筑师眼中优质工程必不可少的一项设计内容，更是园林工作者改善生态和人居环境质量的法宝，这是当今建筑和园林发展的必然结果。

从一般意义上讲，屋顶花园是指在各类建筑物、构筑物、桥梁（立交桥）等的顶部、阳台、天台、露台上进行园林绿化、种植草木花卉作物所形成的景观。它是以建筑物顶部为依托，根据屋顶的结构特点以及屋顶上的生境条件，选择生态习性与之相适应的植物材料进行蓄水种植，通过一定的艺术手法，覆土并营造园林景观的一种空间绿化屋顶形式。

屋顶花园不但具有隔热、降温的环保节能效果，而且可以改善局部气候，丰富城市的空间景观，增加城市空间层次，大大提高城市的绿化覆盖率，在偿还被挤占的绿地面积的同时，改善日趋恶化的人类生存环境空间，改善人民的居住条件，提高生活质量，使居住和工作在高层建筑中的人们俯瞰到更加美丽的园林景观，享受更加丰富的园林美景，是我们值得推广的屋面建设形式。

二、屋顶花园的历史及现状

（一）国外屋顶花园的历史及现状

踞人之上，登高远望那种自由惬意的感受是地面上的花园无法给予的，古人深谙此理，屋顶造园活动从古便有。远古时代的亚述古庙塔沿着神塔外沿阶梯状的平台上，栽种一些树木和灌木丛，以缓解人们攀爬神庙的劳累，还有助于驱走酷热。早在公元前6世纪，尼布甲尼撒（Nebuchadnezzar，公元前605－前562年）就建造了巴比伦的空中花园（如图2-2，即被列为世界七大奇观之一的“悬空园”）。这座空中花园，不惜工本，在屋顶上种植树木，用机械提水浇灌，古罗马历史学家库勒斯（Diodorus Siculus，死于公元前21年之后）这样记述这座花园：“通向花园的路倾斜着登上山坡、花园的各部分一层高过一层……所以它像一座剧场……最上层有约23m的廊子，它的顶是全园的最高处……廊子的顶由石梁支撑……上面铺着一层沥青，芦荟，砖，铅皮和泥土，厚度足够树木扎根；地面弄平，密密种植各种树木……使游览的人赏心悦目……廊子里有许多御用寝室；有一个廊子，里面安装一台机器把水提上来，通过一个口子，流向花园最高处，灌溉花园”。从中我们可以推断出这座空中花园的大致模样，可见其的确无愧于“历史上第一名园”的称号。

17世纪，俄罗斯克里姆林宫修建了一个双层空中花园，建在拱形柱廊之上，顶层花园为石墙所环绕，有一个1000平方英尺[1]的水池，中设喷泉，在盆钵或者容器中种植了果树、花灌木、葡萄等。19世纪末德国的拉比茨（Rabbitz）屋顶花园建筑师卡尔·拉比茨采用了自己的专利——硫化橡胶，这种施工技术被认为是建筑屋顶防水的突破。

19世纪末美国开始建造屋顶剧场。这一时期屋顶花园开始向公众游憩、盈利性方向转

[1] 1平方英尺＝0.092903m^2。

图 2-2 “空中花园”

化，因此，屋顶剧场、高级宾馆的屋顶花园逐渐兴起。1880 年，纽约的音乐家鲁道夫（Rudolph）在纽约争取到了大额的资助，建造了位于百老汇和第 39 号街之间的娱乐宫剧院（Casino theater）。这一剧院于 1882 年完工，开创了屋顶剧院的先河，露天的观众席供人们在夏季使用，种植草皮的屋顶可以为演员和观众挡雨，在 1890 年以前，娱乐宫歌剧院一直是纽约歌剧院的代表。最具想象力的是修建于 1895 年、位于奥斯卡的奥林匹亚音乐厅，它的屋顶花园长 71m、宽 30.5m、高度为 19.8m，横穿整个街区，完全由草地包围。从地下室直接抽水到外面的屋顶边缘，在夏天的时候可以降温，也可以隔断城市噪声，花园里有洞穴、凉亭、3m 高的峭壁。舞台的左边被设计为石制山脉，人工溪水流到一个 12m×1m 的湖中，湖面上有天鹅戏水。舞台右边是绘有山景的壁画，仿制假山、木桥，还有一个池塘，里面有鸭子在戏水。晚上，在人工灯光下，布景看上去像真的一样，与灰色调的城市完全不同。屋顶剧院在纽约的兴起给美国的居民、商人留下了深刻的印象，旅馆和酒店也设计了屋顶花园，摆放盆栽植物，设置喷泉、葡萄棚架，可以在上面举行大型晚宴、舞会。1959 年，美国以风景建筑师的开拓者的精神，在奥克兰凯瑟办公大楼的屋顶上，建造了一个景色秀丽的空中花园。全园面积虽只有 1.2hm^2，但毕竟为现代屋顶绿化开了先河，所以被视为建筑艺术与绿化艺术“杂交”的奇葩。

20 世纪 50 年代末到 60 年代初，一些公共或私人的屋顶花园开始建设。许多精美宽敞的屋顶花园被建成，这一时期的代表有凯厦中心（Kaiser Center）、奥克兰博物馆屋顶花园（Oakland museum）等。

西方国家在 20 世纪 60 年代以后，相继建造各类规模的屋顶花园，如美国华盛顿水门饭店屋顶花园、德国霍亚市牙科诊所屋顶花园、日本同志社女子大学图书馆屋顶花园等，这些屋顶花园多数是在大型公共建筑和居住建筑的屋顶，也有建在室内成为建筑内部共享空间的。有游览性的，也有仅能观赏、游人不能入内的屋顶绿化。

其中德国、日本对屋顶绿化及其相关技术有较深入的研究，并形成了一整套完善的技术，是世界上屋顶花园发展较快的国家。一向重视绿化的日本和拥有世界上第一流屋顶绿化设施的德国，屋顶花园的建造达到了相当高的水平（如图 2-3 日本某建筑屋顶花园）。日本设计的楼房除加大阳台以提供绿化面积外，还有把最高顶层的屋顶建成开放式，将整个屋顶连成一片的做法，使之变成较为宽敞的高空场地，居民可根据自己的喜好在屋顶栽花种草。日本政府特别鼓励建造屋顶绿化建筑。东京是全世界人口最密集的城市之一，想提高它的植被覆盖率相当困难。2001 年 5 月东京在修订的城市绿地保护法中，提出了“屋顶绿化设施

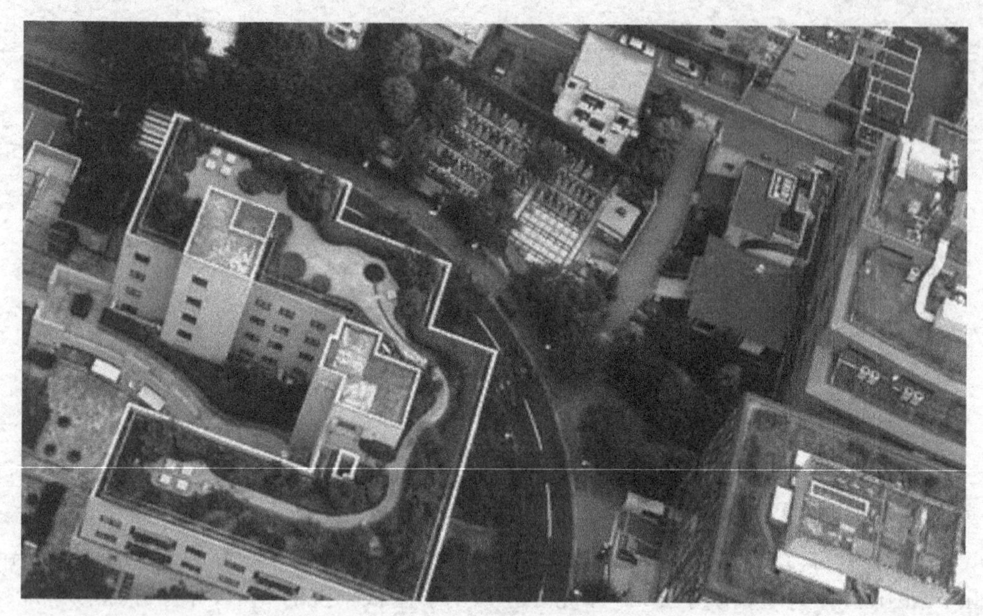

图 2-3 日本某建筑屋顶花园

配备计划”，并且规定新建建筑物占地面积超过 1000 平方米者，屋顶必须有 20%为绿色植物覆盖，否则要被罚款。目前，该市屋顶绿化率已经达到 14%。东京圣路加国际医院六层楼上的屋顶花园，郁郁葱葱的林木面积达 2000 平方米，让病人获得走进大自然的感受。患者或者访客常常到此休憩，呼吸一下新鲜空气，听一听林中小鸟的叫声。医院负责人说：“与其让病人看到窗外的绿色，不如让他们走进绿色的森林。”而在德国，更新楼房造型及其结构，将楼房建成阶梯式或金字塔式的住宅群，设计成各种形式的屋顶花园后，远看如半壁花山，近看又似斑斓峡谷，俯视则如同一条五彩缤纷的巨型地毯，令人心旷神怡。1982 年，德国立法强制推行屋顶绿化。到 2003 年末，总的屋顶绿化面积接近一亿平方米，到 2007 年，德国的屋顶绿化率达到 80%左右，成为整个城市绿地系统的重要组成部分，基本解决了建筑占地与绿地的矛盾，是全世界屋顶绿化做得最好的国家。

英国近年来也较为重视屋顶绿化，尤其重视屋顶绿化所带来的生物多样性的增加，在其零能耗建筑中充分利用了植被屋面的生态功能，同时从世界各地收集植物并进行筛选研究。

另外，欧洲其它国家如瑞士、法国、挪威等国也都非常重视屋顶绿化，瑞士不仅研究本国植被屋面生物多样性的问题，而且还研究伦敦植被屋面的生物多样性问题；法国曾建造 $8000m^2$ 悬挂的植被屋面和坡度为 45 度的可移动钢架上的植被屋面。

美国近些年也对屋顶绿化较为重视，以此缓解“城市热岛”效应。专家测算芝加哥所有建筑的屋顶绿化可使其每年节约能源约 1 亿美元，最高节约 720 兆瓦特，相当于几座电厂的发电量。

此外，加拿大、澳大利亚、巴西等国家近年来都非常重视屋顶绿化，并获得了很好的效果。

（二）我国屋顶花园的历史及现状

在我国，相传春秋时代吴王夫差在太湖边建造姑苏台，高 900m，横跨 2500m，在其上不仅栽有美丽的花木，而且还修了人工湖供划船用。但是由于我国古代建筑大多是木结构体系，采用坡屋顶，其上不适合建造屋顶花园，所以屋顶花园的设计和建造一直没有什么发展。直到20世纪60年代起，才开始研究屋顶花园的建造技术，并且处于起步阶段。

近年来，我国一些大中城市也开始了屋顶绿化。建筑师们开始有意识地在建筑设计中考虑屋顶绿化的因素，首先在公共建筑上建造屋顶花园。20世纪60年代初成都、重庆等一些城市的工厂车间、办公楼、仓库等建筑，利用平屋顶的空地开展农副生产，种植瓜果、蔬菜。70年代，我国第一个屋顶花园在广州东方宾馆屋顶建成（如图2-4）。它是我国建造最早，并按统一规划设计，与建筑物同步建成的屋顶花园。其面积约为900m²，在园内布置水池、湖石等园林小品，具有岭南园林的风格。1983年，北京长城饭店主楼西侧低层屋顶上，建起我国北方第一座大型露天屋顶花园，主楼西侧的屋顶花园面积约为3000m²，园内环境优雅，景色秀丽，树木以松柏为主，并配以各样花灌木、草坪，同时将具有中国传统园林特色的琉璃瓦方亭子也建造在园内，体现了中国式屋顶花园的特色。园内一条弯曲的小溪与三个瀑布既形成生动的水景，也提高了空气湿度，同时溪流声也削弱了来自三环路上车流的噪声。20世纪80年代后期屋顶绿化得到较快发展，2000年以后发展迅速，如成都、广州、上海、长沙、兰州等城市相继建造了很多屋顶花园，有代表性的如上海华亭宾馆屋顶花园、兰州园林局屋顶花园、北京首都宾馆的屋顶花园。

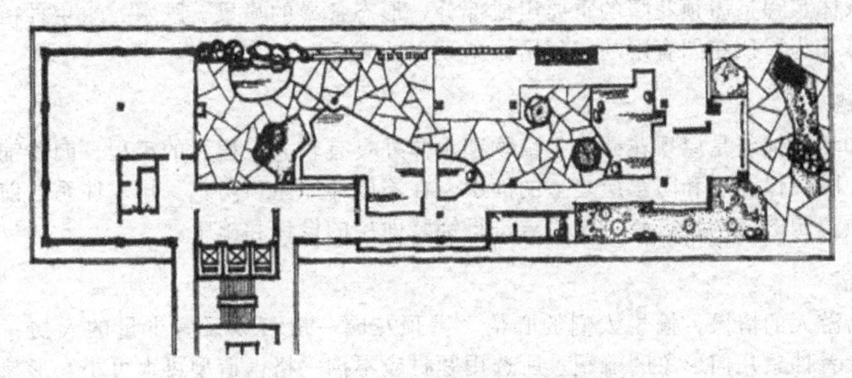

图2-4 广州东方宾馆屋顶花园平面图

屋顶花园也逐渐运用于住宅空间中，某些集合式住宅相继出现了屋顶花园。近年来，随着一些市民绿化、美化观念的增强，他们也开始自发地在自家屋顶建造屋顶花园。

北京政府2005年出台了《屋顶绿化规范》；上海加紧屋顶绿化立法进程；武汉、成都、重庆、广州、济南等纷纷将屋顶绿化提上日程，制定相关规则，对屋顶绿化给予规范和引导。屋顶花园正逐渐被社会各界认识、接受，将会为中国的城市建设做出巨大贡献。

三、屋顶花园的构成要素

屋顶花园的构成要素主要有：基质和地形，假山和置石，植物、水景、园路、雕塑和建筑等。

1. 基质和地形

屋顶绿化的基质和其它绿化的基质有很大的差别，要求肥效充足而又轻质。土层厚度一般要控制在最低限度以充分减轻荷载，泥土厚度在种植草皮等地被植物时需要10～15cm，栽植低矮的草花时需要20～30cm，灌木土深40～50cm，小乔木土深60～70cm。草坪与灌木之间以斜坡来过渡。

2. 假山和置石

屋顶花园的假山与露地造园的假山工程相比，仅作独立的附属造景，只可以观赏不能游览。受到屋顶空间和承重能力的限制，不适合在屋顶上兴建大型的以土石为主要建筑材料的假山工程。

屋顶花园上比较适合设置以观赏为主，体量较小而分散的精美置石。独立式精美置石一般占地面积较小，且为集中荷重，位置应与屋顶结构的梁柱结合。布置手法应结合屋顶花园的用途和结构特点，采用特置、散置、群置、对置的方式，运用山石小品作为点缀园林空间和陪衬建筑、道路、植物的手段。

在屋顶上如果需要建造较大型假山置石时，最好采用塑假石做法。塑石可以采用钢丝网水泥砂浆塑成或者是用玻璃钢成型。

3. 植物

屋顶花园的植物宜选用植株矮、根系浅的植物。高大乔木由于树冠较大，根系较深，在风力较大，土壤较浅的屋顶上极易被风吹倒，而且，乔木发达的根系容易深扎防水层造成渗漏现象，因此不宜在屋顶上栽植高大乔木。

4. 水体

各类水体工程是屋顶花园的重要组成部分，形态各异的喷泉、跌水、水生种植池以及观赏鱼池等等都为屋顶花园有限的空间增添了无限的乐趣。

5. 园路

道路和场地铺装是屋顶花园除了植物和水体外具有较大工程量的工程。园路铺装是做在屋顶楼板、隔热保温层和防水层之上的面层，在不破坏原屋顶防水、排水体系的前提下，可以结合屋顶花园的结构特点和特殊要求进行铺装面层的设计和施工。

6. 雕塑

为陶冶游人的情操，愉悦人们的心情，屋顶花园一般可以设置少量的人物、动物、植物、山石或者抽象几何形象的雕塑。所选用题材应不拘一格，造型可大可小，形象可生动可抽象，主题可严肃可浪漫。

同时，可以利用雕塑作为造园的标志。要注意特定的观赏角度和方位，决不可孤立地研究雕塑本身，应从它处于屋顶花园的平面位置、色彩、质感以及体量大小、背景等多方面考虑，甚至还要想到雕塑的方位朝向、光影变化、日照、光线起落和夜间人工光线照射的角度等。

7. 亭廊等园林建筑小品

这些建筑小品主要是用来休息、点景、遮阳，美化和丰富屋顶花园的景观效果。

四、屋顶花园的类型与功能

（一）屋顶花园的类型

目前欧美通常根据栽培养护的要求将屋顶绿化分为三种普遍类型：粗放式屋顶绿化（extensive green roofs），半精细式屋顶绿化（simple intensive green roofs），精细式屋顶绿化（intensive green roofs）。

粗放式屋顶绿化，又称开敞型屋顶绿化，是屋顶绿化中最简单的一种形式（如图 2-5），绿化效果粗放自然。具有以下基本特征：选用佛甲草、垂盆草等抗旱、生命力强的景天科草本植物，是以景天类植物为主的地被型绿化，一般构造的厚度为 5～15（20）cm，基质厚度可控制在 10cm 以内，低养护，免灌溉，重为 60～200kgf/m^2。粗放型屋顶绿化的优点是投资少，养护费用低，免灌溉，可满足低荷载屋顶的绿化需要，在一般的屋顶都可实施。缺点是不能满足人们在屋顶的休闲娱乐活动需要。

半精细式屋顶绿化，是介于粗放式和精细式屋顶绿化之间的一种形式（如图 2-6）。由于此类屋顶绿化形式灵活，可留出适当的空间为其它功能服务，适合小空间的公寓楼顶、小型住宅屋顶应用，是目前较多采用的屋顶绿化形式。植物选择趋于复杂，其特点是：利用耐旱草坪、地被、低矮的灌木或可匍匐生长的藤蔓类植物进行屋顶覆盖绿化。一般构造的厚度为 15～25cm，需要适时养护，及时灌溉，重为 120～250kgf/m^2。建造成本、维护费用及对屋顶荷载的要求比粗放式屋顶绿化高。

图 2-5　粗放式屋顶绿化：香港赤柱广场上的屋顶花园

图 2-6　半精细式屋顶绿化：上海巨人网络办公楼的屋顶花园

精细式屋顶绿化，指的是植物绿化与人工造景、亭台楼阁、溪流水榭等的完美组合的绿化形式（如图 2-7）。它具备以下几个特点：以植物造景为主，采用乔、灌、草结合的复层植物配植方式，采用的植物材料更丰富，造景手法更复杂，相当于将露地的花园建在屋顶上，产生较好的生态效益和景观效果。一般构造的厚度为 15～150cm，需经常养护，经常灌溉，重量为 150～1000kgf/m^2。其建造投资、维护费用及对屋顶荷载的要求最高。一般在大型建筑、高级宾馆等营利性的公共场所建造，以满足人们休闲娱乐的需要。

图 2-7　精细式屋顶绿化：芭堤雅希尔顿酒店屋顶花园

按照其它分类因素，屋顶花园还可以分为以下多种类型。

按屋顶花园所处的建筑高度分为：

地下建筑上的屋顶花园——以花园或露天广场的形式建造在地下掩土建筑的上方，可以起到掩藏下方建筑的作用，将建筑与周围的地面很好地融合在一起。这样的花园有助于保持该地段原有的景观特色，如北京中关村广场的屋顶花园（图 2-8）。单层建筑上的屋顶花园可起到绿化环境，为周围多层或高层建筑提供俯视景观的效果。

图 2-8　北京中关村广场的屋顶花园

多层建筑上的屋顶花园——包括独立式屋顶花园和高层建筑前的裙楼屋顶花园两类。管理方便，服务面积大，改善、美化城市环境效益显著，应用较多。如香港尖沙咀某饭店上的屋顶花园。

高层建筑上的屋顶花园——多以轻质人工合成种植基质上种植浅根植物，主要满足生态效应。此种屋顶花园服务面积小，环境限制多，技术要求高，建造难度较大。如香港某市中心大楼屋顶花园（图 2-9）。

图 2-9　香港某市中心大楼屋顶花园

按屋顶花园空间位置分为：

开敞式——在单体建筑上建造屋顶花园，屋顶四周不与其它建筑相接，成为独立的空中花园。视野开阔，通风良好，日照充足，设计上比较灵活，如日本东京帝国饭店屋顶花园，(图 2-10)。

半开敞式——花园的一面、两面或三面被建筑物包围的空中花园。设计时要考虑到与周围建筑外立面的协调，还有周围建筑俯瞰的观赏效果。由于采光和通风等条件的限制，所以在植物配置上要仔细考虑，如纽约克林顿公园屋顶花园（图 2-11)。

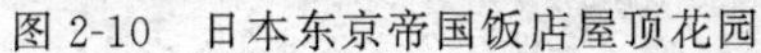

图 2-10 日本东京帝国饭店屋顶花园

图 2-11 纽约克林顿公园屋顶花园

封闭式——屋顶花园四周被高于它的建筑包围，形成向心型的天台花园。这种花园主要为四周建筑服务，设计时要结合四周建筑形式和功能上的特点，还要考虑四周的俯瞰效果。

按使用目的分为：

公共游憩性屋顶花园——这种形式的屋顶花园除具有绿化效益外，还是一种集活动、游乐为一体的公共场所，在设计上应考虑到它的公共性。在出入口、园路、布局、植物配置、小品设置等方面要注意符合人们在屋顶上活动、休息等的需要。应以草坪、小灌木、花卉为主，设置少量座椅及小型园林小品点缀，园路宜宽，便于人们活动。

建在宾馆、酒店的屋顶花园，已成为豪华宾馆的组成部分之一，实为招揽顾客，提供夜生活的场所。可以在屋顶花园上开办露天歌舞会、冷饮茶座等，这类屋顶花园因经济目的需要摆放茶座，因而花园的布局应以小巧精美为主，保证有较大的活动空间，植物配置应以高档、芳香为主。如北京长城饭店屋顶花园，图 2-12。

图 2-12 北京长城饭店屋顶花园

图 2-13 家庭式屋顶小花园

家庭式屋顶小花园——家庭式屋顶小花园往往面积较小，布置讲求小巧精美、生活化和趣味性，要满足功能的综合性和多样性，对功能空间合理组织安排，可以作为休闲场所，也能作为晾衣、储物、花房等功能性场所，主要以植物造景为主，可以充分利用空间作垂直绿化，也可以设置少量小品。应该适合并反映出使用者的个性，让家人和朋友乐于享用这个空间，如图 2-13。

科研、生产用屋顶花园——以科研、生产为目的的屋顶花园，可以设置小型温室，用于培育珍奇花卉品种、引种以及观赏植物、盆栽瓜果的培育。既有绿化效益，又有较好的经济收入。这类花园的设置，一般应有必要的设施，种植池和人行道规则布局，形成闭合的、整体地毯式种植区，如图 2-14。

图 2-14　生产用屋顶花园

（二）屋顶花园的功能

屋顶绿化对增加城市绿地面积，改善日趋恶化的人类生存环境空间；改善城市高楼大厦林立，众多道路的硬质铺装的现状；改善过度砍伐自然森林，各种废气污染而形成的城市热岛效应，沙尘暴等对人类的危害；开拓人类绿化空间，建造田园城市，改善人民的居住条件，提高生活质量，美化城市环境，改善生态效应有着极其重要的意义。

1. 保证特定范围内居住环境的生态平衡和良好生活环境

一个绿化屋顶就是一台自然空调。近年来城市建筑物逐渐增多，由于太阳辐射引起的建筑物能量积聚也随之增多，再加上家用燃料、工业、机动车增加的能量，造成城市气候的能量剩余非常惊人。特别是在夏天，同没有建筑物的地区相比，市内的气温显著升高，在建筑物密集的市区，由于缺水夏天会出现令人难以忍受的高温，由于建筑物对光的反射低，夜间降温减弱，因此会对人的健康产生长期的负面影响。而绿化地带和绿化屋顶，可以通过土壤的水分和生长的植物降低大约 80％的自然辐射，以减少建筑物所产生的不良影响。

通过实验证明，和没有绿化的屋面相比，绿化屋顶可以降温。在酷热的夏天，当气温 30℃时，没有绿化的地面已达到不堪忍受的 40～50℃，而绿化屋顶基层 10cm 处，温度则为舒适的 20℃。建筑物屋顶绿化可以使建筑物周围环境的温度明显降低 0.5～4℃，而建筑物内部空调容量可降低6%。实验证明，屋面面积比壁面面积大的低层大面积建筑物，夏季从屋面进入室内的热量占从总围护结构进入热量的70%以上，屋顶不做绿化和做过屋顶绿化的屋顶外表面最高温度相比高出有15℃以上。在冬天，绿化屋顶像一个保温罩保护着建筑物。屋顶绿化就是屋子冬暖夏凉的“天然绿色空调”，大面积的屋顶绿化对于缓解城市能源危机也有重大的意义。

2. 对建筑构造层的保护

平屋面建筑，屋顶构造的破坏多数情况下是由屋面防水层温度应力引起的；还有少部分是承重物件引起的，由于温度变化会引起屋顶构造的膨胀和收缩，使建筑物出现裂缝，导致雨水的渗入，形成渗漏。屋顶花园的建造可以对雨水等进行吸收利用，保护屋顶的防水层，防止屋顶漏水。我国《建设工程质量管理办法》中明确规定：建筑物屋面防水保修期只有三年，这样就得对屋面防水层定期进行整修。

迅速变化的温度对建筑物特别有害。比如，在冬天，经过一个寒冷的夜晚，建筑物件上结着冰，而到了白天，短时间内建筑物表面的温度突然升高；夏天，在夜晚降温之后，白天建筑物表面的温度也会很快显著升高。由于温度的变化，建筑材料将会受到很大的负荷，其强度会降低，寿命也会缩短。如果将屋顶进行绿化，不但可以调节夏天和冬天的极端温度，还可以对建筑物构件起到相当大的保护作用，而绿化后的屋顶可以吸收夏季阳光的辐射热量，有效阻止屋顶表面温度的升高，从而降低屋顶下室内的温度，通过绿色覆盖而减轻阳光暴晒引起的热胀冷缩和风吹雨淋的方式，可以有效地保护建筑的防水层、屋面等，进而延长建筑的寿命。

3. 绿化屋顶具有储水功能

绿化屋面除具有屋面排水外，还可以把大量的降水储存起来。实验表明，大约有一半的降水留在屋面上，存在基层或通过植物蒸发掉。

在国外的许多城市和乡镇，已经开始将地面水和污水分开计算污水费用。而对一些封闭的面积来说，屋顶绿化至少提供了节省费用的可能性。对屋顶绿化来说，把地表水考虑在内，大多情况下，仅花一半水费就可以了。由于屋面排水的减少，下水道和储水池也可以减轻负荷。

4. 屋顶绿化可以通过储水减少屋面泄水，减轻城市排水系统的压力

通常在进行城区建设时，地表水都会因建筑物而形成封闭层。降落在建筑表面的水按惯例都会通过排水装置引到排水沟，然后，不是输送到澄清池就是直接转送到自然或人工的排水设施，这样常用的做法会造成地下水的显著减少，随之而来的是水消耗的持续上升，这种恶性循环的最后结果导致地下水资源的严重枯竭。

同没有建造房子的地面相比，大量的降水在城市中不可能在短时间内排泄，必定造成城市内洪水的危害，而屋顶绿化提供了储存降水的可能性，减轻了城市排水系统的压力，同时也可以显著减少处理污水的费用。

在现代的许多城市、地区，屋顶水没有被作为很有价值的自然资源而加以利用，而是将其同严重污染的水混合在一起作为废水处理，这种在沉淀池的处理费用是相当昂贵的。

当许多屋顶多被绿化时，屋面排水可以大量减少。实验表明，绿化屋顶可以使降水强度减低70%，这无疑可以作为排水工程中确定下水管道、溢洪管或储水池尺寸时节省费用的根据。

5. 屋顶绿化可以使自然降水渗入地下

绿化屋顶系统本身不能把地表水渗漏掉，因为建筑系统的上部结构和下部结构是封闭的，故屋顶水应该不再引向下水道而是让其渗入地下或蒸发掉，使其重新形成地下水和自然水，可见，屋顶绿化是改善城市生态环境的良好开端。

第二节　屋顶花园的设计

现代设计大师蒙荷里・纳基（Moholy Nagy）曾指出："设计并不是对制品表面的装饰，而是以某一目的为基础，将社会的、人类的、经济的、技术的、艺术的、心理的多种因素综合起来，使其能纳入工业生产的轨道，对制品的这种构思和计划技术即是设计。"

所以，对现代屋顶花园的设计不应该局限于物象外形的美化，而是要有明确的功能和目的，设计的过程正是把这些功能和目的转化到具体的对象上去（如图 2-15），我们是在创造新的景象来表达自己心中的美化景象，而不是描绘已经存在的事物。

图 2-15　屋顶花园的设计

屋顶花园作为一种特殊的绿化形式，有着自身的特点。首先，其温湿度条件差。因屋顶位于高处，四周相对空旷，因此风速比地面大，水分蒸发快。屋顶距地面越高，绿化条件越差。其次，墙体和屋顶反射的热和光比地面更为强烈。再次，造园及植物选择有一定的局限性。受屋顶承重能力及园林施工等方面限制，在植物选择上一般应避免采用深根性或生长迅速的高大乔木以及过重的壮年大树。另外，还要掌握屋顶花园的构造层次，综合各方面因素进行考虑。

一、屋顶花园的构造

要讲屋顶花园的设计，首先要了解其构造（如图 2-16）。屋顶花园种植区的构造层次从上到下依次如下。

（1）植物层：注意植物的合理配置，适地适树。

（2）种植基质层：多采用轻质材料，如人造土、蛭石、珍珠岩、泥炭土、草炭土、腐殖土、沙土和泥炭土混合花泥等。

（3）过滤层：可以防止种植土中的小颗粒及养料流失，以及排水管道堵塞。常用材料有粗沙、玻璃纤维布、稻草、尼龙布、金属丝网、无纺布。

（4）排（蓄）水层：一般包括排（蓄）水板、陶粒和排水管等不同的排（蓄）水形式。排水层厚度一般为5～200mm，如果设计蓄水功能，排水层厚度不能低于100mm。传统的排水层是用20～30mm粒径的碎石或卵石，厚度为100～150mm。可以迅速排出多余水分，有效缓解瞬时压力，并且可以蓄存少量水分供植物生长。

（5）隔根层：一般有合金、橡胶、聚乙烯和高密度聚乙烯等材料类型，用于防止植物根系穿透防水层。

（6）分离滑动层：一般采用玻璃纤维布或无纺布等材料，用于防止隔根层与防水层材料之间产生粘连现象。柔性防水层表面应设置滑动层，刚性防水层或有刚性保护层的柔性防水层表面，分离滑动层可以省略不铺。

（7）防水层：屋面采用柔性防水层（油毡卷材）、刚性防水层或新材料防水层（如三元乙丙防水布），目前使用最多的是柔性防水层。

（8）保温隔热层：由于屋顶植物和植物培植基质材料具有保温隔热的效果，一般没必要再设置隔热层，若确有必要，则保温层要使用轻质材料。

（9）结构层：种植屋面的屋面板最好是现浇钢筋混凝土板，要充分考虑屋顶覆土、植物以及雨雪水荷载。

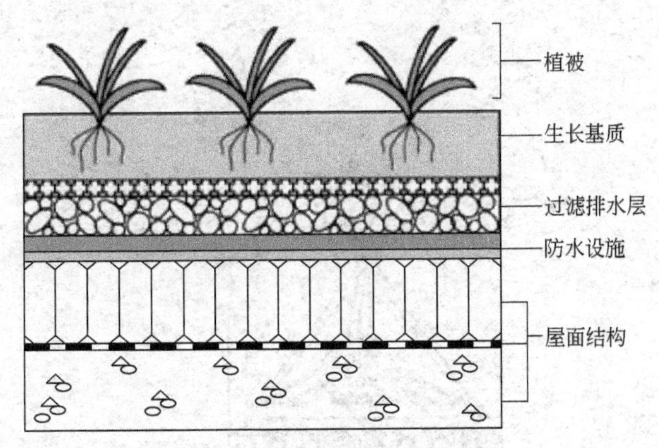

图2-16　屋顶花园的面层结构

在进行屋顶花园设计时，必须考虑到以上各构造层的特殊之处。

二、屋顶花园的设计原则

（一）安全性

屋顶绿化最重要的就是安全，这里的安全是指房屋荷载、屋顶防水结构和屋顶周围防护栏、乔灌木在高空较强烈的风中和土质疏松环境下的安全稳定性。屋顶园林的载体是建筑物顶部，必须考虑建筑物本身和人员的安全，包括结构承重和屋顶防水构造的安全使用，以及屋顶四周防护栏杆的设置、人流的监控等保证使用者的人身安全。

1. 荷载承重安全

屋顶花园的多层次结构给建筑屋顶增加了额外的负担。屋顶荷载承重关系到建筑物的安全问题，如果使用大量的壤土做为栽培基质，必然会增加屋顶的负重。在屋顶花园平面规划及景点布置时，就应该根据屋顶的承载构件布置，使附加荷载不要超过屋顶结构所能承受的范围，以确保屋顶的安全。屋顶花园中小品建筑如亭廊、花架、假山、水池和喷泉等，必须在满足房屋结构安全的前提下，依据屋顶结构体系、主次梁以及承重墙柱的位置，进行精确计算和反复论证后，才可以布置和建造。

2. 防水安全

屋顶花园的建造必须要保证的是屋顶不漏水，屋顶的排水系统设计除了要与原屋顶排水系统设计一致外，还要考虑到要阻止种植物枝叶或泥沙等杂物流入排水管道。同时，施工质量是保证屋顶花园建筑不漏水的关键，灌水试验是屋顶花园施工前必须进行的重要一环。在屋顶防漏问题上，由于树根有极强的穿透能力，年代越久扎得越深，并分泌具有腐蚀性的汁液，会对防水层造成长期的破坏。

3. 抗风安全

屋顶花园的设计中各种较大的设施都应该进行抗风设计验算以免倾覆。对于较大的乔灌木要进行加固处理，种植高于 2 米的植物同样要进行防风固定技术（如图 2-17，图 2-18）。常用的方法：在树木根部土层下埋塑料网以扩大根系固土作用；在树木根部结合自然地形置石以压固根系；把树木主干组合成组，绑扎支撑。

图 2-17　植物地上支撑法示意图

1—带有土球的木本植物；2—圆木直径大约 60～80mm，呈三角形支撑架；
3—将圆木与三角形钢板（5mm×25mm×120mm）用螺丝拧紧固定；
4—基质层；5—隔离过滤层；6—排（蓄）水层；7—隔根层；8—屋顶面板

（二）功能适宜性

屋顶花园的功能应该是灵活、多样、人性化的。除了屋顶绿化对于生态环境的各种功能外，屋顶花园还有供游人使用、观赏、娱乐以及生产等功能。在观赏中使人的压力得到释放，参与中使人获得满足感和充实感。经济实用的果树园、草药园或菜圃、芳香保健的草木花卉，让懂得精致生活的人，自己动手进行园艺操作，使屋顶上充满田园风光。总之，在屋顶花园设计时要关注人和他们的生活，而不仅是形式和构图，以人和人的活动为导向合理安排和组织功能布局，满足人的心理、生理需求，使功能设计更加的人性化。

屋顶花园一般属于私密性或半私密性的园林空间，有相对固定的或半固定的使用群体，

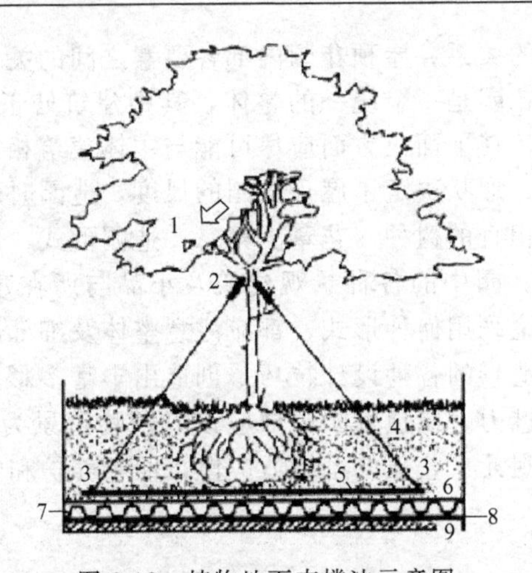

图 2-18　植物地下支撑法示意图

1—带有土球的木本植物；2—三角支撑架与主分支点用橡胶缓冲垫固定；
3—将三角支撑架与钢板用螺栓拧紧固定；4—基质层；5—底层固定钢板；
6—隔离过滤层；7—排（蓄）水层；8—隔根层；9—屋面顶板

人流量一般较小。因此设计时应根据使用者的行为模式、行为习惯和使用要求进行功能设计，做到以人为本、亲近自然，设计时要强调使用者在游憩过程与自然的亲和性。

（1）根据屋顶花园的大小和使用者的使用要求，设置相应的活动区域，使之既能合理地使用空间，又可以满足功能的要求。

（2）各种活动设施的场地和活动区域的设置要精巧细致，既符合美学观点，还要符合人的行为模式和人体尺度，让人感到方便、舒适和亲切。

（3）园内的各种设施、小品、植物应当相互渗透和交融，尽可能使功能多样化，例如：可供上人的草坪；坐憩式挡墙等。如图 2-19 新加坡乌节路某大楼屋顶花园。

图 2-19　新加坡乌节路某大楼屋顶花园

（三）系统性

屋顶花园的规划要有系统性，整体统一规划（如图 2-20 南京水游城屋顶花园），在设计时考虑建筑与其屋顶花园的关系，屋顶花园内部各要素之间的关系，屋顶花园与周围环境之间的关系。建筑与其屋顶花园是一个统一的整体，其中建筑处于主导地位，屋顶花园依附、从属于建筑。屋顶花园设计在下面三方面应尽可能与主体建筑相协调。第一，植物配置：建筑体量和屋顶面积的大小、形状决定了屋顶庭园的尺度，造园时应根据屋顶平面形状因势进行设计，选择体型、风格相宜的树种、花草。第二，造园形式：屋顶造园应视建筑的外部和艺术风格综合考虑其形式，园中的各种景观建筑及小品与所在建筑主体有机结合，协调一致。第三，艺术效果：不论采用何种形式，都应注意整体及细部的艺术效果。因地制宜，把握不同的环境特点，运用造景的各种设计技巧，创造出丰富多彩、各具特色的屋顶景观，使屋顶生机勃勃，充满艺术魅力。屋顶庭园内部应该以植物造景为主，选择合适的植物群落，利用植物协调组织各个景观元素，强调系统适应性，便于养护和管理。

图 2-20　南京水游城屋顶花园

（四）生态性

屋顶花园的生态设计体现的是一种整体的意识，小心谨慎地对待生物、环境，反对孤立的、盲目的设计行为；要坚持自然观，采取依附自然、再现自然、因借自然等手法，比如再生、节能、乡土植物、废物利用等。要根据区域的自然环境特点，以植物造景为主，在植物配置方面优先选择乡土树种，注意培植有地方特色的植物群落，形成植物的季相变化和竖向变化，营建适合屋顶环境的景观类型，具体原则如下。

（1）充分利用屋顶的竖向和平面空间，以植物造景为主，利用棚架植物、攀缘植物、悬垂植物等实现立体绿化，尽可能地增加绿化量。

（2）针对屋顶花园场地狭小、强风、缺水、少肥，以及光照强、光照时间长、温差大等环境特点，选择生长缓慢、耐旱、耐寒、喜光、抗逆性强、易移栽和病虫害少的植物，并兼顾植物本身的形态、色彩和质感等特点，以浅根性植物材料为主，不宜种植高大的乔木。

（3）精心配制种植土，提高其保温、保水、保肥的能力，并加强植物养护管理能力，以确保植物的旺盛生长，做到因“顶”制宜。

铺地上采用可重复利用的人工烧制砖材、陶瓷材料或观感自然亲切、质感舒适宜人的木材、石材、砂土类天然材料。保护和利用自然资源，在设计中积极利用新技术来提升生态价值，减少能源消耗，降低养护管理成本。利用太阳能为庭院供给照明和音箱设备用电；采用“循环”设计理念，收集雨水为灌溉和水景提供主要资源；在水体自净、净化环境和促进生物多样性方面进行详细的设计（如图 2-21）。

图 2-21　令人舒适的屋顶花园

（五）科学性

屋顶花园由于与大地隔开，生态环境发生了变化，要满足植物生长对光、热、水、气、养分等的需要，必须站在科学的角度，采用新技术，运用新材料。日本著名的三泽房屋公司、鹿岛建设公司、岛田公司等都积极参与了屋顶花园绿化产业的研究与开发，推出了一批新技术、新材料，促进了立体绿化产业的发展。现在国内也涌现出一批专业的屋顶绿化企业，他们引进和开发出来薄层栽培基质，抗植物根穿刺高分子复合防水卷材，渗排水组合，屋顶花园专用轻质建材，屋顶花园用草等产品丰富了国内屋顶花园景观市场。设计师应充分研究和了解各个相关学科特征，运用现代科技手段，强调科学的设计方法、合理的统筹和综合，将现代科技与生态科学完美结合。

（六）地域性

城市屋顶造园，也同露地造园一样，反映一个城市的地域文化内涵，浓缩了地域文化中的精神内容。“地域性”指一个地区自然景观和历史文脉的总和，包括它的气候条件、地形地貌、水文地质、动植物资源以及历史、文化资源和人们的各种活动、行为方式等等。每个屋顶花园景观都不是孤立存在的，都是与其周围区域的发展演变相联系的。屋顶花园景观设计应针对大到一个区域、小到场地周围的景观类型和人文条件，营建具有当地特色的屋顶景观类型和满足当地人们活动需求的空间场所。

在北方，屋顶绿化目前尚未普遍流行。这主要是受气候条件限制，如天气干燥，冰冻期长，春季风大等，这些都是不利植物在屋顶上生长的因素。北方的屋顶还要考虑春、夏、秋三季景观。因为冬季人们一般不会在室外驻足久留，除非有良好的挡风措施，而且能享受充足的阳光。屋顶花园配以活动暖棚，这在冬季较长的地区是很有必要的。如图 2-22，北方城市某屋顶花园，玻璃温室与室外造景可以相结合，弥补冬季景观的空白。寒冷地区四季分明的气候为景观设计带来了可变的因素，造就了特色鲜明的景观文化。尤其是在冬季，突出

图 2-22　北方城市某屋顶花园

冰雪文化传统，营造冰雪艺术景观是寒冷地区独有的景观活力的体现。在长江中下游地区，应适当考虑冬季晒太阳及夏季遮阳的问题。特别是在四季之中，三季都以遮阳为主，遮阳设施宜适当考虑局部可拆装，以便适应季节的变化。同时，注意遮阳及挡风设施还可以留人驻足观赏休息，应仔细考虑安排。

在屋顶花园设计时，设计师应该考虑：我们在什么地方？区域环境允许我们做什么？区域环境又能帮助我们做什么？第一要尊重乡土知识，结合当地人的生活经验，当地人日常生活空间中的一草一木，一水一石都是有含意的，他们关于环境的知识和理解是场所经验的有机衍生和积淀。所以，一个适宜于场所的设计必须首先考虑当地人和环境给予设计的启示。第二要适应场所自然过程，自然过程即屋顶场所中的阳光、地形、水、风、土壤、植被等的自然变化过程，将这些带有屋顶场所特征的自然因素结合在设计之中，从而维护场所的健康，同时也是维护设计物本身的健康。第三要使用当地材料。乡土植物和建材的使用，是屋顶花园设计生态化的一个重要方面。因为乡土物种不但最适宜于在当地生长，管理和维护成本也最少，乡土材料具有优良的性价比，同时具有文化载体的身份，越来越受到重视。如毛石的景墙、青石板铺设的步道、原木搭的亭廊等。在屋顶花园设计中，要体现出地域人群的文化底蕴，反映出时代性、艺术性、地域性与文化性，形成思想与景观的共融，从自然美升华到艺术美，即升华为一种意境美。其自然美应以当地的自然景观为创作思路，利用其先天的优势，与城市融为一体，形成独特的城市屋顶花园景观，再以艺术美的布局方式加以组合，这样形成的景观，才具有该城市的风格和个性。

（七）经济性

合理、经济是屋顶造园的一个重要要求。设计时应根据业主的投资状况，量体裁衣，力求通过材料选择和施工工艺节省开支，不必选择昂贵的材料，而应追求最适宜的材料。应以植物为主，结合实际情况，作出全面考虑，最大限度地节省造价。结合实际情况进行技术性的调整，避免景观修建对建筑的使用造成损害。同时，利用适宜的技术提高景观的使用效率和经济效益，如利用生物技术和可循环技术等解决屋顶花园的水循环，将多余的降水经砂石过滤后引入澄清池或中水处理系统（如图 2-23 所示），进行水资源的二次利用（灌溉用水或水景用水等），促进屋顶花园的生态循环，降低物业的管理成本。以精品庭院小品新颖多变

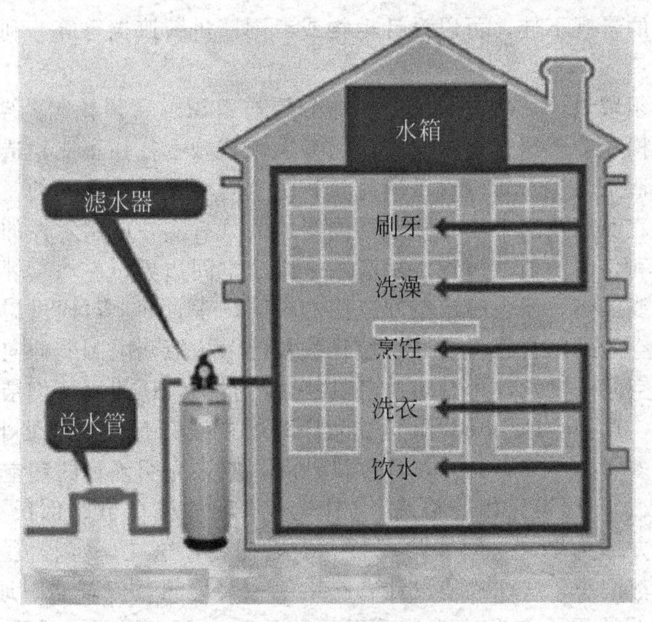

图 2-23　中水回用系统示意图

的布局，达到生态效益、环境效益和经济效益的结合。同时也要做到后期养护管理方便。从现有条件来看，只有较为合理的造价，才能使屋顶花园得到普及。总之，屋顶绿化是一项耗资巨大的工程，各地应根据自己的实际财政情况和需要适度地发展屋顶绿化，在制定工程项目前应进行全面完善地调研，切勿盲目追风，以致劳民伤财，避免出现类似“广场风”、“草坪风”的现象。

（八）时效性

屋顶花园的景观是随季节和时间变化的，是有生命的，是处在不断地生长、运动、变化之中的。因此，在设计时应该对方案进行选优，不仅要选择现在条件下最好的设计，还要考虑景观未来的可变化程度，认真研究时效性因素，注重景观随时间变化的效果，将屋顶花园作为运动变化中的作品，以设计随时间延续可以更新的、稳定的屋顶庭园景观。

另外，在进行屋顶花园设计时，还应注意场地限制、空间层次等问题。屋顶花园不同于一般的花园，这主要由其本身的场地特点和周围的环境决定，屋顶花园居高临下，视野所及范围内的场地特点都应该作为屋顶花园设计的重要参考因素。设计师应该花更多的精力观察、发现、认识场地原有的特性，使场地和周边大环境融合，形成整体的设计理念，让人感觉熟悉、舒适、心旷神怡。屋顶的面积、形状、位置、朝向、风向、气候条件、光照条件，屋顶的技术信息，如屋面的最大荷载、防水做法、种植土的种类、性能、重量、水电管线设施的情况等，都是设计的出发点，应该尊重场地、因地制宜，分析场地的各种有利因素和限制性条件，对场地景观资源充分发掘、利用，发现它积极的方面并加以引导。尤其是当周围有漂亮的建筑物或者优美的景观时，应该在最合适的位置设置休息区或观赏点，把远景借入园中。对于场地的一些限制性条件，比如面积往往比较小，而且形状规则；建筑承重和防排水等对景观设计和施工技术有很多要求；夏季气温高、光照强度大，冬季则保温性差、风大，对于植物种类有很大限制；土壤都是人工土，土层薄对植物大小、高度的限制；除草、灌溉等养护管理上的难度等，可以通过合理的设计把场地环境的限制转化为屋顶花园的特点，建造出独具特色的屋顶景观。比如屋顶的小面积规则场地往往要求简洁、单纯、宁静的设计。

如果周围某一方向的景观不佳，可以设计植物或者围墙进行遮挡等等。利用屋顶花园协调建筑与场地周围环境。

针对屋顶空间领域设计，研究屋顶空间的分隔与组织。屋顶花园的空间具有以下特点。其一，以植物为主构成、限定、组织空间。因为屋顶花园上往往不能建造大规模的景观构筑物，整体要求植物造景为主，所以着重研究植物的空间性是非常必要的。由植物形成的空间是指由地平面、垂直面以及顶平面单独或共同组成的具有实在或暗示性的范围组合。在地平面上，以不同高度和各类的地被植物、矮灌木来暗示空间边界，一块草坪和一片地被植物之间的交界虽不具视线屏障，但也暗示空间范围的不同。垂直面上可通过树干、叶丛的疏密和分枝的高度来影响空间的闭合感。同样，植物的枝叶（树冠）限制着伸向天空的视线。借助植物材料作为限制空间的因素，可制造出各具特色的空间，还能用植物结合各种空间构成相互联系的空间序列，选择性地引导和阻止空间序列的视线，有效地“缩小”空间和“扩大”空间，创造出丰富多彩的空间序列。在具体设计时，应该先明确目的和空间性质（开旷、封闭、隐秘），再选取、组织设计相应植物，如图 2-24 新加坡乌节路邵氏大厦屋顶花园。其二，屋顶形状以长方形为多，空间非常规整、缺乏变化，这在一定程度上增加了设计的难度；屋顶面积一般都偏小，这往往使设计者有束手束脚之感。但若能因地制宜地巧作处理，同样可以取得很好的效果。在设计上常采用几种手法：空间处理上采用“小中见大”的手法，曲折变化、构图灵活。还可以采用借景的手法，在有限的范围内创造无限景色。空间组合的程序上需有某种连续性的节奏感，主体、从属、过渡空间组合成富有抑扬顿挫、轻重缓急、强烈平淡、活泼轻快的节奏感的空间展示序列；把屋顶花园分成不同的部分，它们之间通过植物、棚架、凉亭或廊等联系，这样从一个空间到另一个空间，既有联系又形成各个有特色的局部，产生富有节奏感的变化，丰富人的体验感受。

图 2-24　新加坡乌节路邵氏大厦屋顶花园

屋顶花园的功能之一就是要为使用者提供一个环境优美的休闲娱乐场所，给人以轻松、愉悦的感受。屋顶花园的外观形象可以分为宏观立面造型、整体平面造型、细部形态三个层次考虑。

宏观立面造型，也就是在地面仰视远距离欣赏这个建筑连带屋顶花园景观时，看不见屋顶花园是什么风格，这时所能识别的只是宏观的天际轮廓线。天际轮廓线是地面上的人们对于屋顶花园的第一印象，设计时要结合建筑立面与周围地面景观设计整体考虑。

整体平面造型，也就是在周围更高的建筑向下俯视，远距离欣赏屋顶花园景观，这时欣赏的是平面设计的风格，欧式还是中式、古典还是现代，以及颜色、材质的对比，点、线、面的布局等。点线面的布置上尽量少采用点和线，更多地强调面，即色块和色调的对比，色块轮廓尽可能清晰。植物搭配要突出疏密之间的对比，形成簇团状，不宜散点布置。水体设计时，可以对水池底部色彩和图案进行精心的艺术处理，充分发挥水的光感和动感，给人以意境之美。视线之内的硬质铺装应与植物形成强烈对比，形成清晰的视觉效果。

屋顶造园受到建筑荷载和环境条件等的限制，不可设置大规模的自然山水、石材，在地形处理上也以平地处理为主，植物以草坪、地被、矮灌木为主，水池一般为浅水池或喷泉。一切应符合简约和功能化的原则，所以应该采用高度概括的设计方法和惜墨如金的表现手段，对本质深度挖掘和坦诚表现。具体从三方面考虑：设计方法上要求对屋顶使用者和场地进行认真研究、分析，从而抓住其关键性因素，以求少走弯路。表现手法要求简明和概括，以最少的元素，表现屋顶整体景观最主要的特征。设计目标要求简约，要充分了解并顺应场地的文脉、肌理、特性，尽量减少对原有环境的干预。实际上是要求有的放矢，简洁而富有想象空间的设计方法。

屋顶花园成败的关键在于是否处理好减轻屋顶荷载，改良种植土，结合屋顶结构类型和植物的选择与植物设计等问题。设计时要做到把生态功能放在首位，确保营建屋顶花园所增加的荷重不超过建筑结构的承重能力，屋面防水结构能安全使用，尽量降低造价，使屋顶花园遍地开花。

三、屋顶花园绿化设计要点

屋顶花园绿化设计应把地方文化充分地融入园林景观空间中，结合屋顶对园林植物的影响来选择园林植物，运用不同的造园手法来创造一个源于自然而高于自然的园林景观。设计创意要根据人们的审美情趣、功能需要、场地的空间环境特征、文化氛围等因素，糅合设计者的文化修养和专业素质，而形成某种思想、情趣的总结，具有抽象性和概括性的特点。以人为本，充分考虑人的心理、人的行为宗旨，来进行屋顶花园的规划设计。

（一）屋顶花园设计形式

1. 花园形式

屋顶绿化可做成小游园的形式服务于游人，多用于服务性建筑物如宾馆、酒楼等，能为客人提供游憩空间。小游园应有适当起伏的地貌，配以小型亭、花架等园林建筑小品，并点缀以山石。选择浅根性的小乔木，与灌木、花卉、草坪、藤本植物等搭配。为满足植物根系生长需要，种植土要30～40cm厚，局部可设计成60～80cm。此类屋顶花园要特别注意在建筑设计时统筹考虑，以满足屋顶花园对屋顶承重能力的要求，设计时还要尽量使较重的部位（如亭、花架、山石等）设计在梁柱上方的位置。如图2-25北京希尔顿逸林酒店屋顶花园酒吧。

2. 色块图案形式

采用大叶黄杨、紫叶小檗、金叶女贞等观叶植物或整齐、艳丽的各色草花配以草坪构成图案，俯视效果好，多用于屋顶高低交错时低层屋顶的绿化。因其注重整体视觉效果，内部可不设园路，只留出管理用通道。如图2-26美国制造业中心密歇根州工厂绿屋顶。

图 2-25　北京希尔顿逸林酒店屋顶花园酒吧

图 2-26　美国制造业中心密歇根州工厂绿屋顶

3. 应季布置形式

采用盆栽花卉，根据其盛花期随时更换，并可在楼的边缘处摆放悬垂植物，兼顾墙体绿化。此法多用于低层屋顶绿化。如图 2-27 某楼房墙体绿化。

（二）屋顶花园的设计要素

1. 植物配置

由于屋顶特殊的气候条件，适宜用在屋顶绿化中的植物需要有耐旱、抗寒性强、阳性、耐瘠薄、浅根性、抗风、不易倒伏、耐积水等特性。选择以常绿的植物为主，容易移植、成活率高、耐修剪、易养护、生长较慢的品种，且应尽量选用乡土植物，适当引种绿化新品种。高大乔木由于树冠较大，根系较深，在风力较大，土壤较浅的屋顶上极易被风吹倒。而且乔木发达的根系容易深扎防水层造成渗漏现象，屋顶花园的植物宜选用植株矮、根系浅的

图 2-27 某楼房墙体绿化

植物。

屋顶面积往往较小，要求植物配置要合理、实用，植物配置设计的技巧在于不同种类植物形状、颜色、肌理、数量的搭配，形成丰富的层次，组织空间、美化环境。屋顶种植植物可以提供避风、遮阳场地和遮挡不好的景观，在设计时要详细了解屋顶的风、阳光、阴影、周围的视野环境等情况，并且要把植物的配置规划与所需要的维护结合考虑，以使植物群组布置合理，充分利用场地，经济适用。

根据屋顶花园组景方法的不同，植物配置要体现出主题化的原则。花园设计中常用的组景方法有：观赏植物组景、廊架组景、水池组景、假山组景以及景观小品组景等。植物配置时要考虑不同组景方式形成的不同景点的特点，把不同风格、不同形状、不同颜色、不同花形、不同栽培要求的花木，按照组景的主题，科学、艺术地组合起来，配合组景、突出主题，从而为整个园区营造幽雅、宜人、舒适的组团景观，做到主次分明和疏朗有序。充分考虑树木本身的特点，通过里外错落地种植，也可以应用一定的地形，形成具有韵律美的景观效果。屋顶花园常用的植物有地被、灌木、藤本、草本。按观赏性可分为赏形、赏叶、赏色、赏香等几种。组景时可以通过各种不同的植物观赏品种按照合理的观赏期进行组合，有节奏、有韵律地利用其形、色、香，去演化各种组景的主题效果。赏形方面：主要分为单体赏形与群体赏形。由于屋顶花园面积和种植条件的限制，对于乔灌木这些较高的植物多采用孤植手法，单体赏形。孤植的赏树形的植物多数设置在屋顶花园组景的重要位置上，展示植物单体的形态，要求枝叶和树冠形状美观。赏形植物具体又分天然型和人工修剪型两种。天然型赏冠景栽能协调于自然式组景布置，人工型赏冠景栽则协调于几何式组景布置。屋顶花园较低矮的地被植物和草花等适合群体赏形，应多采用块状、组团状的种植形式，形成自然、丰富、柔和的植物群落和开阔、明朗的空间格局，将屋顶场地的硬质线条变得柔和，环境的人工感削弱。总体上来讲，屋顶花园中的植物给人的感觉应该是精细而且自由的，与建筑的直线条不冲突，但是对环境又有柔化的作用。赏色方面，主要从植物之间的色彩关系，以及植物与屋顶构筑物、小品、户外家具等的色彩关系两方面考虑。在小尺度的屋顶花园中，赏色植物一般以观赏花色的品种为多，也有各种彩叶植物，还有一些植物的枝干、果实颜色也很醒目，具有观赏价值（图 2-28）。植物之间的色彩搭配要求既要鲜艳夺目、对比强烈、生机勃勃，又不能过于刺激、尖锐。植物与屋顶构筑物、小品、户外家具等的色彩搭配时，可以在色相较统一的植物环境中，嵌入小面积的具有对比色彩的构筑物、小品、户外家具等，起到画龙点睛的作用（图 2-29）。

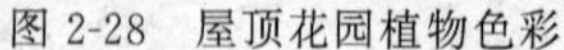

图 2-28　屋顶花园植物色彩

图 2-29　屋顶花园植物与户外家具

在屋顶花园的设计中要考虑阳光对色彩的调和作用，光量在屋顶上比较大，光越强，它的调色力越强。在强光下，暖色会失去它的鲜艳，不是那么特别引人注目了，就像在热带和亚热带国家，有比例很大的颜色艳丽的花，它们在整体景观区域中也可以显得非常协调。所以人们可以在屋顶花园的设计中用较强烈的颜色，而不致显得十分突兀。而在有薄雾背景的英式花园则最适合采用微妙的柔和色彩。

赏香方面，可以将植物的香味分为浓香、芳香和幽香三种，如丁香系列、玫瑰系列、忍冬系列等。不同的香型适合不同的人群和环境场所，可以作为屋顶花园整体构思中的一部分，体现不同的环境主题。观赏期的组合方面，把屋顶花园的乔木、灌木、地被植物按照春夏观花，秋季观叶、果，冬季观形进行四季的组合，让小尺寸的屋顶花园中仍然可以四季有景。如北京经济日报社的屋顶花园，其所选的树种以灌木为主，乔木也均选用小乔木，在竖向植物景观的营造上采用木本植物作为景观的骨干，并以不同种类的地被植物按照观赏期合理组合，四季有景。

总的来说，屋顶花园上植物的选择有以下特点。

（1）选择耐寒、耐旱的矮灌木和草本植物。由于屋顶花园夏季气温高、风大、土层保湿性能差，而在冬天保温性能差，因此应选择耐干旱、抗寒性强的植物。同时，考虑到屋顶的特殊地理环境和承重的要求，应选择矮小的灌木和草本植物，以利于植物的栽种和管理。

（2）选择阳性、耐瘠薄的浅根性植物。屋顶花园大部分为全日照、直射的地方，光照强度大，植物应尽量选择阳性植物。但在某些特定的小环境里，如花架下面或墙边的地方，日照时间较短，可以选择一些半阳性的植物种类来丰富屋顶花园的植物品种。屋顶的种植层较薄，为了防止植物根系对于屋顶建筑结构的侵蚀，应尽量选择浅根系的植物。由于屋顶花园使用肥料会影响周围环境的卫生状况，故屋顶花园应尽量选择耐瘠薄的植物种类。

（3）选择抗风、不易倒伏、耐积水的植物种类。在屋顶上风力一般比地面上大，特别是当雨季或当台风来临时，风雨交加对植物的生存危害最大，加上屋顶的种植层较薄，土壤的蓄水能力较差，一旦下暴雨，易造成短时积水，因此应选择一些抗风、不易倒伏，同时又能耐短时积水的植物。

（4）选择以常绿树种为主，冬季能露地越冬的植物种类。营建屋顶花园目的就是增加城市的绿化面积，美化“第五立面”，屋顶花园的立面应尽可能以常绿为主，宜用叶形和株形比较秀丽的种类。为了使屋顶花园更加绚丽多彩，体现花园的季相变化，还可以栽植一些色叶树种。另外在条件允许的情况下，可以布置一些盆栽的时令花卉，使花园四季有花。

（5）尽量选用乡土植物，适当引种绿化新品种。适地适树是植物造景的基本原则，因此要大力发展乡土植物，适当引进外来树种。乡土植物对当地气候环境条件有高度的适应性，在环境相对恶劣条件下的屋顶花园，选用乡土植物有事半功倍的效果。同时，考虑到屋顶花园的面积一般较小，为将其布置得较为精致，可以选用一些观赏价值较高的新品种，以提高屋顶花园的档次。

（6）选择能抵抗空气污染并能吸收污染的品种。在屋顶绿化中，应优先选用既有绿化效果又能改善环境的品种，这些品种会对烟尘、有害气体等有一定的抵抗能力，并能起到净化空气的作用。例如：合欢、皂荚、广玉兰、女贞、大叶黄杨、夹竹桃、桑等。

（7）选择容易移植，成活率高，耐修剪，生长较慢的品种。屋顶花园的植物一般是从苗圃移植而来，所以最好选择已经移植培育过的根系不深但是须根发达的植株。由于屋顶承重的限制，植株的未来生长量要算在活荷载中，生长慢并且耐修剪的植株能够较长时间地维持成景的效果。

（8）选择具有较低的养护管理要求的品种。需要正视的现实是——几乎没有植物能够符合以上的所有要求。例如：耐寒的能在屋顶上自然生长的植物，往往具有发达的容易对屋顶结构产生破坏的根系；浅根的植物需要较多的水分，并且需要人为的固定才能抵抗屋顶大风的侵袭。所以人们只能选择尽可能合适的植物，同时协调造景与造价、效益的关系。

总之，屋顶花园植物搭配时，要从整体考虑植物与植物之间以及植物与建筑、屋顶构筑物、小品、户外家具等之间形、色的对比与调和。让屋顶花园整体协调、丰富有层次感，做到小巧精致又面面俱到。

2. 水体设计

屋顶花园水景因受到场地承重和面积限制，通常建成浅矮小型观赏池，但是对整个庭院的影响很大，往往成为组景的中心。水景位置的选择往往是设计成败的关键，也是水景风格的依据，要根据庭院的主视角位置、座椅位置等综合考虑，找到布置水景的最佳位置。

屋顶花园水景设计要考虑与周围环境的和谐，水景的风格影响着整个屋顶庭院的风格。水景主要可以分为有静水、动水。静水水景有着比较良好的倒影效果，给人诗意、轻盈、浮游和幻象的视觉感受。动水给人以生动跳跃的美感。设计时主要考虑水池的材料、形状，切忌空而无物，松散无神韵。规则形状的水池，适合现代感强的屋顶庭院，配合修剪干净规整的植物等，比较容易与屋顶场地融为一体（图 2-30）。不规则的水池通常整体线条曲折优美，灌木、花草婀娜多姿，体现自然、休闲的氛围，结合水景照明系统能够更好地营造气氛。在水景转角的合适位置可以栽植几棵常绿灌木，给人清新自然、耳目一新的感觉。面积较大、承重较好的屋顶可以结合水体工程建造园林小品叠水和假山叠水。较小面积的屋顶花园可以设计涌流喷泉，风格要突出清新、动感和活力。体量虽小，同样具有水的特质，让水在宁静、柔美与欢愉、激动之间给人以美的享受，陶冶人的心情（图 2-31）。设计动水时，要考虑到水声的影响，如果水流与庭院的活动区域相邻，在设计时就要通过控制水流量、水流下方水池的深度和材料等减少噪声，使水流声更加柔和悦耳，以免干扰人们的情绪。

屋顶花园水体设计还要考虑以下因素：水景设计和地面排水结合，管线和设施的隐蔽性、安全性设计，防水层和防潮性设计，水景与灯光照明相结合，寒冷地区考虑结冰防冻。

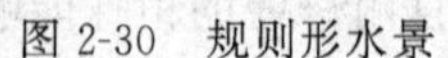
图 2-30　规则形水景

图 2-31　小型趣味水景

3. 山石设计

由于屋顶面积有限，又受到承重限制，所以屋顶花园一般不建造大体量的假山，多数设置以观赏为主、体量较小的精美置石，而可采用独置、对置、散置、群置等布局手法，结合屋顶花园的使用要求和空间环境的整体特点进行设计。

设计时首先要考虑山石景观的位置，可组成视觉中心，也可作为其它景观的陪衬。山石设置在屋顶中心位置能加强视觉中心的形成。设置在一些靠边缘或者交角位置，可以消除交角的生硬，减弱空间境界面所形成的单调之感。设计还要考虑尺度问题，考虑屋顶的尺寸和山石景观本身的尺度。由于屋顶庭院的面积较小，所以景观山石要避免给人闭塞感和压抑感，一般较矮，形态宜整体不宜琐碎，山石处理的尺度合宜、体态得当，就能给人一种富有时代特点的美感。可以采用山石与水景配合的设计方法。山石因水而生动，山得水而活，常见的有水潭局、壁潭局。在水中立石，石形要整，或兀然挺立或低俯与水相近，不要形成水边堆砌之感。当水边要布置群石时，要大小配置得当，形成一种自然的韵律感。

在屋顶上建造较大型假山置石时，多采用人工塑石做法，可以减轻荷重。塑石可用钢丝网水泥砂浆塑成或用玻璃钢成型。如香港艺术中心天台花园上的大型假山叠水即采用钢筋砂浆塑制而成。

4. 庭院建筑、小品、灯具设计

屋顶花园的景观建筑主要包括凉亭（图 2-32）、花架、阳光房（图 2-33）等，设计以少、小、轻为宜，尽量采用轻质材料，在北方风大的地区也要考虑加固等安全问题。景观建筑为使用者提供了驻足休息、纳凉避雨、纵目远眺的场所，同时也可成为屋顶上交通联系的空间。景观建筑的体量和尺度要结合屋顶空间和承重能力慎重考虑。在设计上也可以让景观建筑结合攀缘植物绿化，丰富绿化形式和空间层次。

屋顶庭院小品主要包括各种艺术雕塑，艺术化的设施如座椅、垃圾桶，装饰隔墙等（图 2-34，2-35）。庭院小品无论是依附于其它景物要素或者相对独立，都可以起到突出屋顶庭院特色的作用，使庭院精巧别致、生动、富有意境。在具体设计中，要结合所处的屋顶花园的平面位置、观赏角度以及周围景观整体考虑，设计景观小品的大小、色彩、质感等。尽量

图 2-32 景亭

图 2-33 阳光房

图 2-34 座椅

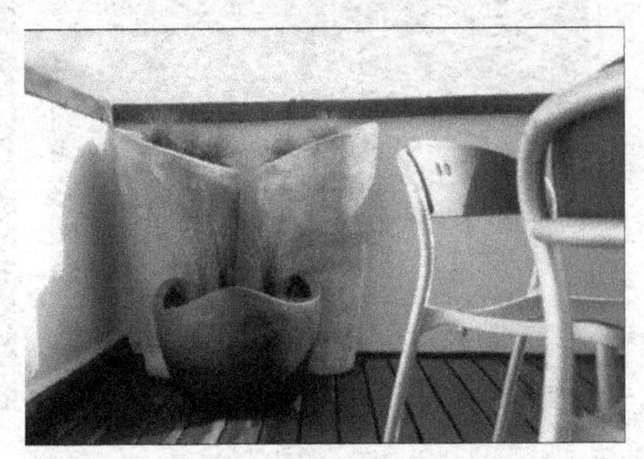

图 2-35 花钵

将其放在柱子或其它经过加固的屋顶部分之上。同时还要考虑小品的背景、方位朝向、日照、光影变化和夜间人工光线的照射角度等。花盆在屋顶花园设计中往往起着非常重要的作用，花盆的选择要与屋顶花园的总体风格一致，从花盆本身的材料、色彩、形状、将要种的植物等方面综合考虑。比如种的植物形状复杂，便可以选择外形较为简单的花盆，以便突出植物的特色，也可以选择雕塑化的花盆搭配造型简洁的植物。花盆可以自由移动，并且有多种摆放方式，可以单置或群组放在地面层上、可以摆放在盆架上、可以吊挂在或插挂在墙上、也可以在墙上内嵌种植盒或在墙顶做槽，通过不同的摆放和组合方式可以改变空间的特点，形成不同的景观效果。花盆可以在组合时按照花盆的种类以及花盆种植植物的种类来分组，利用花盆在高度、肌理和色彩上的变化，配合各种植物搭配组合，极有趣味。

艺术雕塑体量要小而轻，常用石雕、钢丝网水泥塑雕、玻璃钢塑雕、铜雕和现代不锈钢雕等材料，内容常为人物、动物、植物、山石、抽象的几何形象雕塑（图 2-36），周围常布置植物来综合布景（图 2-37）。

装饰隔墙主要起到分隔屋顶空间、丰富景观层次、引导视线、美化装饰的作用（图 2-38）。用装饰隔墙分隔既可以打破屋顶规整、单调的平面布局，满足屋顶不同功能的要求，又可以利用隔墙的透漏等特点来造景，以丰富屋顶景观。屋顶庭院灯要考虑其景观功能和使用功能，白天造型精美的灯具可以点缀庭院组景，夜间可以起指示和引导游人的作用。主要分为三种：第一种纯属照明性，包括沿屋顶四周栏杆的防护边界灯和使人循灯光指引导游的园路地灯，这种灯应保持其沿路的连续性和呼应，每隔一定距离设置一座。第二种是在中心场地、草坪、花坛、水体等处，以灯光勾画其轮廓，使屋顶空间范围内呈现彩色生动的风

图 2-36　抽象雕塑

图 2-37　雕塑布景

图 2-38　装饰隔墙

图 2-39　特色照明灯

貌，并以此来展现屋顶各处的景物。第三种是特色照明灯，来创造某种特定的园林造景气氛，如为屋顶雕塑、喷泉等设的专用光源即属此类灯（图 2-39）。同时还要注意灯具安装管线、防水、防漏电措施。

5. 地面铺装

屋顶地面铺装是联系各景物的纽带，既具有功能性，又具有装饰性，应与造园的立意相结合，根据环境特点和总体设计要求选择构图形式、图案、色彩、材料（如图 2-40 某屋顶花园地面铺装）。装饰图案可以引导视线，同时也可以帮助掩饰或者强调周围的形象。由于

图 2-40　某屋顶花园地面铺装

屋顶面积较小，设计时可以通过几种材料的搭配使用，让处处充满细节，精细优美。铺装饰材的比例通常会影响到被感知的空间，小模数材料看起来会比大模数的材料更加轻盈，所以当需要最大化一个空间的感受时，小模数材料会是最佳选择。铺装还应具有柔和的光线色彩，减少反光和刺眼，并与植物、景观建筑、小品等协调。园路还常被作为屋顶排水的通道，因此要注意它的坡度设计，防止路面和场地积水。设计时要考虑道路铺装材料在雨雪天气的防滑安全问题。

6. 围墙、栏杆设计

围墙、栏杆可以起到挡风、装饰作用，同时也确定了屋顶花园空间的高低和阻畅等景色特性。设计要考虑栏杆的高度规范等使用时的安全问题，还要结合周围环境、庭院风格、使用者的需求整体考虑。如果屋顶周围的景观环境很差，就可以砌筑较高的围墙，保持花园的独立性和私密性。可以采用厚玻璃板作围栏，能够挡风同时又不会妨碍人们眺望下方的美景，还能给人带来安全感。如波士顿市新英格兰国家商业银行的屋顶花园和芝加哥城市酒店的屋顶花园（如图 2-41）。

图 2-41　芝加哥城市酒店的屋顶花园

第三节　屋顶花园实例分析

一、国外屋顶花园优秀案例分析

（一）芭堤雅希尔顿酒店屋顶花园

芭提雅希尔顿酒店的花园，位于巨大的购物中心之上，商场在设计师开始设计时就已经完工，因此不能为了设计而修改任何的结构。设计师到达场地后发现：①屋顶有个巨型天窗，可以把光带到商场，不能承受任何荷载，设计时不能加以利用；预算当中不包括装饰这个天窗的费用，天窗一半是玻璃一半是混凝土，混凝土的部分被设计师做了伪装。②天窗占了中间的区域，因此只能在天窗周边狭窄地区设计，区域如此有限，还必须为健身房和卫生间留出场地。③由于购物中心的入口空间造成了异型屋顶，这样的边缘使设计很难做到简洁。

设计师巧妙地处理场地关系，使之分为三个部分。①入口：17层，酒店大堂就在这里，客人将乘电梯到达。当他们看院子时，可以直接看见泳池周围穿比基尼的人，因此设计师把这里处理成为单独封闭的区域。②阳光甲板：如前所述，可以利用的空间十分有限，还要在这里设置健身房和卫生间，因此将健身房和卫生间的屋顶加以利用，并与花园形成很好的联系，18层的客人还能从这里到达花园。设置了合理的流线让游泳的客人不穿越大厅就可以回到自己的房间。③花园只有一个地方能放下足够大的泳池，因此没有选择，泳池就放在这里。虽然屋顶边缘不规则，但是泳池还是用简单的曲线定义出来，并分为游泳池、戏水池、水力按摩池、儿童池。受到鱼群的启发，在池底做了丰富的灯光设计，在夜间，池底就像有丰富的鱼群和星星（图 2-42，图 2-43）。

图 2-42　芭堤雅希尔顿酒店屋顶花园屋顶游泳池

（二）美国景观设计协会大楼屋顶花园

美国景观设计协会在其华盛顿总部大楼设计了一个绿色屋顶以供他人效仿，绿色屋顶在美国要比在欧洲少见得多，因此他们希望借此来改变和绿化美国平常人家的屋顶。

设计由波士顿设计师 Michael Van Valkenburgh 与其同事共同完成，3300 平方英尺的屋顶现在已经栽满各种不同的植物，并且拥有独特的形状构造（图 2-44）。

在屋顶的入口处，建筑师用坚固的绝缘体材料设计了两个抬高的波浪形装置，这样的设计营造了一种视觉美感，并且还具有实用性，可将大楼的采暖通风与空调设备隐藏起来。围绕这两个波浪形装置的是阶梯式的铝制绿色屋顶体系，这样游客们来回走动也不至于造成损坏。而座椅等的配备对游客们上来参观更是一种强大的吸引力（图 2-45）。

图 2-43　芭堤雅希尔顿酒店屋顶花园夜景

图 2-44　美国景观设计协会大楼屋顶花园植物种植

（三）英国洛克菲勒中心绿色屋顶花园

Maison Francaise 花园位于大英帝国大厦顶部（如图 2-46），以及其中央建筑的凹陷处，花园在洛克菲勒中心落成之初就建造在了大厦的顶端。开发商 John R. Todd 和建筑师 Raymond Hood 想将大楼的设计更加具有美学效果以吸引居住者和路人的目光，因此他们建造一个屋顶花园对于在这栋大楼中工作的上千名员工是一个很特别的关照。最初，他们在脑海里有一个更为详细的建造计划，幻想着屋顶花园构成的网络连接到人行天桥，就像是巴比伦的空中花园那样。

从花园精心的布局和设计就可以看出，花园绝不仅仅是随意设计在建筑的顶端的。精心巧妙的喷泉池塘、石制湖盆以及葱绿的植被绝对与普通的屋顶花园不同。为了承载来自管道、土壤以及水泵所带来的上千吨的重量，洛克菲勒中心的屋顶使用了额外的钢筋进行了加固（如图 2-47）。

图 2-45　美国景观设计协会大楼屋顶花园座椅

图 2-46　英国洛克菲勒中心绿色空中走廊

四座较低建筑的屋顶花园的设计风格与大楼的主题相呼应。来自意大利城镇街道的鹅卵石和两个来自罗马广场的大石块组成了意大利广场的花圃。大英帝国大厦伞状屋顶花园的桌子周围是修剪整齐的紫杉和刺棘植物，居住者们可以在舒适的天气下在这里饮茶品点。但花园蔓延到第十一层的凹陷处时，也即是在 RCA 建筑商，它距离地面 140 英尺（1 英尺＝

图 2-47 英国洛克菲勒中心屋顶花园水景

0.3048 米)，这里一片葱翠，使较低建筑的屋顶看起来就像是郊区的后院一样。

(四) 日本福冈独特的绿屋顶设计

日本福冈市的 ACROS 绿屋顶，因其独特的设计和对绿色空间最大限度的保留而引人注目。该建筑一侧面朝福冈市最繁华的商业街，这一侧为玻璃墙，使其看起来和传统的办公大楼无异，而另一侧却是一个巨大的绿色房顶。绿屋顶如梯田般一层一层向下依次排开，共覆盖着 35,000 棵植物，整个绿屋顶延伸至地面的花园（如图 2-48)。

图 2-48 日本福冈绿屋顶花园

该建筑高出地面 60m，绿色房顶不仅使整个大楼保持恒温，而且降低了能量消耗。整个建筑的外观构思及整体设计方案由阿根廷建筑师 Emilio Ambasz 及其团队共同完成。该设计创造了一个大型的观景休闲空间，带给人们独特的视野（如图 2-49）。

图 2-49　日本福冈屋顶花园观景视野

二、国内屋顶花园优秀案例分析

（一）巨人网络上海总部园区主建筑屋顶花园

巨人网络上海总部园区主建筑屋顶花园是美国著名设计师汤姆·美恩的作品，在国际建筑界享有很高声望，是目前国内屋顶绿化面积最大的屋顶花园。该建筑屋顶绿化面积 $1.5\times 10^4 m^2$，栽种了月见草、八宝景天等十几种绿植，打造了“空中花海”奇观（如图 2-50）。

图 2-50　巨人网络上海总部园区“空中花海”

主建筑高 4.4m，主体 4 层，局部 6 层。东为办公区，西为休闲区。内部设有研发办公区、图书馆、接待区、视听室、休闲大厅、展示厅、健身房、游泳池、酒吧间、客房、舞蹈房、羽毛球场等办公、生活娱乐设施。

主建筑设计师汤姆·美恩是“普利茨建筑奖”获得者，该奖项被誉为“建筑界诺贝尔奖”，该建筑设计理念追求“建筑从地上长出来，与天空融为一体”的和谐感，屋顶绿化在其设计理念中不可或缺。

在 $1.5\times10^4 m^2$ 的屋顶绿化带中，栽种着月见草、八宝景天、棉毛水苏、阔叶麦冬等十几种绿植，一年四季都有不同种类的鲜花绽放，尤其以 5 月集中绽放的月见草最为繁茂。这里被人们称作“中国最大最别致的空中花海”，也是一栋独特的由天然大氧吧包裹的办公楼。

汤姆·美恩擅长使用线形结构，大量采用钢架构，讲究建筑与环境协调、空间服从于人自由组合的需要（如图 2-51）。

图 2-51 巨人网络上海总部园区建筑线形结构

在均坡度达到 30°，最大坡度有 60°的条件下建造花海难度极大（图 2-52），对于草皮土壤附着性与渗水性要求极为严格，建筑的施工总包是曾经为奥运会“鸟巢”施工的中建三局。

主建筑是蜿蜒的线形构造，巨人以国人寓意吉祥的“龙”来为其命名，按顺序把建筑分为“龙头”、“龙身”、“龙尾”三大段，由一条空中观景长廊全程贯穿。

（二）中国馆屋顶花园浓缩“九州清晏”瑰丽山河

随着 2010 年上海世博会的开幕，中国馆屋顶花园“新九洲清晏”景观得以在世博园与人们见面。“九州清晏”为圆明园中最早的建筑物群之一，亦为“圆明园四十景”之一，“九州清晏”其名寓意九州大地河清海晏，天下升平，江山永固。

作为整个中国馆项目的子项目之一，根据原先的规划设计，面积达到 $2.7\times10^4 m^2$ 的地区馆屋顶花园只是一个用于人流疏散、休闲观景的绿化平台。然而，随着中国馆项目越来越受到公众的关注和各方面的重视，大家也越来越觉得这个屋顶花园应该能被打造成一个“永不落幕的园林景观博览会”，为上海居民提供一个最好的休闲娱乐场所，一个“城市花园”。

图 2-52　大坡度种植

“新九洲清晏”高出地面14m，面积约2.7×10^{4}m^2，在世博会会期里主要用于人流集散，在世博会后为公共休闲场所。“新九洲清晏”以屋顶平台开阔的中心广场寓意内湖水面，以九处园林景观寓意九个岛屿。作为中国馆主体的国家馆位居“新九洲”之首，以“雍”命名，取“和谐”、“本”、“宗”之意；其它八洲依地势和气候分别为“田”、“泽”、“渔”、“脊”、“林”、“甸”、“壑”、“漠”，这些都是中华大地上的典型地貌景观。象征荒漠、戈壁部分小岛上还会建几间小房子，作茶室、咖啡屋等休闲用途，有意思的是，这些小房子也会与每个小岛的环境匹配，比如在“漠岛”上，茶室就会被“埋”在一座沙丘底下。圆明园的“九洲清晏”被水系分割，当年是用大量的桥连接而成，因此在世博园的屋顶花园中，也是以水面来环绕每个小岛，并在水面上三四厘米处，设立步道，让参观者穿梭水泽之间，体会清凉的感觉。以碧水环绕的九个岛屿将通过不同景观的展现反映不同的自然地貌和人的生存状态，象征我国广袤辽阔的疆土（如图2-53～图2-60）。

图 2-53　中国馆“田”

图 2-54　中国馆“泽”

图 2-55　中国馆“渔”

图 2-56　中国馆“脊”

图 2-57　中国馆“林”

图 2-58　中国馆“甸”

图 2-59　中国馆“壑”

图 2-60　中国馆“漠”

（三）北京王府井世纪停车楼屋顶花园

北京市王府井世纪停车楼屋顶花园（如图 2-61）位于北京市王府井商业区东华门路东北角。该屋顶花园主要处在建筑八层的东南角以及第九层上，在八层的西部和四到七层的某些露台上也有少量分布。总面积大约 2500m^2，绿化面积大约 800m^2，主要使用群体是大厦的内部人员。设计者充分利用大厦八、九层的大片绿地集中进行屋顶花园景观设计，其它边角尽可能多地增加绿色空间。屋顶花园可提供休憩、娱乐和聚会等功能。

图 2-61　北京王府井世纪停车楼屋顶花园（一）

八层西侧的小花园面积大约 220m^2，主要进行了建筑边角和立体绿化。在建筑八层到九层的东南角以及西北角的适当位置，栽植黄杨等绿篱对女儿墙进行修饰来丰富街面的景观。

八层屋顶花园面积大约 600m^2，屋顶花园格局是三面建筑围合，南面开敞，西、北面是私人住宅，东面是小型的温室，空间性质相对封闭。以旱喷泉水池为中心的屋顶花园，通过抽象的不规则构图形式把各个路口串联起来，绿地、喷泉、园路等形成丰富的空间层次。

种植上，花园中采用一些名贵花木，例如常春藤、华山松、花柏、布朗忍冬等以及一些修剪的灌木球和绿篱等将花园的线性更加明朗化，将整体构图加以强化。

九层屋顶花园面积大约 $1300m^2$，环境空间比较开敞。设计师根据屋顶檐口的 45°轴线以及自南向北的 1m 高差，设计了一系列喷泉、跌水等水体景观。屋顶花园还设计了一定面积的集散广场供聚会之用，通过适宜屋顶环境的乡土植物如桧柏、龙爪槐、西府海棠、藤本月季等的种植搭配，形成良好的屋顶景观（如图 2-62）。

图 2-62　北京王府井世纪停车楼屋顶花园（二）

（四）北京中关村屋顶花园

北京中关村广场，原名中关村西区，是中关村的高科技商务中心区，位于中关村南大街与海淀南街交叉口西北角。中关村广场屋顶花园（如图 2-63）位于中关村购物中心、中关村家乐福的上面，属于地下建筑屋顶花园。广场宽 190m，纵深 500m，面积达 $10\times10^4m^2$，是现亚洲最大的屋顶花园。

空中花园的弧形钢结构平台，高出地面 11 米，横跨中关村主要交通道路，这是由世界著名桥梁设计师、法国工程院院士米哈主持设计的，是北京第一个如此跨度弧形双曲面钢梁，重 100 多吨。

中关村屋顶花园广场采用轴线对称形态，与整体的环境相呼应，体现出庄严大气的气势。空中花园绿地系统由一个中央大型围合空间和区域东南方向的楔形开敞空间组成。除体现了中国传统的四合院内涵，另一方面又提供了观看西山风景和城市景观的视觉空间。在广场内部设置多个地下建筑出入口，联系屋顶花园与地下建筑，同时与周围环境协调统一。

空中花园保留了文物建筑和古树，屋顶配土多达 $15\times10^4m^3$，种植大乔木 800 多棵，灌木 20000 株，精品月季 10000 多株，攀缘植物 700 株，宿根植物 1000 株，植草 $10000m^2$。花园中栽植了油松、雪松、白皮松、桧柏、银杏、法桐、银杏、樱花、千头椿等树种，并栽植大片法桐树、玉兰和大油松。某些油松树干直径 30 多厘米，高度 7～10m。

与空中花园相伴的是亚洲第一音乐灯光喷泉，水面面积超过 1000 平方米，三层式设计。采用先进的水幕电影设备，能够喷出多种海浪造型，给人以强烈的感官冲击和独特的视听享受，科技和自然融为一体。广场照明采用美国先进技术和设备，能自动切换太阳能与市电两大系统，是目前北京市最大的广场太阳能照明系统。

图 2-63　北京中关村屋顶花园

第三章

墙体绿化的设计应用

第一节　墙体垂直绿化概述

一、墙体垂直绿化的概念

近年来，由于经济与人口的快速增长，使得城市建设用地不断加大，城市建设用地与绿化用地的矛盾日益突出，人们对绿化的需求越来越强烈，不得不开始关注城市绿化空间的发展，随之而来的是城市屋顶绿化的热潮，同时人们也渐渐地把目光投向了蕴藏着巨大绿化空间的城市建筑物垂直面上。

墙体垂直绿化是指利用藤本植物或者其它的植物材料装饰各类建筑物的外墙、围墙以及一切垂直于地面的建筑物和构筑物的墙体，按照一定的要求进行墙面垂直绿化的布置，达到增加绿地覆盖率、美化城市的目的（图 3-1）。

图 3-1　墙体绿化对城市的美化效果

作为立体绿化的一部分，墙体垂直绿化是城市立体绿化中占地面积最小，但是绿化面积最大的一种形式，是其它绿化形式所无法相比的。城市立体绿化可以弥补地面绿化的不足，在提高城市绿化覆盖率、丰富植物景观、改善生态环境方面都起着重要作用。作为城市绿化系统的一种，立体绿化正以其生态性、经济性、实效性、美观性等优势在钢筋与混凝土结构构架的人群生存空间内逐渐扩展，创造着第二自然，它在整个城市中所起的活跃、积极的作用是任何其它基础设施无法取代的。它的绿化潜力巨大，不仅是一种建筑外表面的装饰艺术，而且在绿化城市、营造健康和自然的生活环境上将起到越来越重要的作用，被人们广泛接受，受到国内外的推崇。

二、墙体垂直绿化的历史及发展

不论是在国内或国外，墙体垂直绿化都拥有悠久的历史（图 3-2、图 3-3）。

图 3-2　南京城墙垂直绿化

图 3-3　国外街头常见的墙体垂直绿化景观

在我国，距今大约 2400 年前的春秋时期，吴王夫差就对南京城墙进行了绿化。据记载，五代时后蜀皇帝在成都的墙垣上遍植芙蓉，“蓉城”因此而得名。

在国外，古埃及、古希腊和古罗马的庭院与园林中，葡萄、蔷薇和常春藤等被布置成绿廊形式（图 3-4）。大约 17 世纪，希腊克里特岛王朝所建造的迷宫里，设有许多迷阵，这些迷阵都是用绿色植物作篱墙来分割空间，形成密不透视的绿墙（图 3-5）。经过多年的探索，

图 3-4　蔷薇、常春藤绿廊

图 3-5　迷阵应用绿色植物作篱墙

人们认识到墙体绿化能产生较好的效果，在东欧、原苏联及欧美等国就将攀缘植物用于装饰建筑物的墙面。

随着现代社会的发展，墙体绿化在我国作为特殊空间绿化最受欢迎的方式，开始受到人们越来越多的关注，被越来越多专业人士和政府部门所认同。在我国的上海、成都、重庆、广州、天津等城市，很早就进行了垂直绿化的生态效益以及绿化技术的研究，许多不是藤本的植物也应用于墙体垂直绿化中，新的垂直绿化技术也不断涌现，如墙面植物贴植技术在上海等城市得到应用和推广，使立体绿化植物种类更加丰富（图 3-6、图 3-7）。

图 3-6　国内墙体垂直绿化景观

图 3-7　墙面植物贴植技术应用

近年来，国外的垂直绿化发展较快，技术成熟，人们在建筑的垂直面上尽情地发挥他们的想象力：在美国，一些别墅里利用植物来“砌墙”，分割建筑空间（图 3-8）；在巴西，有一种“绿草墙”，它是采用空心砖砌成的，砖里面填了土壤和草籽，草长起来就成为了绿色的墙壁（图 3-9、图 3-10）。

图 3-8　绿色植物的分割空间作用

图 3-9　巴西“绿草墙”

图 3-10　“绿草墙”景观效果

在日本，栽植了草坪、花卉或灌木等的装置系统被安装在了围墙、护栏、坡壁、垂直的各种广告支架等上面，使大区域的混凝土变成了绿色森林；还有一种观赏墙壁上面的园林植物、栽培基质和固定装置形成一个完整的板块，这种绿色墙不仅可以用于室外，同时又可用于室内（图 3-11）。2005 年日本爱知世博会展示的长达 150m、高 12m 以上的“生命之墙”

图 3-11　日本室内种植墙

汇集了最新的垂直绿化技术，其美丽的景观和庞大的生态效应令人叹为观止。

许多国家大力支持墙体垂直绿化建设，出台的激励政策往往比屋顶绿化的奖励条件更加优惠，韩国许多地方政府对墙体绿化费用全额买单，马来西亚宣布 2020 年进入发达国家行列，其中有一项举措即城市墙体实施大面积绿化，费用全部由政府支出，这更加反映出人们对墙体垂直绿化的渴望。

三、墙体垂直绿化的意义

墙体垂直绿化具有诸多作用，对城市绿化意义重大。

如墙体垂直绿化具有强大的生态功能，缓解城市热岛效应，增强城市的绿岛效应；在室外气温 38℃时，无绿化建筑物的外表面例如深灰色外墙涂料，其温度最高可达 50℃，而有建筑物绿化外墙面温度比前者低得多，仅仅为 27℃。尤其是朝西的墙面，绿化覆盖后降温的效果更为显著，据测定，有植物遮阳的地方，光照强度仅为阳光直射地方的几十分之一至百分之一，浓密的枝叶像一层厚厚的绒毯，可降低太阳的辐射强度，与此同时也降低温度，凡是有植物覆盖的墙面温度通常可降低 2～7℃；有建筑物墙体绿化的建筑室内空气温度较无绿化建筑物室内温度低约 3～5℃，降温效果明显。

墙体垂直绿化可降低城市排水负荷，实现暴雨雨水管理，可吸收 45%～75%的降雨量；还可吸尘降噪，过滤空气中的微粒，改善空气质量，是天然的氧吧，有利人们的身体健康。墙体垂直绿化另外一个突出的特点，就是可见性强，为目前高楼林立的硬性城市增加了阴柔之美，改善城市居民视觉疲劳，保护青少年视力，已经成为城市绿化可持续发展的宝贵资源。

总而言之，墙体垂直绿化是节约土地，开拓城市空间，包装建筑物和城市的有效方法，是人类与自然的有机结合，是建筑与绿化艺术的合璧。它拥有相当广阔的潜力和前景，有着各方面的动力支持。若干年后，立体绿化这朵建筑与园艺相结合的奇葩，将开创一个同时具效益和利润的市场，将为我们的都市空间增添更绚丽的色彩。

第二节　墙体垂直绿化的设计

毋庸置疑，墙体垂直绿化带给城市的生态效益和美化作用是十分巨大的，但在进行墙体绿化设计之前，也必须正视以下在垂直绿化过程中存在的一系列难点。

（1）整体系统必须符合建筑结构荷载要求。

目前市场上使用范围最广以及频率最高的绿墙系统根据其结构特色大致可以分为“刚性”和“柔性”两大类（或分为有骨架和无骨架两大类）。刚性系统是指对于垂直绿化系统而言，需要安装龙骨架和种植槽的结构，而这些结构给原建筑墙面带来明显的额外荷载，增加墙体外观厚度。而“柔性”绿墙系统因为无需安装骨架，从而极大地降低了墙面荷载，并和其它墙体材料厚度相当，不影响外观厚度，从而节约了占地面积。

（2）结构系统依附于建筑结构并且必须做到防水阻根。

（3）结构系统安装必须解决高空坠落的隐患，达到坚固抗风的要求。

（4）浇灌系统的安装和实施需要满足冬季抗寒要求。

（5）整体系统排水的设计与实施需要与建筑表面排水系统相结合，尽量避免在地面和墙面看到浇水痕迹，以免影响环境美观和清洁卫生。

（6）整体系统的安装应适应建筑多曲面造型的要求。

（7）植物选择必须满足耐寒、抗风雪的环境要求及冬季显绿的美观要求。

（8）整体系统安装和养护必须便利而且经济。

与不可忽视的难点一样，选择一种适宜的墙体绿化形式也是尤为重要的。

随着绿化技术的进步和生态城市要求的日益强烈，墙体垂直绿化的形式也随之增多起来，并且方式方法也越来越先进，越来越多样。总体来说，墙体垂直绿化的形式可以分成攀缘类、骨架式、模块化、铺贴式和水培式五种。

一、攀缘类植物墙体绿化

攀缘式是传统的墙体绿化和垂直绿化形式，主要是依靠攀缘植物的吸盘等器官攀爬覆盖绿化墙体。适合垂直绿化的常见藤本植物有爬山虎、常春藤、凌霄、金银花、扶芳藤等数十种。利用它们的茎叶攀附在墙体表面或骨架上，逐年向上、左、右蔓延扩展，最后连成一片，逐渐地给建筑物披上一层绿色的外衣，达到既绿化又美化的良好效果，并具有长久的生命力，从而发挥绿化的各种生态作用。

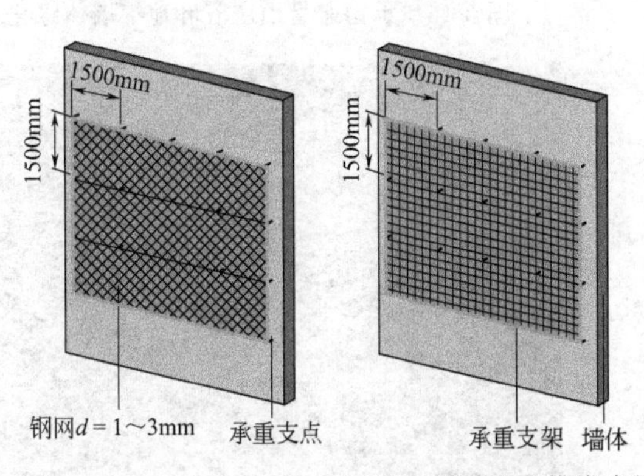

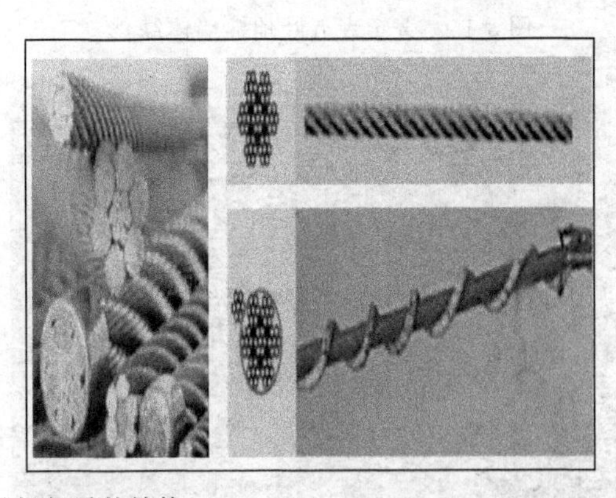

图 3-12　攀缘式骨架与零件结构

在攀缘类植物中，爬山虎应用最为广泛，它生长迅速，攀缘能力强，但美中不足的是冬季落叶，降低了观赏性。常春藤作为常绿藤本，恰恰可以弥补爬山虎的这一不足，但它又存在着吸盘短、不易固定在墙体上的缺点。因此，把二者结合起来，并辅以牵引线、框网架等支撑结构（图 3-12），相间栽种，便可互补不足，相得益彰。另外，也可以在阳台或屋顶上种植一些向下垂吊的藤蔓植物，逐渐覆盖墙面。这种墙体垂直绿化形式的优点是造价低廉，降温效果显著，后期维护费用少。但攀缘式墙体绿化的不足也是显而易见的，它品质单一，造景受限制，铺绿生长周期长，吸盘造成墙体漏水、干枯季节容易引起火灾等。攀缘类植物墙体绿化实例见图 3-13～图 3-19。

图 3-13　北京大观园爬山虎墙体绿化

图 3-14　佛山礌岗公园异叶爬山虎墙体绿化

图 3-15　普宁寺五叶地锦墙体绿化

图 3-16　承德避暑山庄五叶地锦墙体绿化

图 3-17　中国美术学院爬山虎墙体绿化

图 3-18　西湖博物馆五叶地锦墙体绿化

二、骨架式墙体绿化

骨架式是指“骨架＋花盆”的墙体垂直绿化形式。通常先紧贴墙面或离开墙面 5～10 厘

图 3-19　西安城墙

米搭建平行于墙面的骨架，辅以滴灌或喷灌系统，再将事先绿化好的花盆嵌入骨架空格中，使其生长为“绿墙”（图 3-20）。

图 3-20　骨架式墙体垂直绿化实例

另外，还有一种墙园绿化形式，以重叠起来的岩石组成石墙，石墙本身既是骨架又是天然花盆，在其顶部和侧面上种植一些高山植物或其它植物材料，这种绿化形式对美化市容和环境，增加城市的绿化带，表现出独特的效果（图 3-21）。

图 3-21　街头墙园垂直绿化

这种墙体垂直绿化形式的优点是植物选择范围比较广，对地面或山崖植物均可以选用，植物更换方便，适用于临时植物花卉布景；不足是需在墙外加骨架，厚度大于 20cm，增大体量可能影响表观，另外，骨架固定在墙面上，在固定点处容易产生漏水隐患，骨架易被锈蚀，影响系统整体使用寿命。

图 3-22　模块化墙体垂直绿化实例

三、模块化墙体绿化

模块化墙体绿化建造工艺与骨架式墙体绿化类似，但改善之处是花盆变成了方块形、菱形等几何模块，这些模块组合更加灵活方便，模块中的植物和植物图案通常须在苗圃中按客户要求预先定制好，经过数月的栽培养护后，再运往现场进行安装；其优点是对地面或山崖植物均可以选用，自动浇灌，运输方便，现场安装时间短，系统寿命较“骨架＋花盆”更长，不足之处是也需在墙外加骨架，厚度大于 20cm（不含植物表观厚度），增大体量可能影响表观；因为骨架须固定在墙体上，在固定点处容易产生漏水隐患，还有骨架锈蚀等影响系统整体使用寿命；通常每个模块中的种植孔尺寸较小并固定，根无扩展空间，从而限制了植物的生长和品种数量；滴灌浇灌不均且容易被堵失灵而导致植物缺水死亡，所以植物更换次数增多，养护成本和造价相对较高（图 3-22）。

四、铺贴式墙体绿化

铺贴式墙体绿化无需在墙面加设骨架，基本单元是工厂生产的一个由平面灌溉系统、种植层、防水层复合形成的 10～15cm 左右的种植系统，固定点处采用特殊的防水紧固件处

图 3-23　铺贴式墙体垂直绿化实例

理，防水膜除了承担整个墙面系统的重量外还同时对被覆盖的墙面起到防水的作用。在现场直接将该系统固定在墙面上，植物可以在苗圃预制，也可以现场种植。

其优点是地面或山崖植物均可以选用，集自动浇灌、防水、超薄（小于10cm）、轻巧、长寿命、易施工于一身；植物容器袋可以根据各种植物不同而调整大小，因植物袋之间无刚性阻隔，植物根容易拓展，加上浇灌均匀、透气性好，所以植物更换次数少，从而降低养护费用（图3-23）。

五、水培式墙体绿化

在墙体外制作特定的骨架，然后在骨架上固定板材，再将高分子材料织物固定在板材表面，在此系统中作为植物种植载体，结合营养液渗灌系统，植物被随意塞进植物载体中生长，以无土栽培为主。其缺点在于：①竣工时即时效果一般，不适宜使用大规格苗；②植物品种有限制，不是所有的植物都适合水培；③离子毒害，造成植物更换频繁，后期养护成本很高；④耗水量很大；⑤对供水系统依赖性大，一旦系统停止供水，易造成植物快速死亡（图3-24）。

图3-24　水培式墙体垂直绿化实例

各种墙体绿化技术特点与区别见表3-1。

表3-1　各种墙体绿化技术特点与区别

项　目	种植毯铺贴式	水培式	骨架花盆式	种植模块式	攀缘式
种植系统是刚性还是柔性	柔性	柔性	刚性	刚性	柔性
是否需要安装骨架	否	是	是	是	视情况而定
对建筑防水影响	没有，并有利于建筑防水	有，系统需离开墙面	有，系统需离开墙面	有，系统需离开墙面	有，需修补

续表

项　目	种植毯铺贴式	水培式	骨架花盆式	种植模块式	攀缘式
种植土或无土	皆可	无土	种植土	皆可	种植土
距墙面的厚度/cm	大于5	大于5	大于20	大于20	大于2
是否需要育苗期	不一定	是	不一定	是	否
浇灌方式	平面浇灌	平面浇灌	滴灌	滴灌	滴灌
植物更换方式	单株更换	单株更换	单株更换	模块更换	单株更换
是否可以利用雨水	是	否	否	否	是
节水情况	节水	大量用水	节水	较多用水	节水
是否安全,防止高空坠落	系统轻,很安全	系统轻,很安全	系统重, 有安全隐患	系统重, 有安全隐患	系统轻,很安全
养护费用	低	高	高	较高	最低
植物更换次数	少	多	多	较多	最少
植物造景速度	快	较快	快	快	慢

第三节　墙体垂直绿化实例分析

2010年上海世博园的墙体垂直绿化花样繁多，色彩各异，具有很强的视觉冲击力，形成了一道靓丽的风景线，其主题馆生态绿墙的建设解决的七个系统问题如下。

（1）*模块系统*　即植物栽培容器。因为生态墙有面积大、高度高的特点，且有便于养护和更换的要求，故在施工方案设计中提出模块化安装的技术，即栽培容器按照一定模数组成模块，再和结构系统连接，易装易拆，便于更换。

（2）*结构系统*　即绿化模块系统和主题馆现有的钢结构系统的连接构件，要保证足够的牢固度并便于安装和拆卸，同时要保证结构系统和原来的系统在色彩、材质上的统一，不影响原来建筑整体的设计意向和立面效果。

（3）*植物材料*　植物材料的选择是其中最重要的内容之一。生态绿墙对植物的生长习性、根须的稠密度、对极端生境的适应性和对高温高寒等有害条件的抗性有非常高的要求，因此必须通过大量的实验，从备选择植物中筛选出能适应生态绿墙要求的植物品种。

（4）*栽培介质*　世博会主题馆生态绿墙对植物栽培介质亦有很高的要求，首先要保证清洁材质，不能滋生病虫害；其次要保证栽培介质和植物根系结合紧密，还要保证栽培介质低容重。因此传统的土壤介质不能满足要求，只有通过大量的实验和科技研发来选配出合适的栽培介质。

（5）*浇灌系统*　主题馆生态绿墙的浇灌要克服两个难题，一方面栽培介质水分饱和和含水量过大而产生的渗漏会对参观人群及环境产生影响，要保持栽培介质含水量的精准是一大难题。另一方面生态绿墙有26m的高差，必然带来高处与低处水压不同的问题，要解决浇灌水压一致从而保证滴灌效果的均一性也是一个难题。

（6）*施工技术*　在进行生态绿墙施工前，主题馆的幕墙及钢结构已经施工完毕。由于环境的要求及投资的控制，已无条件在墙面外搭设外脚手架进行施工。而在会展期间，苗木的更换也不能影响主题馆的外观效果，因而只能考虑从生态绿墙的后面来施工。而主题馆原有钢结构与幕墙之间也只有1米多的空隙可供施工使用。这样就必须找到可行并保证安全的施工技术方案。

(7) *养护措施* 因为世博会活动的使用要求，生态绿墙不能有频繁的养护活动，而在如此极端的生境下，又要有必要的养护措施，这也是一对矛盾，因此必须找到一种适合的长效养护机制，并根据植物的生长习性进行合理的养护。这样才能既不影响会展活动的正常进行，又保证植物景观的效果。

据统计，世博会近240个场馆中，80%以上做了屋顶绿化、立体绿化和室内绿化，上海市绿化委员会办公室秘书处有关绿化专家告诉记者，世博场馆的立体绿化布置颇具看点，特别值得关注建筑绿化的人士参考、学习。

一、法国馆

法国馆以“感性城市”为设计理念，整个展馆被一种新型混凝土材料制成的线网“包裹”，仿佛是“漂浮”于地面上的“白色宫殿”，尽显未来色彩和水韵之美。馆内的小广场上建造了一个由喷泉和绿柱组成的“立体花园”，植物覆盖了展馆的顶部，并沿着馆内侧垂下，绿意盎然、动感十足，使游客有种置身凡尔赛宫的感觉。

在面积达6000m^{2}的展馆内，参观者从排队等候开始就可领略法式园林的垂直绿荫，自动扶梯缓缓地将游客带到展馆的最顶层，展览区域在斜坡道上铺开，游客可以透过玻璃欣赏法式庭院。当游客从展馆南面的观景电梯徐徐而上、登至馆顶时，一个富有现代感的垂直园林便伏身脚下。葱翠的植物覆盖展馆顶部，并在场馆内庭四面形成一条条或弯或直的绿色“瀑布”，从20m高的顶部向下倾泻，犹如一块巨大的电路板，种植了精心搭配的多色调、多种类枝叶植物的组合。

法国馆的水池和垂直花园实际上是再造了一个迷你生态系统，兼具了水循环处理、空气净化和调控温度的功能。即便是在炎热的夏天里排队等候，水边的凉风和绿色的植物都会让参观者感到多一分惬意、少一分烦躁。如图3-25～图3-27所示。

图3-25 法国馆墙体垂直绿化外景图

二、新西兰馆

新西兰馆使用了斜坡花园的形式，表现他们非同一般的风貌。花园分为八大区域：冈瓦纳古区、高山区、森林区、热湖区、牧场区、城市生活区、南太平洋圣地区和海岸区。依据斜坡屋顶的特点，从高处到低处依次展现“从高山到海洋”的景观设计理念。如设计师使用

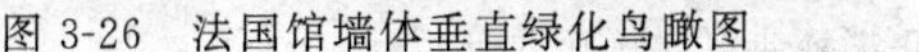

图 3-26　法国馆墙体垂直绿化鸟瞰图

图 3-27　法国馆墙体垂直绿化特写

蕨类植物和裸子植物营造远古的冈瓦纳古区域自然景观。师法自然是中国古典园林的造园艺术特色，新西兰的设计师深得异曲同工之妙，将整个新西兰国家不同区域的自然景观浓缩在 $1500m^2$ 左右的斜坡屋顶花园里，展现了新西兰独具魅力的自然景观。新西兰馆屋顶所用的植物几乎全是容器种植和营养垫种植，并且容器种植苗多为大型蕨类植物。如图 3-28 所示。

图 3-28　新西兰馆垂直绿化外景图

三、主题馆

主题馆植物墙单体长 180m，高 26.3m，东西两侧布置的植物墙总面积达 $5000m^2$，是目前全球最大已建的生态绿化墙面，是日本爱知世博会绿墙面积的两倍，是一个不折不扣的园区“绿肺”。

在夏季，植物墙可以利用绿化隔热外墙阻隔辐射，使外墙表面的空气温度降低；而在冬季，它既不影响墙面吸收太阳辐射热，又能形成保温层，降低外墙表面风速，延长外墙的使用寿命。这样一片绿墙，可以节能 40%，减少空气负荷 15%。

主题馆植物墙绿化设施由工厂化统一生产，寿命不低于 8 年。施工时，先安置好预先生产的模块，再在其上栽植各种植物。如图 3-29～图 3-31 所示。

四、阿尔萨斯案例馆

位于浦西世博园“城市最佳实践区”一角的阿尔萨斯案例馆，与罗阿案例馆、汉堡之家

图 3-29　主题馆墙体垂直绿化施工图

图 3-30　主题馆外景图

图 3-31　主题馆墙体垂直绿化特写

与澳门馆毗邻，被青枝绿叶覆盖着，被誉为会呼吸的建筑。

阿尔萨斯案例馆从远处看与地面形成一定斜角，纵剖面接近于一个不等腰梯形，主要看点集中在南立面，倾斜墙体的垂直绿化植物不仅同一季节颜色及其景观效果不同，不同季节的表现形式也不尽相同，极富特色。如图 3-32～图 3-35 所示。

图 3-32　阿尔萨斯案例馆墙体垂直绿化施工图

图 3-33　阿尔萨斯案例馆外景图（一）

阿尔萨斯案例馆的独特之处并不限于外观，更重要的是它的功能——其墙体相当于一个“自然空调”，通过控制，能有效实现室内的“冬暖夏凉”。整个“墙体”包括三个层面，外

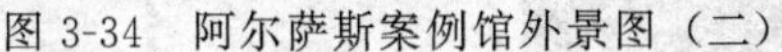

图 3-34　阿尔萨斯案例馆外景图（二）

图 3-35　阿尔萨斯案例馆墙体垂直绿化特写

层为太阳能电板和第一层玻璃，中间层为密闭舱，第三层为水幕太阳玻璃。它的幕墙可以随着室外温度和日照强度变化由传感器感知气候状况自动控制开闭，在创造持久舒适性的同时，也减少了二氧化碳排放。

五、加拿大馆

由于丰富的资源和壮丽的自然风光，使加拿大人的设计无不体现着“可持续发展”这一理念。

加拿大国家馆的设计按照欧洲 LEED 标准，使用了大量的新型建筑材料，力求达到上海世博会节能、环保的要求，其中包括了外墙面垂直绿化的设计。加拿大馆是由大型几何体建筑组成，外圈里面采用了密布的木隔栅，组成 12～15m 见方的钻石型单元。展馆的中央是一片开放的公共区域，临广场建筑立面材料选用镜面不锈钢，镜面效果令广场空间充满戏剧性；另一个立面元素——植被墙，同样弱化了展馆的建筑学特征，渲染了广场热烈的气氛。值得一提的是，加拿大馆特别根据上海的气候和植物的生长条件，选用了金边大叶黄杨和海桐两种深浅不同的植物，用扦插的方式植入种植槽，其绿化的景观布局为加拿大某城市的部分地图式样，用绿色植物表达城市的形象，更加符合“Better City，Better Life!”世博会理念。

图 3-36　加拿大馆外景图

图 3-37　加拿大馆墙体垂直绿化特写

加拿大馆垂直绿化选用的建造方式为一种模块式的垂直绿化建造方法，为建筑绿化提供了一种很好的建筑材料和建造方法。如图 3-36 和图 3-37 所示。

除了世博会异彩纷呈的墙体绿化建筑之外，全球还有许多建筑都运用了墙体绿化的手法，原因皆在于墙体垂直绿化的生态性和美观性。在寸土寸金的都市，建造绿化区域成为了

图 3-38　圣地亚哥 Concorcio 大厦

图 3-39　凯布朗利博物馆

势在必行又很奢侈的事，垂直花园是一个最适当的解决方案。沿着建筑墙面搭建的绿色花园，大大节约了占地面积，并有利于增加室内湿度、帮助墙体隔热、净化空气，为博物馆、购物中心、机场、写字楼等城市空间提供了美观、环保又实用的绿化方案。

如位于智利首都圣地亚哥的 Concorcio 大厦被誉为世界上最环保办公大楼，外墙大面积覆盖的植物让大厦内冬暖夏凉，帮助楼内的办公室节约了 48%的能量，特别是夏季可有效削弱日光的辐射（图 3-38)。又如凯布朗利博物馆，从人行道到房顶天台，整座建筑的墙壁都完全隐藏在绿色植被下。据悉，这座凯布朗利博物馆外墙上拥有 150 个不同种类的15,000棵植物（图 3-39)。还有苏黎世机场的藤蔓帘，绿色的藤蔓和葡萄藤被装在毛玻璃中作为装饰帘，为空旷的机场大厅带来了更多异国情调（图 3-40)。

图 3-40　苏黎世机场

第四章

阳台、露台、窗台立体绿化的设计应用

第一节　阳台、露台、窗台绿化概述

随着经济的发展与人民生活水平的日益提高，大家越来越重视家庭情趣营造，阳台、露台、窗台作为家庭绿化的重要组成部分，越来越受到人们的重视。这不仅能够美化环境、净化空气，亦能舒畅身心、陶冶情操，亦能提高生活中的自然气息。

一、阳台、露台、窗台绿化的概念

露台，是一种从大厦外壁突出，由圆柱或托架支撑的平台，其边沿则建栏杆，以防止物件和人落出平台范围，是为建筑物的延伸。

二者之间具体区别为：露台，一般是指住宅中的屋顶平台或由于建筑结构需求而在其它楼层中做出大阳台，由于它面积一般均较大，上边没有屋顶，所以称作露台。

阳台，泛指有永久性上盖、有围护结构、有台面、与房屋相连、可以活动和利用的房屋附属设施，供居住者进行室外活动、晾晒衣物等的空间。根据其封闭情况分为非封闭阳台和封闭阳台；根据其与主墙体的关系分为凹阳台和凸阳台；根据其空间位置分为底阳台和挑阳台。此外，露台是每层缩进而形成的屋顶平台，其上部除花架等可有可无的装饰物外，再无建筑物，和阳台是有明显区别的。阳台和露台的区别是“是否具有永久性顶盖”。

窗台是在窗孔底部特别用于盖住窗孔底部墙上的水平构件或结构。

随着城市的发展特别是高层建筑的迅速崛起，身居闹市的人们为了给自己创造一个宁静舒适、具有大自然情趣的生活环境，已越来越注意用大自然的绿来装饰自己的小天地了。城市阳台、露台、窗台绿化是属于城市垂直绿化的一部分。随着城市越来越多的高层建筑拔地而起，其阳台、露台、窗台是楼层的半室外空间，是人们在楼层室内与外界自然接触的媒介，是室内外的节点。在阳台、露台、窗台上种植藤本、花卉和摆设盆景，不仅使高层建筑的立面有着绿色的点缀，而且绿色垂帘和花瓶一样装饰了门窗，使优美和谐的大自然渗入室内，增添了生活环境的生气和美感。如图 4-1～图 4-3 所示。

图 4-1　露台绿化

图 4-2　阳台绿化

图 4-3　窗台绿化

二、阳台、露台、窗台绿化的意义

（一）美化室内外环境

阳台、露台、窗台绿化与居住区绿化有很大区别，居住区绿化有一定的绿化指标、绿地覆盖率要求、绿化量的要求等，并且由建设单位根据本身的不同需要，如经济问题及景观的取舍、建设单位决策者的取舍等而确定，总之，与业主本人喜好是时常得不到一致的。而阳台绿化则有所不同，可以根据主人的喜好进行取舍。也正因为如此，阳台、露台、窗台绿化才能成为城市绿化的另一道风景。城市阳台、露台、窗台绿化与人们的生活息息相关，更是喜好花草的人的一个小天地，它与其它绿化有很大的区别。

（二）净化空气，调节小气候

植物具有净化空气的功能，绿色植物进行光合作用，可吸收二氧化碳释放氧气，另外，某些植物还具有过滤作用，能将粉尘吸附在叶子上，保持空气的清新。此外，还有一些绿色植物有吸收有毒物质和杀死病菌的作用，产生有利于活跃人体代谢、增强免疫力的物质。

（三）减少噪声

随着城市中交通和建设的增加，产生了大量的噪声，长期在噪声环境中会使人感到不适。通过阳台、露台、窗台绿化，借助植物的反射吸收作用，可降低噪声级别。

（四）增添生活情趣

对植物的布置使得自己处于一个小的自然环境中，沉醉于自然世界，对植物的管理过程也是具有诸多乐趣，在感受植物发芽、长叶、开花结果的变化时，会使人感受到生命的勃勃生机，使人心情愉悦，怡情养性。

第二节　阳台、露台、窗台绿化设计

阳台不仅是居住者接受光照、吸收新鲜空气、进行户外锻炼、观赏、纳凉、晾晒衣物的场所，如果布置得好，还可以变成宜人的小花园，使人足不出户也能欣赏到大自然中最可爱的色彩，呼吸到清新且带着花香的空气。因此其设计需要兼顾实用与美观的原则。

中国河北省望都汉墓出土的汉代明器望楼有悬挑的平台和栏杆，后人称为平坐栏杆。隋唐以来建造的楼、阁、亭、台、塔等建筑中，设置平坐栏杆的已较普遍。从西方古代壁画和文字记载中得知古罗马庞贝城已有设阳台的住宅。近代阳台除供休息、眺望，还可进餐、养植花卉。在寒冷地区，阳台可安装玻璃窗成为封闭的“日光室”，以阳光取暖；而在气候炎热地区，则设背阳台，又称凉台，供室外纳凉用。阳台在居住建筑中已成为联系室内外空间、改善居住条件的重要组成部分。

阳台的形式很多，按照阳台平面形式分，可分为全挑阳台、凹阳台、转角阳台；按照阳台栏杆形式分，可分为通透栏板阳台、封闭式阳台；按照朝向来分，可以分为东南朝向阳台、西北朝向阳台、双朝向阳台；按照功能分为生活阳台和服务阳台。

国家颁布的《住宅设计规范》对阳台和窗台的设计明确要求：外窗窗台距楼面、地面的净高低于0.90m时，应有防护措施，窗外有阳台或平台时可不受此限制。窗台的净高或防护栏杆的高度均应从可踏面起算，保证净高0.90m。低层、多层住宅的阳台栏杆净高不应低于1.05m，中高层、高层住宅的阳台栏杆净高不应低于1.10m。封闭阳台的栏杆也应满足阳台栏杆净高要求。中高层、高层住宅及寒冷、严寒地区住宅的阳台宜采用实心挡板。

一、阳台、露台、窗台造景的几种形式

1. 悬垂式

有两种方法，一是悬挂于阳台顶板上，用小容器栽种吊兰、蟹爪莲、彩叶草等，美化立体空间；二是在阳台栏沿上悬挂小型容器，栽植藤蔓或披散型植物，使其枝叶悬挂于阳台之外，美化围栏和街景。

2. 藤棚式

在阳台的四角立竖竿，上方置横竿，使其固定住形成棚架；或在阳台的外边角立竖竿，并在竖竿间缚竿或牵绳，形成类栅栏的东西。使葡萄、瓜果等蔓生植物的枝叶牵引至架上，形成荫棚或荫篱。

3. 附壁式

在围栏内、外侧放置爬山虎、凌霄等木本藤蔓植物，绿化围栏及附近墙壁。还可利用墙壁镶嵌特制的半边花瓶式花盆，然后用其栽植观叶植物。

4. 花架式

在较小的阳台上，为了扩大种植面积，可利用阶梯式或其它形式的盆架，在阳台上进行立体盆花布置，也可将盆架搭出阳台之外，向户外要空间，从而加大绿化面积也美化了街景。

二、阳台、露台、窗台造景的坚持原则

（1）注意采光。在做阳台、露台、窗台景观设计时要充分考虑原建筑的采光情况，做出来的景观不能破坏采光。

（2）注意承重。由于阳台是挑出去的，做园林景观又极有可能用到假山、树木、水池等，所以要详细了解个体阳台的承重情况才能进行设计。

（3）注意防水。阳台出现漏水情况，是由于园艺公司使用的防水材料不合格或者施工不规范造成的。防水层厚度最好达到 5mm 左右。

（4）植物选择要适量。植物一般都容易招蚊虫，如果种植过多易生寄生虫。

三、阳台、露台、窗台造景的布置方式

如图 4-4～图 4-6 所示。

图 4-4 阳台、露台、窗台布置方式（一）

图 4-5 阳台、露台、窗台布置方式（二）

图 4-6 阳台、露台、窗台布置方式（三）

1. 阳台布置方式

采用不同的栽培布置方式，营造“空中花园”。阳台一般面积不大，为了更好地表现植物形态和色彩，应根据不同的阳台类型和植物习性采用相应的栽培布置方法。

（1）盆栽　充分利用每处空间进行立体化布置。考虑到阳台的特点，应选择较大的盆，最好直径达到30cm以上。盆的色彩、形状应丰富，与周围环境和植物色调相协调。至于盆花摆放位置，可选择放在阳台板上、栏杆扶手上，或吊挂在空中，也可沿墙体做花架式摆放博古架，放置小型盆花和盆景等。在进行布置时，应充分考虑各种植物及其容器的形状、色彩和体积等，根据每个人的爱好和植物习性的要求，进行合理搭配，同时兼顾平面和立面效果，使整个空间或绚丽多彩、或宁静幽雅，达到和谐统一，避免杂乱无章。

（2）地栽　营造微型花园。对于承载力较强的阳台，可以采取地栽的方式。可借鉴屋顶花园的做法，设置排水层、过滤层和种植层。在考虑地栽方式时，可引用花斗、花池的做法，设置一些种植槽。将阳台横向或纵向连接，使绿化和建筑有机地结合起来，在立面构图上形成独特的、富有趣味性的风格。

（3）封闭阳台建成“日光温室”　阳台封闭后就成为了日光室，日光室不但是居民休憩聊天的好去处，还可作为植物理想的生长空间，不亚于日光温室。白天日光室通过玻璃吸收阳光，升温很快，在冬季也可达20℃以上，但夜晚降温也十分迅速。为了冬季防寒可引入暖气管道或其它暖气设施，并对日光室四周进行保温处理。如果过分干燥的话，可对地面喷水或安装加湿设施，也可利用开窗来调节。日光室除了摆放植物外还可以根据个人爱好摆上鱼缸或鸟笼加以点缀，更能体现生活气息，使每户阳台都体现出独创、生趣和情调。在进行绿化布置时，要注意盆花摆放或种植密度，过疏或过密都会影响花蕾形成及正常生长，也会产生不和谐、杂乱无章的感觉，破坏美化环境的本意。

2. 露台布置方式

一般人家的露台不可能很大，少的一二十平方米，多的三四十平方米。栽培条件不可能和地面一样，因此要精心安排，反复斟酌。

首先，要设计好露台。哪里种花，哪里铺地，哪里放置座椅，水景布置，花草种植。一般稍重些的桌椅、水景假山以及较大的植物，应放在横梁或柱子上，承重力较好。水龙头和灯具、小品摆放都要先想好。总的说来，每平方承重不应超过五百斤（1斤＝0.5千克）。

其次，在施工时要做好防漏措施，特别是花坛，树种不能选根系发达的，花坛要有排水口。

第三，花坛里的土最好是菜园土，可以到郊区菜地或花鸟市场买，再加一点泥炭土和河沙，施一些底肥。

选择植物种类。露台立地条件有限，不宜选择高大的乔木，只能选择观叶观花的小乔木、灌木，如果是热带亚热带地区，可以营造热带花园，种一些棕榈类，如散尾葵、美丽针葵、棕竹，竹芋类、凤梨类等，在边上安置一个小水景。或者在阳光充足处种植三角梅、炮仗花、藤本月季等进行立体美化，石榴、茉莉、荷花、睡莲、变叶木以及其它观花观果植物也要放在阳光充足处。半阴处还可选择茶花、栀子、龙船花、杜鹃、红枫等。总之，可以种自己喜欢的花，把它种在合适的位置。

在摆放位置时，要考虑花卉习性、色彩组合、风格协调，以及落叶常绿、乔木灌木等问题。有条件的做个小巧的假山、鱼池，没条件或嫌麻烦的，可以摆个鱼缸。

留出桌椅位置。露台以休闲为主，不要在露台上设置其它功能，如洗衣、晾衣服、堆放杂物等。

3. 窗台布置方式

窗台绿化主要是由植物、容器、基质及其它一些元素构成的。植物在选择上既要美观，具有装饰作用，又要株型矮小，这样才能在狭小的窗台上放得下，也不影响窗户开启和采光。可以选择月季、石榴、半支莲、蟹爪兰、仙人球、天竺葵等，两侧可以选择金银花、茑萝、牵牛花等攀缘的观花植物，观叶植物则可以选吊兰、文竹、金丝草等，而不宜选择那些株高叶大的植物。另外，窗台处日照较多，且有墙面反映和对植物的灼烤，应尽量选择喜阳耐旱的植物。容器的选择应与所选择的植物相称。一般选那些比较精致、透气的瓷盆，或是那些自己制作精巧、多样的木箱等。基质一般选择容重较轻的，例如陶粒泥炭，锯木等。除了以上的元素还应有的一些辅助元素如：支架、吊杆、木螺丝等。如图 4-4 所示。

第三节　阳台、窗台、露台绿化实例分析

在阳台上铺黑白的鹅卵石，种上苏州园林中最常见的荷花、翠竹，一个理想中的世外桃源就这样生成了。浓浓的中国情节笼罩着整个居室，让每一位来此的人们都感受到自然的生机和活力（图 4-7）。

图 4-7　阳台、露台、窗台绿化实例（一）

目前新建的很多住宅中，都有两个、甚至三个阳台。在家庭装修的设计中，双阳台要分出主次，切忌“一视同仁”。与客厅、主卧相邻的阳台是主阳台，功能以休闲为主。在装饰材料的使用方面，也同客厅区别不大。较为常用的材料有强化木地板、地砖等，如果封闭做得好，还可以铺地毯。墙面和顶部一般使用内墙乳胶漆，品种和款式要与客厅、主卧相符。次阳台一般与厨房相邻，或与客厅、主卧外的房间相通。次阳台的功用主要是储物、晾衣等。因此，这个阳台装修时可以不封装，地面要采用不怕水的防滑地砖，顶部和墙壁采用外

墙涂料。为了方便储物，次阳台上可以安置几个储物柜，以便存放杂物。

在现代居室中，人们往往远离大自然，因此需要在空间多增添一些绿色。若喜欢养花养草，可把阳台一角设计为一个花草展区。虽然面积有限，但却给主人提供了一个休闲健身的好去处。

阳台、窗台、露台绿化的设计可以展示出强烈的个人风格追求及对自然颜色的喜爱，将这些颜色融入了对桌椅、坐垫、抱枕等休憩元素的设计中，使得阳台、窗台、露台的布置更柔和，更富有自然亲和力。

图 4-8(a) 中的阳台，在花草的摆放上，采用了最常用的镶嵌式、垂挂式、阶梯式和自然式四种。“镶嵌式”一般用在已经装修而且面积较小的阳台上，利用墙壁镶嵌特制的半边花瓶式花盆，然后栽种观叶植物。“垂挂式”是用小巧精致的容器栽种吊兰等小型植物，然后悬挂在阳台顶板上。也可栽植藤蔓或其它有缠绕能力的观叶植物悬挂在阳台外。“阶梯式”是在阳台内搭起阶梯，进行立体盆花布置，一般的植物都可利用这种形式栽培。“自然式”利用阳台外的盆架栽种一些木本藤蔓植物，使植物自然下垂，形成一种自然景观。此外，铺装采用木质铺装，更为贴近自然，清新舒适。

(a) (b)

图 4-8 阳台、露台、窗台绿化实例（二）

图 4-8(b)、图 4-9 中的露台，在采用了镶嵌式、垂挂式、阶梯式和自然式这四种花草摆放方法的基础上，添加了如陶坛、水钵、壁灯、富有民族风情的靠垫等元素，营造出浓郁的气氛，浓艳的色彩亦使得露台颇具自然及异域风情。

图 4-10(a) 中将阳台用玻璃和木材封闭成居家小书房，窗外的绿叶仿佛伸手可及，好像马上就会浸入居室，自然与居室就这样在阳台这个小小空间相交融。桌椅亦是以木质藤条为材料，与植物自然气息融合。此外，在铺装上，选用纯天然材料，让阳台与户外的环境融为一体，采用未磨光的天然石及小青石板，还可以用到的石质铺装有包括毛石板岩、火烧石、鹅卵石、石米等。为了不使阳台感觉太硬，我们还可以适当使用一些原木，最好是选择材质较硬的原木板，会有很舒适的效果，如图 4-10(b)。

在阳台及露台的总体设计风格上，主要有日式、中式、欧式和现代简约式四种。应根据不同的设计风格，进行绿化营造。

一、日式风格

日式风格所选用的材料以天然的鹅卵石、石材为主。色彩搭配讲究淡雅、素丽，给人一

图 4-9　阳台、露台、窗台绿化实例（三）

(a)　(b)

图 4-10　阳台、露台、窗台绿化实例（四）

种简朴、恬静、自在的感觉。最为突出的是在细节方面很考究、很精致，力求各个元素之间和谐融洽，浑然一体，讲究有水、有石、有木，一盏小小的石灯就非常能体现日式风格的精髓。如果面积允许，还可以放置茶几、铁椅，使其更好地满足人的休憩需要（图 4-11）。

日式阳台以精简为特色，不像欧式阳台那样需要铺陈大景，以示奢华，它的小景较多——以小见大、以少胜多正是日式风格的精妙之处，也是其主要的特点，而且所需的材料如竹子、枯树、沙粒、卵石等较为容易得到。

通过对植物的高低错落有致的布置，使得阳台的空间感加强，更富趣味性。地板上铺浅色的鹅卵石，搭配黑色的景观灯、再加上富有禅意的石缸，营造出安宁的休憩氛围（图 4-12）。

二、中式风格

中式阳台设计以假山、盆景、灯笼这类常见的中国传统园林设计元素为主，强调人文与

图 4-11　日式风格阳台实例（一）

图 4-12　日式风格阳台实例（二）

自然的和谐统一，重在意境的营造，如小桥流水、雨中芭蕉、竹径幽深、九曲回肠等。在具体实施的过程中，手法细致，微缩的山石、树木均宛如自然天成，遵循中国园林设计要素——虽由人作，宛自天开（图 4-13～图 4-15）。

图 4-13　中式风格阳台实例（一）

阳台作为室内向室外的一个延伸空间，是房主人摆脱室内封闭环境，呼吸室外新鲜空气，享受日光，放松心情的场所。图 4-16 中色彩鲜明的中式阳台，与入户的花园连接，绿色植物郁郁葱葱，颇具生气。

在阳台上设置一处小水池，作为调节心情与环境，在其旁设置一些滨水植物，给人宁静恬淡的感受（图 4-17）。

图 4-18 中，整体搭配设计，具有简约时尚、清新自然、环保健康的异国风格情调。点缀的几盆绿植，增添了几分清新。铺上木墙壁，再摆上绿色植物，给人一种原始的亲切和

图 4-14　中式风格阳台实例（二）

图 4-15　中式风格阳台实例（三）

图 4-16　中式风格阳台实例（四）

柔和。

巧妙地在阳台布置绿植，可以营造你自己家中的微型花园。在阳台装上架子，错落有致地摆上各种盆栽花木，使整个阳台上有绿叶相掩，下有花卉相映，生机盎然，令人足不出户便可尽情地享受到大自然的乐趣。

图 4-17 中式风格阳台实例（五）

图 4-18 中式风格阳台实例（六）

用鹅卵石堆出一层的路面上，放着几块木板和木座椅。小小的水池可以种一些水仙一类的植物，很漂亮和独特。弯曲的栏杆围出了一个富有清新淡雅的情调的阳台［图 4-19(a)］。

(a) (b)

图 4-19 中式风格阳台实例（七）

木质的阳台，洋溢着奢华的情调。阳台被打造成为一个小花园，有序的摆放使得有一半阳台成为了超小型的森林公园，精心打造与用心设计的结合［图 4-19(b)］。

三、欧式风格

欧式园林景观设计常用喷泉、雕塑，绿色植物大多经过精心修剪，呈现出明显的几何形状，规则而有秩序，相应的，欧式阳台与露台的设计也传承了其园林特色，颇具特色，同时选用不同的花卉，营造出浪漫雅致的气氛。

带有英伦风格的田园式阳台，木质的长椅配上淡蓝色的小窗，再加上绿色的小植物，也是一种美感（图 4-20）。

图 4-20　欧式风格阳台实例（一）

欧式怀古风格的阳台，攀缘着藤本植物，再配上浪漫的铁艺和藤制的家具，别有一番异域的情调［图 4-21(a)］。

(a)

(b)

图 4-21　欧式风格阳台实例（二）

绿意环绕，配上优雅大方的椅子，再加上一款别有意味的风扇，自由而亲切［图 4-21(b)］。

小巧的欧式露台，可能不能布置很多的家具，但可以用各种各样的花卉和植物塞满，看上去特别的充实，美艳。用木条搭建起来的两个架子专门为藤蔓植物所设计。等待春暖花开的时节，阳台的石栏杆里伸出来的花朵，好像里面太满溢出来一样，极富生趣。从外面看，这个露台就因此而格外引人注目［图 4-22(a)］。

(a) (b)

图 4-22 欧式风格阳台实例（三）

此外，铁艺栏杆在露台的营造上也极为常用，这为攀缘植物提供了一个很好的生长支撑。且当植物日益丰满时，宛若花墙［图 4-22(b)］。

对于在结构上较为细长的阳台，种上一排小花，点缀建筑的外墙，活泼且生机勃勃（图 4-23、图 4-24）。

图 4-23 欧式风格阳台实例（四）

图 4-24 欧式风格阳台实例（五）

四、现代简约式风格

将设计的元素、色彩、照明、原材料简化到最少的程度，但对色彩、材料的质感要求很高。简约的空间设计通常非常含蓄，往往能达到以少胜多、以简胜繁的效果。

图 4-25 是阳台及露台在设计方面所展现的不同的风格，设计风格不同，元素也会有一定差异，但是，植物无国界，植物绿化的自然氛围是在任何设计风格中都能够淋漓尽致地展现的。

图 4-25　现代简约风格阳台实例（一）

图 4-26 为颇具东南亚风格的阳台，种植了些许阔叶热带植物，绿意盎然，墙壁、柱子、房顶、木台、植物和谐统一，阳光照进屋中，充满暖意。

图 4-26　现代简约风格阳台实例（二）

阳台的吊顶有多种做法。葡萄架吊顶、彩绘玻璃吊顶、装饰假梁等等（图 4-27）。这样，在欣赏地面及墙面的绿化的同时，抬头，另有一番情趣。但当阳台的面积较小时，可以不用吊顶，以免产生向下的压迫感。

花草的放置也有规律可循，可采用镶嵌式、垂挂式、阶梯式和自然式四种形式布置（图 4-28）。

阳台能不能布置出效果，不完全取决于面积，如果阳台面积小，可以栽些多年生的草本植物、爬藤类植物；如果阳台面积大，对于栽种植物的选择就没有过多的限制；如果阳台有弧度，可以做出“曲径通幽”的效果。

把阳台改造成小花房，会起到锦上添花的效果（图 4-29）。将阳台改造成一个五脏俱全的小花房，要挑选些漂亮植物和亲近自然的铁艺家具，还可以选择吊篮来盛装叶茎垂下来的

图 4-27　现代简约风格阳台实例（三）

图 4-28　现代简约风格阳台实例（四）

图 4-29　现代简约风格阳台实例（五）

绿植。如果想在露台上搭一个玻璃棚，那么栽种的植物就要尽量喜湿喜热。如果阳台上有一角要做储藏室，那么那个角落附近就不能种太多的植物，否则储藏室里会有潮气。

阳台、露台作为休闲区，常青藤类的植物在夏天攀爬于阳台上，显得生机盎然，不仅起到了装点墙面的作用，还有利于人体健康。

玻璃，现代建筑的重要标志之一，现代化的设计都以玻璃为主要外观材料，凸显的是科技含量高。小巧的玻璃桌面上的仙人掌是这个明亮清静的现代潮流情调中的一个亮点［图 4-30(a)］。

专门的悬挂花盆就显得安全许多，但是也不方便移动，在栽培的过程中可能会遇到不少麻烦，但是美观上会显得错落有致［图 4-30(b)］。

(a) (b)

图 4-30 现代简约风格阳台实例（六）

用黑色的帆布遮住了露台下半部，为阴生植物创造了生长条件，也营造了神秘气氛，等到它们开出迷人的花朵时，露台就成为房子一道亮丽的风景线（图 4-31）。

图 4-31 现代简约风格阳台实例（七）

在露台上可以自然地借到外面的景物，外面的相对大型的植物绿化与屋中的盆花相呼应，相得益彰［图 4-32(a)］。

(a) (b)

图 4-32 现代简约风格阳台实例（八）

在铁艺栏杆上种植攀缘植物或是挂一些小花盆，很显活力与生气［图 4-32(b)］。

在面积允许的情况下，在阳台上开辟一小块绿地，也会有一种很休闲的体验，将其营造成一个微型的园林，很有生活气息（图 4-33）。

图 4-33　现代简约风格阳台实例（九）

利用露台的铁栏杆材质，可以很轻易地搭建一些构架，可以弄些许木板来，做一个长条形的凳子和一个小方桌，同时再做一些花架，将植物有层次地展现出来［图 4-34(a)］。

(a)　(b)

图 4-34　现代简约风格阳台实例（十）

两个长条形的花盆给本身不大的阳台中间留出了一条比较宽敞的通道，方便行走。靠墙一边的种植藤蔓植物，方便其发展，长高了以后也就顺便把墙面装饰起来了［图 4-34(b)］。

小巧的公寓阳台，如果空间不足以保障放置很多花盆，可以选择悬挂式，将花卉整齐地排布在围栏上，打开窗一定能闻到一股花的清香。也可以在阳台上搭设木架来放置花盆（图 4-35）。

如果要塑造欧式阳台奔流而下的花瀑景观（图 4-36），不能一蹴而就，需要很好的料理、有技巧的修剪；对于悬垂的花草，在花芽形成之前就需要不断摘心，促进新枝生长和更多花芽的萌发。在开花之前可以适当追加一些以氮肥为主的复合肥料；注意要薄肥多施，到花开之时停止。

对于窗台绿化的立体感的营造：常春藤、茑萝、铁线莲、牵牛等轻型藤本可以随意缠绕，很适合窗台种植；盆栽的凌霄、紫藤、使君子等木质藤本略微重些，但只要主人注意控制生长速度，并加以适当引导，也可以种在窗台花园，形成颇富情趣的景观（图 4-37～图 4-39）。

古典欧式的建筑有的不仅仅是豪华和大气，更多的是惬意与浪漫，通过完美的曲线，精益求精的细节处理，给人的往往是舒适与华丽的浪漫情怀，在这些建筑中，阳台与窗台作为建筑与外界环境关联的元素，选择植物来进行点缀，使其更添活力（图 4-40、图 4-41）。

图 4-35　现代简约风格阳台实例（十一）

图 4-36　现代简约风格阳台实例（十二）

图 4-37　现代简约风格阳台实例（十三）

图 4-38　现代简约风格阳台实例（十四）

图 4-39　现代简约风格阳台实例（十五）

图 4-40　现代简约风格阳台实例（十六）

图 4-41 现代简约风格阳台实例（十七）

在窗台绿化的植物选择上，有天竺葵、矮牵牛、旱金莲、三色堇等，这些花卉体态娇小，但总体丰满，易于成活，并且能开出大而艳丽的花朵，能让人在很远之外就能看到窗台边盛开的鲜花。

第五章

门厅、室内立体绿化的设计应用

第一节 门厅、室内绿化的概述

室内绿化在国际交往频繁的今天发挥了至关重要的作用，酒会、宴会、会议活动的插花、摆花得以发展，有了鲜花绿植的装扮，人们就能感受到自然的气息，感受到大自然的脉搏在跳动、生命的韵律在炫动，同时营造出温馨、舒适、和谐之美。门厅、室内立体绿化具有软化空间线条和填充室内空间的作用，使室内格调更加简洁自然，大方文雅。

一、门厅立体绿化的概述

门厅设计的目的，一是为了保持主人的私密性，避免客人一进门就对整个居室一览无余，也就是在进门处用木质或玻璃做隔断，划出一块区域，在视觉上遮挡一下。二是为了起装饰作用，进门第一眼看到的门厅，这是客人从繁杂的外界进入这个家庭的最初感觉。可以说，门厅设计是设计师整体设计思想的浓缩，它在房间装饰中起到画龙点睛的作用。三是方便客人脱衣换鞋挂帽。把鞋柜、衣帽架、大衣镜等设置在门厅，鞋柜可做成隐蔽式，衣帽架和大衣镜的造型应美观大方，和整个门厅风格协调。门厅的装饰应与整套住宅装饰风格协调，起到承上启下的作用。

门厅设计时，应该突出它的形态特征，在顶棚上匠心独运，如采用一些悬挂、网架等新颖的结构形式，来体现时代文明和技术进步。同时可选择浮雕、绿化、水景等手法来强化其艺术气氛。利用立体绿化在门建成后重新布置门厅的景观，植物的生机与活力可以给人留下深刻的印象。

门厅绿化是指各种攀缘植物借助门架以及与屋檐相连接的雨棚进行绿化的形式，融合了墙体绿化、棚架绿化和屋顶绿化的方式方法。每个庭院都有大小不同的出入口，对于庭院空间，室内空间的组合、分离、渗透和造景有着重要的作用。由于门厅的进出作用，位置的显露，门厅绿化也格外引人瞩目。随着各项绿化技术的不断提高，门厅绿化在立体绿化中的地位越来越重要。配置合理的门厅绿化，有助于室内和庭院良好形象的产生。

二、室内立体绿化概述

室内立体绿化是在室内用有生命的绿色植物为主题进行立体化的装饰美化，室内立体绿化可以调节人们生理、心理、精神状态，陶冶人们的情操，具有怡情养性的作用。室内立体绿化风格能反映主人的性格。室内绿化还可以调节室内温度、湿度、净化室内空气。有些室内绿化植物具有兴奋神经中枢的作用，甚至还具有报警作用。

（一）室内立体绿化的兴起及未来

1. 室内立体绿化的兴起

资源、能源的过度消耗和浪费，人与自然生态环境的日益疏远，使得室内绿色设计的理念逐渐兴起。在室内设计中合理利用自然资源，减少能源的消耗，关注健康，回归自然，将自然生态的思想引入到室内绿化设计中，扩展室内设计内涵，使室内设计走向更加高远的层次和境界。与此同时，这种室内合理利用空间进行立体绿化的设计理念深入人心，影响深远，为营造优美、舒适、健康、可持续发展的人居环境奠定了理论基础，指明了室内立体绿化的方向（图 5-1）。

图 5-1　室内立体绿化

2. 室内立体绿化的未来

室内立体绿化的发展方向紧密结合“森林城市”“山水城市”的设想，将城市的山水和森林，新鲜的空气，婉转的鸟鸣和沁人的花香引入室内（图 5-2）。室内立体绿化引入家庭装饰，住房装满生机，人们向往回归自然的心态，使室内自然能源利用和审美景观的创作都达到新的高度。

图 5-2　室内中庭立体绿化

（二）室内立体绿化的作用

1. 室内立体绿化具有怡情养性的作用

室内立体绿化的管理，使人们在精神上可以起到怡情养性的作用。室内绿化的发展，使很多阳台、窗台、屋顶绿化融为一体，对增加城市绿化面积，净化城市环境起到很大的作用，也使得主人在劳作后达到身心愉悦的效果。

2. 室内立体绿化具有兴奋神经中枢的作用

室内立体绿化的盆栽花卉散发的芳香性气态物质，具有兴奋神经中枢的作用，可以使人的思维活动敏捷、清晰，提高学习效率，尤其对儿童智力有奇特的良性效应。

3. 室内立体绿化具有报警作用

人们还可以利用盆栽花卉的表现来监测空气中有毒有害气体的污染情况，并采取措施维护身体健康。室内立体绿化所采用的杜鹃、扶桑的叶片中部出现白色或者褐色时，说明室内二氧化氮污染严重；再如万寿菊、秋海棠等具有警报作用的植物叶面出现斑点时，说明空气中二氧化碳的污染严重。

（三）室内立体绿化的意义

1. 改善室内生活环境质量

室内立体绿化的绿色植物在白天进行光合作用过程中所制造出来的氧气是夜间呼吸时所消耗的二十倍左右，因此室内立体绿化可以使人们生活在舒适的近于自然的环境里。室内的绿色植物枝叶有净化室内环境污染的作用，同时植物还有滞留尘埃、吸收生活废气、释放和补充对人体有益的氧气、调节空气湿度和降低噪声等作用。夏日阳台上的牵牛、金银花、葡萄等绿色植物，不仅可以遮阳，而且可以形成绿色屏障，能够降低室内温度，有利于节约能源。

2. 装饰美化作用

室内环境进行立体绿化布置，不仅仅针对单独的物品和空间的某一部分，而是对整个环境要素进行安排，可以将个别的、局部的装饰组织起来，以取得总体的美化效果。特别是现代人在城市的钢筋混凝土楼房中生活，绿色植物装饰除了美化室内环境外，还可以使室内空间具有生命的气息和情趣，使人享受到大自然的美感和舒适。

3. 改善室内空间的结构

在家庭装修中，绿化装饰对空间的构造也可发挥一定作用。如根据人们生活活动需要，运用成排的植物可将室内空间分为不同区域；攀缘上格架的藤本植物可以成为分隔空间的绿色屏风，同时又将不同的空间有机地联系起来。运用植物本身的大小、高矮可以调整空间的比例感，充分提高室内有限空间的利用率。

第二节　门厅、室内立体绿化设计

一、门厅立体绿化设计

（一）门厅立体绿化的考虑因素

1. 门的形式

大门的形式多种多样，如推拉式、对开式、侧开式、上开式、下开式等，要求立体绿化的风格与布局也截然不同。

2. 门的材料

门的材料在立体绿化的实用性与美观性上都有至关重要的作用。如木质的门，在立体绿化植物选择上就应该烘托出木质门特有的气息；如果是铁艺大门，两侧对称配置植物会增添赏心悦目之感（图 5-3）。

图 5-3　门厅材料与植物选择示意

3. 门的色彩

门的色彩和植物的选择极其相关，色彩不同的门在立体绿化的植物选择和搭配上就有所不同。不同色彩的植物搭配会使人耳目一新（图 5-4）。

图 5-4　门厅色彩与植物选择示意

4. 门的高度

大门的高度不同，植物的配置方式、达到的景观效果也不同。高度在 2 米左右可种植常春藤、牵牛花等；高度在3m以上可种植葡萄、紫藤、金银花、木香、凌霄、爬山虎等。

5. 植物季相

立体绿化采用的植物的季相变化也是门厅立体绿化考虑的因素之一。例如深秋五叶地锦红色的叶子与春夏的绿色形成鲜明的对比，绚烂的叶子在秋天平添许多美丽景观；春季刚刚萌发的紫藤露出淡绿的嫩叶，夏季叶色变为深绿。因此，在进行门厅绿化时要考虑植物季相的变化，并利用这些季相变化合理搭配植物。以乡土植物为主，同时发挥植物的抗环境污染能力，多采用适应性强、耐瘠薄、耐干旱的粗放管理植物种类。

（二）门厅立体绿化的设计原则

1. 根据大门的立地条件选择的原则

门厅处可绿化的面积有限，植物生长条件相对限制因素较多，因而要选择耐粗放管理的植物。同时还应该根据大门的朝向选择立体绿化的植物，绿化南向的门前，可以均衡配置草本植物以及花灌木；北向的门前比较阴冷，绿化应该选择耐阴的植物。

2. 立体绿化与周围环境和建筑风格相协调的原则

门厅的立体绿化要与周围的环境相协调，例如古朴的大门，可选择一些紫藤和蔷薇等组合成门洞，产生幽深的意境；而现代建筑的大门，则要选择一些整齐效果的植物材料展现和谐匀称之美。

3. 根据大门的建筑特点采用不同植物的原则

门厅的建筑形式各不相同，不同形式的大门要采用不同的立体绿化方式，才能显示出门厅绿化的美感。建筑形式不同，植物所绿化的部位也不一样，有的门厅配合门廊，所以绿化时将门廊的立体绿化一并考虑，产生统一的效果，植物材料的选择也可以通过联合棚架绿化的藤本植物，将门柱、墙面的绿化整体进行设计。

（三）门厅立体绿化的布置形式

门厅立体绿化和建筑的立体绿化紧密相关，常使用类似于墙面立体绿化的方式绿化门柱，或者选用攀缘植物种植于廊的两侧并设置相应的攀附物使植物攀附而上并覆盖廊顶形成绿廊，也可在廊顶设置种植槽，选择种植攀缘植物中的一些种类，使枝蔓向下垂挂，形成绿帘或者垂吊装饰。另外在门梁上用攀缘植物绿化可以形成绿门，在不影响大门功能的情况下绿化整个门厅，可以形成良好的门厅立体绿化景观效果。门厅立体绿化常见的形式包括以下几种。

1. 绿门式绿化

门厅绿化中园门的立体绿化与绿篱绿墙紧密结合，其形式较多。可直接用一些耐修剪的植物材料做成拱门，或者以分枝低的龙柏、圆柏等作为主体，在其内部采用木材或者钢材做骨架，再将常绿树的干、枝绑在骨架上加以造型修剪，既可以创造生动活泼的绿色门厅景观，又可以创造出富有生命力和独特观赏效果的景观。

2. 结合式绿化

结合式立体绿化是将有生命的花木材料和建筑材料结合在一起创造景观。可以将绿色植物栽植到装土的空心门柱上，让其下垂或者在上面创造观花观叶的门厅景观，要注意门柱的高度要适中，这样可使毛细水分到达植物的根部；如果门柱较高则要注意经常浇水或者选择耐旱的植物材料。也可以采用盆栽的方式直接放在门柱上或者门的两侧，或设在门柱旁的花台之上。

3. 攀附式和棚架式绿化

利用藤本植物的攀缘特性，让植物材料在大门的花墙、门柱或者门框上攀爬，一些公园的入口处，用假山石做成屏障，可以用藤本植物直接覆盖住这些山石，或者用钢铁、竹木、水泥等做成门前的棚架，在其两旁种植攀缘植物，形成棚架式绿化。

4. 悬挂式绿化

在门厅的门柱或者大门两侧的墙面设置一些吊钩，采用悬挂的方法，在门厅的两侧设置一些吊盆，栽植一些小型的盆栽植物，也可以起到装饰美化大门的作用。雨棚位置的绿化也可以采用采用悬挂式，但是要注意不影响行人的通行。

5. 摆放式绿化

在一些规模较大的建筑的门厅进行台阶等处的绿化时，可以用盆花来布置在台阶的边缘。或者在大门台阶的中央按照立体花台的布置方法，摆出了多姿多彩的造型，同时可以在大门的不同部位摆放一些盆花来装饰美化。摆放或绿化的花卉要求花色较为鲜艳。

二、室内立体绿化设计

（一）室内立体绿化设计原则

1. 整体原则

室内立体绿化的风格特征要与室内使用功能相一致，反映不同的空间特色，形成独特的环境氛围；室内立体绿化的体量大小、样式应与室内空间、家具尺度保持良好的比例关系，如果绿化体量过大，会使空间显得小而拥挤，过小又可能使室内空间过于空旷；绿化的色彩也应与家具、室内装修统一，形成协调的整体，可以采取对比的方式突出重点，采用调和的方式相互呼应；立体绿化的布置应与家具布置方式密切配合，形成统一风格，采用稳定的平衡关系，空间的对称或非对称，静态或动态，形成协调、有机的整体环境（图 5-5）。

图 5-5　室内立体绿化的整体原则

2. 自然原则

为保证花草树木在室内环境及立体种植的条件下自然生长，需要在室内立体绿化的同时保证其生态习性，适宜的室内小气候。

光照是绿色植物进行光合作用，制造养分的重要条件，应根据建筑采光和窗口方向，以及季节和天气的不同，将室内绿化布置进行相应的变化；植物的生长温度可根据植物在室内空间的位置进行调剂，室内空间的上方要比地板上更热，将耐热的植物吊挂在天花板或者花架的上方，把不耐热的植物放在地板上或者花架的下方；再者就是植物的湿度与通风调节，通风引起的湿度变化，需要引起注意。

3. 适量原则

室内立体绿化有诸多好处，但也并不是意味着室内摆放植物越多越好。一般情况下室内立体绿化是室内环境的点缀物，是调节室内空间的艺术，过多的植物反而会因为大量占用空间平添堆砌之感。

室内立体绿化的艺术在于精巧，在精选品种、花色、造型、数量的同时，巧做布置，巧做安排，巧做搭配，呈现艺术享受（图 5-6）。

图 5-6　室内立体绿化的适量原则

4. 美观原则

室内立体绿化不仅要有植物景观的意境，同时要达到美观的视觉效果，室内最佳植物景观视距为 2.35m。在观赏面前面的植物应选用叶细、花色鲜明的植物，以取得最佳视觉效果；在观赏面后面的植物应选用大型、叶色浓绿的植物，这样可以体现大自然的丛林气氛。布置在墙角处的植物则具有深远感。

室内立体绿化要充分发挥植物本身的姿态造型特点，达到以少胜多，以小胜大，高低起伏的自然生境；充分利用室内设施，形成统一的、多角度的景观（图 5-7）。

图 5-7　室内立体绿化的美观原则

（二）室内立体绿化的形式表现

1. 比例

要获得良好的室内立体绿化比例是极其复杂的事情，对良好的比例要求是最基本的要求。室内立体绿化中，绿化与绿化之间、绿化与建筑空间之间以及绿化与室内其它陈设品之间都要有良好的比例关系，包括物体的长短、大小、粗细、薄厚、浓淡和轻重等恰当的配比，在这些综合的基础上要获得良好的比例。

不同比例可以改变绿化设计的效果，也可以使整个空间形象发生改变。在同一空间内，绿化由于其三维尺度的比例不同，获得的效果也不同。高大的绿化使空间显得比实际小，而低矮的绿化使空间显得大。在配置室内立体绿化陈设时，一定要根据空间的功能要求合理选择绿化的尺寸，使其具有适宜的空间尺度感（图 5-8）。

图 5-8　室内立体绿化的比例表现

2. 秩序

秩序是一切美感原理的规范，是反复、韵律、渐次、和谐的基础，又是比例、平衡、对比、强调的根源。立体绿化的秩序美主要体现在两个方面：一是绿化本身所表现出来的秩序美，如绿化在尺度、花色、造型、质感等方面所表现出来的秩序美；二是通过立体种植与其所处环境所表现出来的整体协调、高低参差、错落有致的秩序美。

在室内立体绿化中，由于立体绿化一般会首先占据人的视觉，具有视觉焦点的作用，如果显得凌乱无序或者高低错落不成景观，则很容易使人产生空间杂乱的感觉，从而影响到对整个环境的印象（图 5-9）。

图 5-9　室内立体绿化的秩序表现

3. 和谐

室内立体绿化应在满足功能要求的前提下，使各种室内物体相互协调，成为一个非常和谐的统一的整体，在对整体艺术效果的把握下，充分发挥自己的优势。室内立体绿化所选择植物的疏密、高低等因素和家具的布置、家具的选择及光照的利用是相辅相成的，其中所形成的明暗、动静、感性和理性的关系构成了居室整体格调的和谐统一。室内立体绿化的和谐表现在植物色彩与室内主色调的和谐，植物的形态、花色、气味与室内空间造型、环境气氛的和谐，植物的尺寸大小和室内空间大小的和谐等多方面（图 5-10）。

图 5-10　室内立体绿化的和谐表现

4. 生态

室内立体绿化既可以美化环境，改善环境，同时也节约了大量的空间。立体绿化还能通过生机盎然的自然生命力，唤醒人们对自然的联想，感到心旷神怡，疲惫顿消。绿色植物构成的自然生态环境，对人的神经系统产生一种良性的刺激，可使人精神放松，呼吸均匀，血压稳定（图 5-11）。

图 5-11　室内立体绿化的生态表现

（三）室内立体绿化布局方法

1. 点的布局

室内点状立体绿化的原则是突出重点，从形态、质地、花色等几个方面精心挑选绿化。

凡是独立设置的盆栽、乔木、灌木、插花、盆景等都可以完成点状布局，以形成室内景观焦点，具有较强的视觉吸引力和装饰性。

点状的绿化可以直接陈设于地面，也可以陈设于茶几、架、柜、桌上，也可以悬挂于空中（图 5-12）。

图 5-12　室内立体绿化点的布局

2. 线的布局

直接植于地面的绿篱、连续布置的盆栽、或直或曲的花槽等都属于线状绿化布局。线状绿化多用于划分空间，多用花台、乔木或盆栽等组成各种线性，形成虚拟空间；同时也可以用来强调方向，起指引或者引导作用。线状立体绿化要充分考虑空间组织和构图的要求，或高或低，或曲或直，或长或短，以空间组织的需要和构图规律作为布局的依据（图 5-13）。

3. 面的布局

具有较大二维尺度的立体绿化设计，通过成面的立体绿化布局方式，呈现绿化植物的体、形、色等方面。面的布局形式丰富，可以形成各种几何形状或自由形式，同时也可以用来遮挡空间中不利观赏的视线。通过丰富多变的层次感和绿化植物的大小、形状、色彩等与周围环境形成总体的艺术效果（图 5-14）。

图 5-13　室内立体绿化线的布局

图 5-14　室内立体绿化面的布局

（四）室内立体绿化形式

室内立体绿化的形式，常见的有盆栽式、悬垂式、攀缘式、壁挂式、瓶栽式、水养式等。要做何种装饰，应根据自己的爱好并结合居室建筑结构、家具和装饰道具等因素综合考虑。

1. 盆栽式

这是一种最常用的装饰形式，也是一般常见的栽培方法。盆栽的植物可从几厘米到几米高。体量高大的盆栽花卉只能摆在地面上，中小盆一般放在几架、厨顶或组合柜上，也可用立体花架或活动花架摆放，还可群集组成小花坛或采用种植槽条列式摆放。如宾馆的门厅、展厅、会场、商场的道口，喜欢用群集小盆花组成小花坛。

2. 悬垂式

常给人以轻盈飘逸、自然浪漫的感受，有“空中花卉”之美称，受到千家万户喜爱，是当今普通家庭所追求的一种装饰形式。悬垂可直接用吊盆种植悬空吊挂，也可用普通花盆种植，然后另用吊具（竹篮或绳制吊篮）盛放花盆吊挂，或直接放在厨顶、高脚几架上朝外垂下。现今在许多宾馆、商场和商务活动的高级写字楼，进入大厅时常见迎面上方筑有一条长列式的种植槽，成列种植小叶绿萝或常春藤、金钱豹等，沿壁悬垂，犹如绿色瀑布直奔而下，十分壮观。

3. 攀缘式

对茎蔓长有气生根的植物，用绳网或支架使其向上攀缘，布满墙壁或天棚，在室内塑一片绿茵环境。在酷暑天气，身居其境，会使你备感清幽凉爽。或用它形成绿色屏风，还可立柱于盆中央，让其攀缘而上，也别具新意，宛如腾龙跃起，气势浩大壮观。立柱攀缘盆栽花卉多放居室角隅，亦可放在门厅两侧等处。

4. 壁挂式

壁挂式绿化装饰像是一幅立体活壁画，景观独特，极富情趣，可以说是现代室内豪华装饰的标志。紧贴墙壁、角隅或柱面，悬挂特制的、一面平直的塑料花盆，选用耐阴、耐旱、管理粗放一类的花卉，如仙人掌、吊兰、绿萝。亦可用鲜插花。正上方如配以彩灯，更显富丽堂皇，光彩夺目。

5. 瓶栽式

玻璃容器栽培，是一种最新潮流的花卉装饰方式，极富艺术感。方法是用多种小型植物混合种在一个大玻璃瓶或玻璃箱内，好似一个微型“玻璃花园”或“玻璃温室”，放在几架或桌上。

6. 水养式

这是利用能在水中生长的植物，用水盆或玻璃器皿进行培养的绿化装饰。最常见的水养花卉有水仙、碗莲、水竹、伞草、富贵竹、广东万年青等等。也可剪取带叶的茎芰植物插在盆中，如绿萝、鸭跖草，让其一端伸延在盆外，也别具情趣。水养式除了观花之外，其器皿也是一种工艺品，可供观赏。水养器皿中，还可适当放入少量形态各异或色彩绚丽的陶石、卵石，使花卉、器皿、介质互为衬托，相映增辉。用水养方法既方便，又卫生，也是现代家庭喜爱的一种装饰。

第三节　门厅、室内绿化实例分析

一、门厅绿化实例分析

（一）商场门厅绿化

商场门厅绿化主要用于吸引顾客，引导人群交通流向，通过各种绿化强调入口的位置，门厅立体绿化的方式多是将高大的植物对称摆放于大门两边，或者将几种颜色、株型醒目的小型盆栽植物加以组合，分置于大门两侧，或者沿台阶线状由外向内布置。通过绿化植物的放置，引导提示顾客，同时延续了室外自然气息，使顾客在进入商场室内后保持轻松愉悦的休闲购物心情（图 5-15）。

图 5-15　商场门厅绿化实例

（二）住宅办公建筑门厅绿化

住宅办公建筑门厅绿化主要是通过人性化、高效率的布局方式，使室内空间布局紧凑合理，整体风格简洁雅致，井然有序。建筑门厅立体绿化的引入有利于在进入空间的初期给人以轻松舒适的感觉。通过改善生活和办公环境，营造自然和谐的氛围，可以使长期在室内的人们接近自然生态的绿色植物，调节紧张的身心状况，提高工作效率，感觉环境亲切宜人（图 5-16）。

图 5-16　住宅办公建筑门厅绿化实例

二、北京国际花卉园艺展览会室内绿化实例分析

北京国际花卉园艺展览会汇集400余家中外知名企业参展，展示花卉、苗木、园林机械、温室设备、城市绿化等众多方面的技术及产品。特别提及的是用于室内立体绿化的多种植物，通过悬盆栽式、悬垂式、攀缘式、壁挂式、玻璃容器栽培等种植方式，展现室内立体绿化的艺术美（图5-17～图5-20）。

（一）盆栽式

图5-17　北京国际花卉园艺展览会室内绿化实例（一）

（二）悬垂式

图5-18　北京国际花卉园艺展览会室内绿化实例（二）

（三）攀缘式

图 5-19　北京国际花卉园艺展览会室内绿化实例（三）

（四）玻璃容器栽培

图 5-20　北京国际花卉园艺展览会室内绿化实例（四）

第六章

庭院立体绿化的设计应用

第一节　庭院立体绿化概述

一、花架、棚架立体绿化概述

（一）花架、棚架的概念及意义

随着园林以及建筑事业的发展，花架形式及结构也在不断发展，它是在现代城市公园、居住区、街头绿地等公共绿地上搭建起来进行立体绿化的重要形式。

花架主要是支持蔓生植物生长而设置的构筑物。由于它可以展示植物枝、叶、花、果的形态色彩之美，所以具有园林小品的装饰性特点。花架的形式极为丰富，有棚架、廊架、亭架、篱架、门架等，也具有一定的建筑功能。园林中的花架既可作小品点缀，又可成为局部空间的主景；既是一种可供休息赏景的建筑设施，又是一种立体绿化的理想形式。设置花架不仅不会减少绿地的比例，反而因植物与建筑的紧密结合使园林中的人工美与自然美得到极好的统一（图 6-1）。

花架一般仅由基础、柱、梁、椽四种构件组成，而有些亭架的梁和柱合成一体，篱架的花格实际上代替了椽子的作用，所以是一种结构相当简单的建筑。由于结构简单、组合灵活轻巧，给人一种轻松活泼的感觉，另外施工程序也较其它园林建筑简捷方便，并且用材量少，工程造价低廉。所以在各类园林中，不管用地规模、空间大小、地形起伏变化如何，花架都能组成与环境相吻合的形式。既可建成数百米的长廊，也可以是一小段花墙；既可以是地处一隅的一组环架，也可以建于屋顶花园之上；可以沿山爬行，也可以临水或矗立于草地中央（图 6-2）。总之，它灵活多样的变化特点是非常突出的，近年来的应用相当普遍，不仅在园林绿地中广泛设置，甚至在室内、商店、屋顶、天井内也有所见，成为美化与丰富生活环境的重要手段。花架既可以供人休息、欣赏风景，还可以为攀缘植物生长创造生物学条件。另外，从园林建筑设计的角度讲，还具有组织空间、划分空间、增加空间进深、点缀景观等功能。

图 6-1　苏州留园

图 6-2　花架结合水景

花架、棚架立体绿化是指利用藤本植物或者攀缘植物，在一定空间范围内，借助于在各种形式、各种构件的棚架、花架上生长，组成景观的一种立体绿化形式。花架和棚架（如图 6-3、图 6-4）的区别仅仅在于平面覆盖的范围的大小，棚架在开间和进深两个方向的尺度比较大，形成较大范围的覆盖，其选材和做法与花架没有很大区别，有时也比较难分开。棚架式在绿化中应用较多，葡萄和紫藤应用最为广泛，观赏效果也很好，但葡萄在河北等省冬季需每年下架，埋土防寒，管理较麻烦。为此，可选用一些耐寒性强的种类，如猕猴桃类、北五味子、蛇葡萄类等，它们均叶幕浓密，遮阳效果好，可以观果，同时其果实又可食用或具有一定的药用价值，可以综合利用。除此之外，从一些地方的应用情况看，五叶地锦的效果也不错。作为园林中的建筑与小品，它有别于其它建筑绿化形式，由绿色植物的枝、花、叶、果自由攀缘和悬挂点缀形成的空间具有通透感，置身其下凉爽惬意。花架棚架的设计与绿化配置以及它的实用性，在园林中往往成为受游人喜爱的景点。

图 6-3 花架

图 6-4 棚架

（二）棚架、花架立体绿化的历史及现状

我国是世界上运用棚架绿化较早的国家之一，有着悠远棚架栽培的历史，我国人民很早就开始利用棚架栽植丝瓜、苦瓜等藤本植物用于生产。我国古诗词中对蔷薇架、木香亭、紫藤架、葡萄架等的描述是屡见不鲜的，唐代高骈诗云：“绿树阴浓夏日长，楼台倒影入池塘。水晶帘动微风起，满架蔷薇一院香”，这正是古时花架立体绿化的美妙写照。在国外，花架、棚架应用也比较早且应用较为广泛，在文艺复兴时期，棚架就出现在花园里的人行道上；1904 年光线和阴影相互调和的藤甲出现于英国肯特郡。

目前，在园林事业以及建筑事业不断发展的前提下，世界各国的城市都在广泛应用花架、棚架的立体绿化形式，各式各样的花架、棚架如雨后春笋，发展势不可挡。花架、棚架立体绿化具有美化环境的同时还具有遮阳的功能，使它成为园林中重要的绿化布置形式，在城市立体绿化中占有重要的地位（图 6-5）。

图 6-5 花架绿化在街道的应用

二、篱笆、栏杆立体绿化的概述

（一）篱笆、栏杆的概念及意义

宋代刘克庄《岁晚书事》：“荒苔野蔓上篱笆，客至多疑不在家。”清代陈维崧《浣溪沙·偶憩清和庵即事》词：“垒石缘流一径斜，寺门幽似野人家。西风黄叶响篱笆。”艾青《献给乡村的诗》：“外面围着石砌的围墙或竹编的篱笆，墙上和篱笆上爬满了茑萝和纺车花。”篱笆在诗词中流露出一种田园、静谧的感觉，让人心情平静舒畅。

在现实生活中，篱笆和栏杆是用来分隔空间的半透明景观设施，既可以围合空间、保障安全又不完全阻碍视觉联系，是私人庭院、居住小区、公路防护等的必要设施。篱笆一般是由棍子、竹子、芦苇、灌木或者石头构成的，在我国北方农村常见。栅栏是用铁条、木条或者竹条等做成的类似篱笆而比较坚固的设施，主要用于公路、高速公路、桥梁、港口、码头的安全防护，市政建设中的公园、草坪、水体、道路、住宅区的隔离与防护，宾馆、酒店、超市、娱乐场所的防护与装饰产品等。栏杆一般有一个较高的攀越高度和较难穿越的空隙，以满足安全防护的要求。另外，为了安全以及装饰，在许多建筑物的阳台上和屋顶上也设置栏杆。

篱笆与栏杆的立体绿化是指攀缘植物借助栏杆的各种构件生长，并分隔空间区域的一种绿化方式。在庭院绿化中它除了具有能划分道路和庭院的功能外，其开放性和通透性的造型也能给人以轻松的感觉。在公路隔离带中栏杆上的立体绿化可以起到缓和视线和防止炫目的作用。篱笆和栏杆立体绿化在园林绿化中的作用主要是分隔空间，创造优美环境，或保护建筑物和花草树木不受破坏（图 6-6、图 6-7）。

图 6-6　篱笆

图 6-7　栏杆

（二）篱笆、栏杆历史及发展

篱笆和栏杆最初是人们出于安全意识，为防止野兽袭击，把种植在宅前屋后的毛竹、慈竹或者枳等做成自然式篱笆。之后，因为这些篱笆影响采光和通风，同时过于粗犷，后人将竹木编织成各种造型的篱笆置于房前屋后，并缠绕开花结果的藤蔓植物，或在内侧沿篱笆种植花灌木，使之成为绿色屏障。在公园中，可以利用富有乡村特色的材料，如竹篾、豌豆、丝瓜、苦瓜、豆角等，形成朴素的乡村自然风光，别有一番田园野趣（图 6-8）。

古代中国，六朝盛行钩片勾阑；栏杆转角立望柱，可见于云冈石窟、敦煌壁画；元明清的木栏杆比较纤细，而石栏杆逐渐脱离木制栏杆的形制，趋向厚重；清末以后，西方古典比

图 6-8　篱笆、栏杆的原始风貌

例、尺度和装饰的栏杆形式进入中国。现代栏杆的材料和造型更为多样。

中世纪后期的西欧造园中，随着封建制度的发展，在武士们居住的城堡内外，开始建造城堡庭院，庭院绕着城堡，篱笆上开满了美丽的花，院内有草坪。

随着城市园林事业的日益发展，栏杆和篱笆的立体绿化逐渐成为立体绿化的一个重要的方面。

三、假山立体绿化的概述

假山工程是园林建设的专项工程，已经成为中国园林的象征。人们通常说的假山一般包括假山和置石两个部分。假山是以造景游览为主要目的，充分地结合其它多方面的功能作用，以土、石等为材料，以自然山水为蓝本并进行艺术的提炼和夸张，用人工再造的山水景物的通称；置石是指以山石为材料作独立性或附属性的造景布置，主要表现山石的个体美或局部的组合而不具备完整的山形。置石主要以观赏为主，结合一些功能方面的作用，体量较小而分散（图 6-9）。

中国园林中的假山，最常见的是土石山。土石山的一种是土山带石，即在以土为主堆成的假山上，或在山坡上，半露岩石，犹如天然生就，或在山脚用垒石护坡等。另一种是石山带土的假山，“但以石作主而土附之”，在江南园林多见。假山中还有纯粹的石山，常置于庭院内、走廊旁，或依墙而建（图 6-10）。选择堆叠假山的石块是非常重要的。叠山石最有名的，有湖石类的太湖石，以产于太湖洞庭山消夏湾者为最优；还有黄石，最好的产于常州黄山。山石的“石形、石质、石纹、石理，皆有不同”，所以要按照所构筑园林的具体情况来决定去取。

在中国古典园林中，房前屋后、廊间墙角总会有假山的点缀，其在园林中的布置增加了山林情趣，也往往成为视觉焦点，使人有置身于自然的山林之感。明代文震亨在《长物志》中说：“石令人古，水令人远；园林水石，最不可无”，表明了山置石观在园林中的重要性：空间组织作用，作为园林划分空间和组织空间的手段；造景与点景作用，作为自然山水园的主景和地形骨架；景观陪衬作用，运用山石小品作为点缀园林空间和陪衬建筑、植物的手段；实用小品作用，用山石作驳岸、挡土墙、护坡、花台等。

图 6-9 留园冠云峰

图 6-10 留园的假山

四、枯树立体绿化概述

“昔年种柳，依依汉南；今看摇落，凄怆江潭。树犹如此，人何以堪!”南北朝诗人庾信的《枯树赋》描写了枯树的现状，它能表达出诗人当时的心态，古老沧桑就是枯树的形象。

其实不然，枯树也可以有活力。枯树都具有其特殊意义，枯树的历史越是长远，意义越是深刻，因此对枯树进行保护是很有必要的。

“枯藤老树昏鸦，小桥流水人家”这种沧桑的意境给人深刻的印象。古树是历史的见证、是活文物，蕴含着丰富的文化内涵，古树的苍劲古雅、姿态奇异，增加了园林景观的异质性。枯树，特别是历史悠久的干枯古树，会形成一种特殊的景观，它那独特的姿态显示了历史的痕迹以及树木的沧桑变化；同时，古树是研究自然史的重要资源，一些古树会记录历史气候、气象的变化，对研究历史自然变化规律具有重要的意义。

所以说，古树中一些枯树具有其存在的意义和价值，不能被处理，不能被忽视，而是要采取必要的措施对枯树进行保护。

园林中一些已经枯死而根深倒伏的古树桩，如银杏、桧柏等，可适当整形修饰后以观姿态，或在旁植藤，使之缠绕或依附其上，组成有一定观赏价值的桩景，以丰富景观（图 6-11、图 6-12）。总之，对古树的养护管理及更新复壮技术，因各个体情况不同而异，没有固定的经验可照搬，虽然有许多取得可喜成绩的古树移植个例，但因移植时间不长，新移植古树对改变后的立地条件适应能力如何及今后长势怎样，都无法最后下结论，还需继续观察记载、研究与总结。

图 6-11　枯树意向（一）

图 6-12　枯树意向（二）

第二节　庭院立体绿化设计

一、棚架、花架立体绿化设计

（一）棚架、花架的类型

有关于棚架、花架的立体绿化设计主要取决于棚架和花架的结构形式以及植物的形态结构，随着建筑技术的进步和园林事业的日新月异，棚架和花架的形式层出不穷（以下主要以花架形式举例），主要有廊式花架、片式花架、独立式花架。

（1）廊式花架　最常见的形式，片版支撑于左右梁柱上，游人可入内休息（图 6-13）。

图 6-13　廊式花架

（2）片式花架　片版嵌固于单向梁柱上，两边或一面悬挑，形体轻盈活泼（图 6-14）。

图 6-14　片式花架

（3）独立式花架　以各种材料作空格，构成墙垣、花瓶、伞亭等形状，用藤本植物缠绕成型，供观赏用（图 6-15）。

（二）棚架、花架的结构

棚架和花架作为园林上常用的建筑类型，种类与结构多种多样，根据构成它的材料大致可以分为六类。

图 6-15 独立式花架

1. 竹木结构

由竹竿和各种木材搭建的最原始简便的棚架。这类棚架有经济形和观赏形之分。它的造型亲切自然、古朴轻盈、造价低廉；缺点是经不起风吹雨打、日晒雨淋，而且极易受蛀腐朽倒塌，使用年限不长，所以一般用于临时建筑（图 6-16、图 6-17）。

图 6-16 竹结构

2. 绳索结构

藤本植物生长受季节性影响，且要依附于一定建筑物搭攀成型的活动式棚架。所用绳索材料有塑料绳、蜡线、棕绳、棉线、电线、链条等，配几根竹竿或从窗或门的四周插入地下牵拉或者结成网格形状。这种棚架结构灵活，简单，可在一定的空间、场地内自由造型与制作；攀缘植物缠绕生长后，可遮挡夏日西晒，在生长期可任意改变方向（图 6-18）。

3. 钢筋混凝土结构

用钢筋混凝土预制搭建的棚架，质地牢固耐用，造型多变，可以定型浇制生产或按照具体建筑的配套要求进行设计（图 6-19）。这种结构形式是当前应用较为广泛的一种。

4. 砖石结构

以自然的块石、红石板、石柱或砖砾垒砌而成，这种结构自然粗犷，敦实耐用，给人以

图 6-17　木结构

图 6-18　绳索结构

安全感、稳定感；但塑造费工费时，造型显得有点敦厚、笨重，常用于风景规划区或者郊野公园等一些比较原始的园林景观，与之契合（图 6-20）。

图 6-19　钢筋混凝土结构

图 6-20　砖石结构

5. 金属结构

用工业用角铁、扁铁、钢筋、白铁管等材料搭建成的棚架或者花架，这种结构质地牢固，经久耐用，造型美观轻盈，且占地面积小；但油漆保养有点略显浪费。常用于私家庭院或者比较精致的公园内，或者用铁艺来表现欧陆风情（图 6-21）。

6. 混合结构

这是一种不成规范的结构，制作结构时既可以使用钢筋混凝土与竹木结构混杂建造，也可以用钢筋混凝土与绳索混杂构建。这种方式取材方便，造型不拘一格；但由于用材不一致，质地、色彩会出现差异，这种差异可能会带来坏的效果，也可以带来一种出乎意料的视觉冲击（图 6-22、图 6-23）。

（三）棚架、花架的设计要点

花架造型要简洁、轻巧、开敞、通透，不应有复杂的装饰，体量要适宜，与周围环境协调统一。如西方建筑风格中，花架可用柱式造型；中国古典建筑风格中，花架可配以卷棚式的椽条；新建的园林花架可设计新颖的造型，增添景观美感。花架的造型美往往表现在线条、轮廓、空间组合的变化上，以及选材和色彩的配合上。但是造型美的集中表现，应当是

图 6-21　金属结构

图 6-22　砖石结构与金属结构结合

图 6-23　混凝土结构与木结构相结合

对植物优美姿态的衬托，以及反映环境的宁静安详或热烈等特定的气氛方面。因此，花架的造型不可刻意求奇，否则反倒喧宾夺主，冲淡了花架的植物造景作用，但可以在线条、轮廓或空间组合的某一方面有独到之处，成为一个优美的主景花架（图 6-24、图 6-25）。

图 6-24　曲线美与通透美

图 6-25　古典美

为了结构稳定和形式美观，在花架的柱间可以考虑设置花格、挂落等，有助于植物的攀缘，或布置座凳美人靠背供人小憩，或嵌以花墙，墙面开设景窗、漏花窗，周围点缀叠石、水池，以其形式吸引游人的目光（图 6-26、图 6-27）。

由于花架要为植物生长创造条件，所以花架位置的选择十分重要。按照所栽植物的生物

图 6-26　花格有利于植物攀爬，也点缀了花架

图 6-27　座椅供人休息

学特性，确定花架的方位、体量、花池的位置及面积等，尽可能使植物得到良好的光照及通风条件。目前应用于园林中的蔓生花架植物不下于几十种，由于它们的生长速度、枝条长短、叶和花的色彩形状各不相同，因此应用花架必须综合考虑所在地块的气候、立地条件、植物特性以及花架在园林中的功能作用等因素。避免出现有架无花或花架的体量和植物的生长能力不相适应，致使花不能布满全架以及花架面积不能满足植物生长需要等问题出现。

1. 花架选址

(1) 随地形高低起伏错落的变化布置花架，形成一种类似爬山廊的效果。这种花架在远处观赏具有较好价值。

(2) 环绕花坛、水池、山石布置挑梁花架，可以为中心的景观提供良好的观赏点，或起烘托中心主景的作用（图 6-28）。

图 6-28　花架选址

(3) 在园林或庭园中的角隅布置花架，可以采取附建式，如在墙垣的上部，垂直墙面的水平搁置两侧挑出（图 6-29）。也可以采取独立式，布局时应在庭院总体设计中加以确定，它可以在花丛中，也可以在草坪边，使庭院空间有起有伏，增加平坦空间的层次。

(4) 与亭廊、大门、小卖部等建筑结合，形成一组内容丰富的小品建筑，使之更加活泼和具有园林的性格（图 6-30）。园林建筑为取得与自然环境的协调统一，不是被动地去适应环境的需要，去“躲”、去“藏”、去“化”……而是主动地、创造性地适应环境，创造出各种富有地方或民族特色的建筑形象，以适应各种环境的需要。总之，园林花架营造与地形密切相关，必须因地制宜。

2. 花架选材

恰当地选择所需材料是花架设计的重要环节，选材既要考虑与园林环境协调统一，又要考虑满足功能要求。如在公园、庭院等较注重自然景观的地方，多采用石质、木质材料，在其形态上顺其自然，以便与环境融为一体。随着科技的发展，花架的材料选择越来越广泛，适于作花架的材料很多，如砖石、木材、竹、钢筋混凝土、钢材、铸铁、仿塑材料等。各种材料可单独制作，也可以混合使用，如石制柱墩，钢、木材质的横杆等。如图 6-31 所示。

选择花架材料应本着就地取材、耐用、适用、美观的原则。就地取材既能体现地方特

图 6-29　花架与普通墙垣结合

图 6-30　与庭院的大门结合

图 6-31 留园——该花架采用混凝土与木结构结合

色，又能减少造价，以达到经济目的。花架的造型和风格与所选用的材料有密切的关系，各种材料由于其质地、纹理、色彩和加工工艺等因素的不同，形成了各种不同的造型特色和风格。

3. 花架的尺度

花架是以相同单元“间”所组成的，其特点是有规律的重复，有组织的变化，从而形成了一定的韵律，产生了美感。其尺度要与所在空间和观赏距离相适应，观赏距离远则尺度大，反之亦然。

一般花架正方形柱截面边长控制在（150mm×150mm）～(250mm×250mm)，长方形柱截面边长不大于 400mm，其长宽比约为（1.0∶1.5）～(1.0∶1.2)。柱高控制在 2.5～2.8m，适宜的尺度给人以宜于亲近、近距离观赏藤蔓植物的机会，过低则压抑沉闷，过高则有遥不可及之感。

花架开间一般设计在 3～4 米，太大了构件显得笨拙臃肿，每个开间的尺寸应大体相等。由于施工或其它原因需要发生变化时，一般可在拐角处进行增减变化。古典花架横向净宽在 1.2～1.5m，现在一些花架横向净宽常在 2.0～3.0m，以适应游人客流量增长后的需要（图 6-32)。

作为主景的花架必须突出自身的风格艺术特点。使人感觉亲切的花架，首先要有一个适合于人活动的尺度，花架的柱高不能低于 2m，也不要高出 3m，廊宽也要在 2～3m 之间等。使人感到壮观的花架，也应在不失灵巧空透、与环境相协调的基础上，或以攀缘植物的枝、叶、花、果繁茂取胜，或以廊架的纵深延展、棚架的开阔壮观来体现。花架的造型美往往表现在线条、轮廓、空间组合变化方面以及选材和色彩的配合上。但是造型美的集中表现，应当是对植物优美姿态的衬托，以及反映环境的宁静安祥或热烈等特定的气氛方面。

图 6-32　比较适合游人游憩休息的花架空间尺度

4. 花架与植物配置

花架上的植物配置也是营造花架不可忽视的问题，需要充分了解植物的生态习性和观赏部位进行合理的栽植。花架要与可用植物材料相适应，配合植株的大小、高低、轻重与枝干的疏密来选择格栅的宽度窄细，还要与结构合理、造型美观的要求相统一。如植物配置得当，定能成为人们消夏乘凉的好场所（如图 6-33），否则，就会出现有架无花或花架的大小和植物生长能力不适应，致使植物不能布满全架或花架体量不能满足植物生长需要等问题，从而削弱花架的观赏效果和实用价值。种植池有放在架内的也有放在架外的，有的种在地面，也有的可以高置。一般情况下，一个花架配置一种攀缘植物，配置 2～3 种相互补充的也可以见到，各种攀缘植物的观赏价值和生长要求不尽相同，从而构成繁花似锦、硕果累累的植物景观。既可以赏花观果，又提供了纳凉游憩的场所，既美化了环境，又改善了生态。花架常采用缠绕类和卷须类攀缘植物。

图 6-33　花架与植物配置

花架是一种构件简单、形式灵活多样的园林建筑。随着园林建设事业的日益发展，花架越来越受到人们的喜爱。只有采用适宜的花架营造方式，将其融入环境之中，才能创造出良好的园林景观效果。当然，营造花架时，其选址、造型、用材和植物配置等因素并非孤立存在，它们既要相互联系、结合，又要充分考虑与环境的协调关系，这样才能达到完美的景观效果（图 6-34）。

图 6-34　常州紫荆花园

二、篱笆与栏杆的立体绿化设计

篱笆与栏杆的立体绿化设计主要由两部分组成，第一部分是篱笆与栏杆的结构与形式的设计，第二部分是植物的搭配设计。这两者要结合起来，适当的篱笆和栏杆搭配合适的植物，才能达到想要的效果。

（一）篱笆与栏杆的结构

篱笆与栏杆的结构分类主要按照它们所使用材料来分类。

栏杆有漏空和实体两类。漏空的由立杆、扶手组成，有的加设横档或花饰部件。实体的是由栏板、扶手构成，也有局部漏空的。栏杆还可做成座凳或靠背式的。栏杆的设计，应考虑安全、适用、美观、节省空间和施工方便等。建造栏杆的材料有木、石、混凝土、砖、瓦、竹、金属、有机玻璃和塑料等。栏杆的高度主要取决于使用对象和场所，一般高 900mm；幼儿园、小学楼梯栏杆还可建成双道扶手形式，分别供成人和儿童使用；在高险处可酌情加高。楼梯宽度超过 1.4m 时，应设双面栏杆扶手（靠墙一面设置靠墙扶手），大于 2.4m 时，须在中间加一道栏杆扶手。居住建筑中，栏杆不宜有过大空隙或可攀登的横档。如图 6-35 所示。

1. 竹木结构

篱笆与栏杆是用竹子和木头制作而成。以下介绍竹木栅栏的制作方式。它是由栅栏板、横带板、栅栏柱三部分组成的，一般高度在 0.5～2m，低栏高 0.2～0.3m，中栏 0.8～0.9m，高栏 1.1～1.3m。竹篱笆和木栅栏的制作方法简单，只需在竹片与竹片之间、木条与木条之间的连接处用绳索捆绑，或者是用榫（sǔn）头把它们嵌合在一起，也要注意地下的固定，扎入地下部分应大于 40cm 以上（图 6-36）。

图 6-35　篱笆与栏杆的结构

这类篱笆或者栏杆可以做成各种形式，网格状抑或横条、竖条，还可做出特殊的图案，同时还要考虑到周围环境，与其园林风格相吻合。

图 6-36　竹木结构

2. 金属结构

指用钢筋或钢管制作而成的铁栅栏以及用铁丝网搭建起来的篱笆。铁栏杆，杆和基座相连接，有以下几种形式。插入式：将开脚扁铁、倒刺铁件等插入基座预留的孔穴中，用水泥砂浆或细石混凝土浆填实固结；焊接式：把栏杆立柱（或立杆）焊于基座中预埋的钢板、套管等铁件上；螺栓结合式：可用预埋螺丝母套接，或用板底螺帽栓紧贯穿基板的立杆。上述方法也适用于侧向斜撑式铁栏杆（图 6-37）。

3. 钢筋混凝土结构

常见一般以栏杆为主，钢筋混凝土栏杆多用预制立杆，下端同基座插筋焊接或预埋铁件相连，上端同混凝土扶手中的钢筋相接，浇筑而成。制作出来的效果往往是粗犷的、朴素的（图 6-38）。

4. 混合结构

由多种材料混合制作而成的篱笆与栏杆，这种结构形式多样（图 6-39）。

图 6-37　金属结构

图 6-38　钢筋混凝土结构

图 6-39　混合结构

（二）篱笆与栏杆的立体绿化设计

1. 篱笆与栏杆立体绿化的形式

通过是否对所用植物进行人工雕饰将其分为自然式与规则式两种形式。

自然式：植物栽植后，除了必要的整理，并没有对植物进行雕琢，不加以修剪而任其自然生长，以突出植物本身形态，凸显自然野趣（图 6-40）。

图 6-40　自然式

规则式：指对植物按照一定的法则或者是构图原则进行艺术化的修剪，形成一定的几何形状或者图案。使得植物形态生动可爱，使立体化效果更为明显，常见于设计比较精细的小公园、街头绿地或私家庭院等（图 6-41）。

图 6-41　规则式

2. 篱笆、栏杆与植物配置

篱笆、栏杆的形式多变以及植物的多样性让它们之间的搭配样式也多种多样，将篱笆、栏杆的形式与植物的形态、生态习性以及观赏特点结合，创造出合理使用、美观生态的立体绿化景观（图 6-42）。

(1) 立地条件　也称森林立地或立木生境，指在林业生产中，影响树木或林木的生长发育、形态和生理活动的地貌、气候、土壤、水文、生物等各种外部环境条件的总和，简称为立地。它属于森林调查的一部分，是森林经营规划的基础。世界各国为不断提高森林生产力，合理地经营森林，在进行森林经营规划时常把立地条件放在重要地位（图 6-43）。

绿化植物的选择，第一步是对植物的光照、水分、温度、土壤等要求的查阅与分析。大多数一年生草本攀缘植物如茑萝、丝瓜、葫芦等都喜光，可应用于阳光比较充足的环境中；而绿萝、常春藤、南五味子等适于在林下或者建筑物阴面进行景观营造。在靠近道路与庭院边缘处，由于其土壤肥力较差，污染较重，加上人为的损坏等不利因素，必然会对攀缘植物

图 6-42　篱笆栏杆与植物配置

图 6-43　立地选择

的生长造成一定程度的影响。所以说，在进行植物配置设计时，这些林林总总的问题都需要考虑周到（图 6-44）。

图 6-44　绿化植物选择

当然还需要考虑植物与支撑物的联系，植物的覆盖范围、可利用空间领域与种植密度的联系。在种植前需要估测植物的密度，疏密有致，若需要人工引导的攀缘植物，也要考虑其方向性，以达到预期的效果（图 6-45）。

图 6-45　植物与支撑物的选择

（2）篱笆、栏杆的材料与植物配置　篱笆、栏杆的制作材料不同对植物的搭配也会产生影响，竹木结构往往与比较精细的植物如茑萝、络石、牵牛花等植物搭配；金属结构质地光滑往往与蔷薇、月季、玫瑰、金银花等搭配，会创造出浪漫的欧陆风情；钢筋混凝土结构的栅栏，造型一般比较粗糙，颜色暗淡，可以选择一些枝条粗壮、颜色深的植物，如猕猴桃、月季、西番莲、南蛇藤等。其实这并没有固定准则，各有所爱，自然才是美（图 6-46）。

图 6-46　篱笆、栏杆的材料与植物配置

（3）篱笆、栏杆的作用与植物配置　篱笆与栏杆的用途与植物的选择紧密联系，用途决定植物种类以及植物生长情况，若达到透镜效果，能使内外相望，一般选择枝叶细小、观赏价值高的攀缘植物，如茑萝、络石、铁线莲等，种植应稍微稀疏，且应及时修理，避免过密而封闭，影响最初想达到的效果；而当篱笆、栏杆作为分隔空间或者遮挡之用，就应当选择一些枝叶茂密的攀缘植物，如月季、凌霄、常春藤、爬山虎等，形成绿墙或者花墙，达到遮挡的效果（图 6-47、图 6-48）。

图 6-47　透镜效果

图 6-48　密闭效果

（4）篱笆、栏杆的色彩与植物配置　这里涉及到色彩的搭配，材料色彩与植物的枝、叶、花、果相互搭配的关系。植物配置时一定要以构件的色彩来选择。让植物与构件搭配得当，要么清新、要么华丽、要么有一种视觉冲击……这些都是需要考虑的，举个例子，白色的栅栏与任何植物都会比较和谐，与深绿浅绿搭配，流露出质朴和典雅；与红色、黄色、紫色搭配会产生一种鲜明亮丽的感觉（图 6-49）。

图 6-49　颜色搭配

三、假山立体绿化

假山的立体绿化是指植物以假山为载体，对假山进行绿化处理，赋予假山生命，创造一种自然情趣。“石本顽，树活则灵”，避免因过分暴露而显生硬，覆以攀缘植物，假山与植物和谐相处，使整座塑石假山充满生机、朝气蓬勃，使其与环境自然地融合，正是“山借树而为衣，树借山而为骨，树不可繁要见山之秀丽”的道理。

假山立体绿化在古典园林应用广泛，耦园的黄石假山是其院落的精华所在，山石之上或薜荔、络石攀附，或藤萝蔓挂，形成恬静、幽然的自然山水景观，可谓“千峦环列如翠屏，万壑竞流青烟色”（图 6-50）；网师园一块山石覆以紫藤，使其线条软化，盛花时节形成很好的观花景观（图 6-51）；留园东院内的山石上密被爬山虎，使人们产生无限憧憬；北京颐和园仁寿殿前的假山栽植着乌头叶蛇葡萄，攀缘缠绕着整个假山，野趣油然而生。

在假山立体绿化中，所用植物主要是悬垂的蔓生类和吸附类，有如常春藤、金银花、络石、爬山虎、西番莲等，春季观叶，夏季观花，秋季观果，冬季只留苍老的藤蔓紧贴在山石上，别有一番风味。除了利用藤本植物之外，还可以参照岩石园选择植物，利用一些抗性强的高山植物，根据岩石园进行植物配置。绿萝、麒麟叶、龟背竹、常春藤、络石、爬山虎、薜荔等植物适合在阴湿的环境中生长（图 6-52）。

假山立体绿化中植物配置要求不是很苛刻，一般情况下，不适合种植多种植物，只是需

图 6-50 苏州耦园

图 6-51 苏州网师园

图 6-52 以婚庆为主题的南京某公园“缘定三生石”

要一两种植物对假山进行些许点缀，而不是为了遮住山石。当然，植物配置需要考虑山石的地质、纹理，达到美化效果，比如说太湖石比较适合用络石来装点，留园中的冠云峰与络石，高耸的冠云峰与纤弱而强韧的络石形成一种对比，让它成为全园的视觉中心，也是美术专业人士素描不可缺少的点（图 6-53）。

对假山的立体绿化，置物和山石形成一种唯美的搭配，植物稀疏时，若隐若现的枝叶攀爬在山石上，会感觉到强大的生命力；而当植物茂密时，如瀑布一般，山石在其中也若隐若现。攀缘植物与山石的结合，软化了山石，形成了优美的园林意境（图 6-54）。

图 6-53 苏州留园

图 6-54 扬州个园

四、枯树的立体绿化

对于枯树一般情况有两种绿化方式。最简单的方法是用一些藤本植物缠绕其上，让枯树重新披上绿衣，增添活力。在枯树周围栽植藤本植物，让植物沿着枯树树干攀缘向上，形成枯木逢春的景象（图 6-55）。这个方法成本比较低，且可以达到比较好的效果。还有一种方

图 6-55 枯树立体绿化

法是在热带湿润的情况下或室内环境下，在枯树上面栽植一些附生的植物，如蕨类或者兰科等一些植物，增加枯树的美感，使景观更具奇异性。如图 6-56 所示。

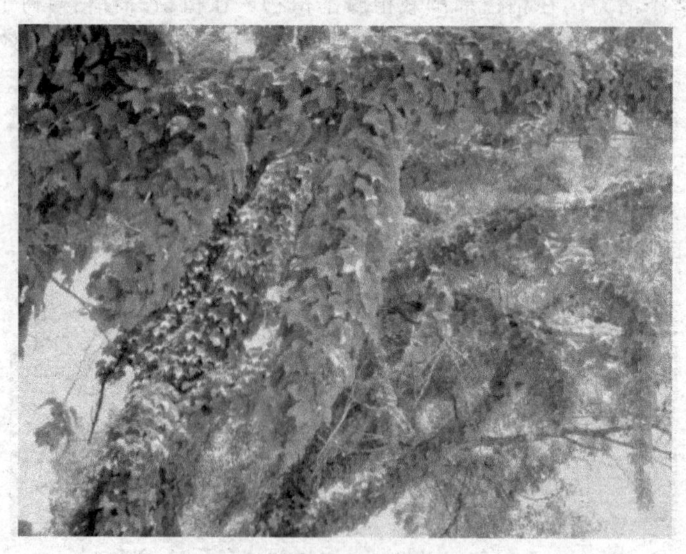

图 6-56　枯树立体绿化实例

枯树立体绿化施工技术中，一般不需要牵引和固定措施，在植物选择上注意用一些攀缘能力较强以及藤蔓细长的植物进行立体绿化，否则会因为枯树的枝条不抗机械拉力而折断，造成枯树的破坏，得不偿失。

进行植物选择时，主要可用的植物材料有长春油麻藤、爬山虎、络石、扶芳藤、大血藤、金钩藤、威灵仙、三叶木通、凌霄、胶东卫矛等这些攀缘植物。

第三节　庭院立体绿化的实例分析

棚架和花架立体绿化应用于各种类型的园林绿地以及农业生产中，常设置在风景优美的地方供游人休息和观景，也可以和亭、廊、水榭等结合，在公园、居住区绿地、街头绿地、庭院、校园、农业观光园等园林环境可以说不可或缺，形式或古典或创新，应用植物多种多样。花架、棚架不仅在园林绿地中广泛应用，在室内、商店、屋顶、天井内也常见，成为丰富生活环境的重要手段。

一、紫藤花架

紫藤是生长旺盛的攀缘植物，如果移开支架，它会产生大量缠绕茎，且很迟才成熟开花。在水平面上对其进行整枝修剪，可促进产生花芽的短刺枝发育。早期修剪不同于绿篱墙和直立式紫藤的整形，成熟后，在夏季和冬季均可进行整形修剪。

紫藤是适宜作庭院垂直绿化的著名花木，可与门廊、宅檐、水池、甬道、山石相结合，为庭院增添一道风景，也为夏季乘凉创造一个好去处（图 6-57）。在庭院搭设紫藤花架应注意以下几点。

图 6-57　紫藤花架

（1）*花架的形式*　有廊架、亭架、棚架、篱架等，形式多样，可为长形、方形、圆形或折形，根据庭院的布局进行合理选择。由于庭院面积多数不大，花架在造型上应尽量简洁轻巧，开敞通透，不宜过重过繁。一般高度 2.5～2.8m，开间 2～4m。

（2）*花架的材料*　花架按材料不同可分为竹花架、木花架、金属花架、石柱花架和钢筋混凝土花架。紫藤属大型木质藤本，茎干粗壮，所以要选择坚固耐用的棚架材料，以免花架被老藤扭曲而折断。可选用钢筋混凝土、粗木桩或粗钢管。

（3）花架的体量　花架所占面积应与所栽植物的体量相当，以免出现“花不满架”或“架不够花”的现象。紫藤体型较大，花架占地面积应在 10m² 以上，才能满足其生长需要。

（4）花架的位置　应根据植物生态习性进行选择。紫藤十分喜光，荫蔽处着花不良，所以花架应建在向阳开敞的地带。土壤以沙质壤土为宜，忌涝，要求排水良好。为达到美化效果，还可将花架与水池、墙面、山石结合起来，形成一个综合的立体空间，并栽种一些草花和地被，如二月兰、垂盆草、玉簪等，上下呼应，丰富绿化层次。

（5）养护管理　紫藤的繁殖可用扦插、压条、分蘖、嫁接等法。平日的管理较简单粗放。为保证着花丰富，花后应及时剪去残花，防止荚果生长消耗养分。施足冬肥，但生长期应控制水肥供给，以免徒长。一般在花前略施稀薄肥水，花后略施长效磷钾肥即可，夏季不施肥。对于粗大枝条，应予绑扎以利攀爬，同时要及时剪除多余的枝蔓，防止攀绕它物。具体步骤如下。

所需材料：一棵紫藤实生苗，不同紫藤实生苗差异很大，最好是有强壮茎的知名品种；建一个结实的花架，在花架梁间每隔 30～45cm 拉一根金属线；可调节的、固定用的结。整枝用大剪刀，长柄剪刀。

生长期的修剪如下。

① 在仲秋和早春之间种植幼苗。理想的修剪范围是在花架顶部由左右两边枝条构成的框架中，不要让茎围着支架缠绕，而要把它固定住，必要的话打一些结。

② 主茎剪短约三分之一，剪去强壮的芽和侧枝。

③ 夏季修整主枝，使其直立生长，且确保它能到达支架，把侧枝剪短三分之二（如图 6-58）。

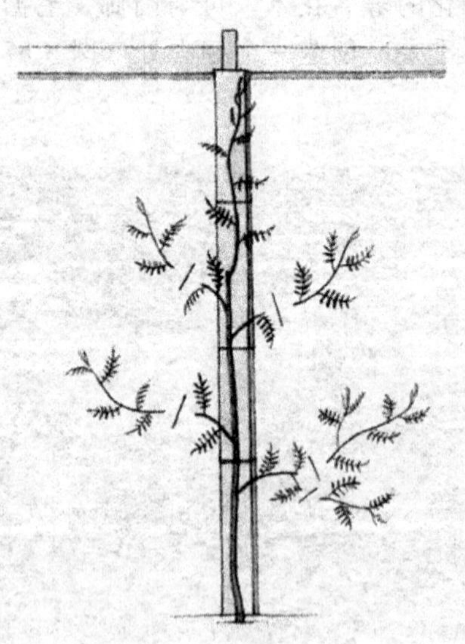

图 6-58　夏季剪枝

④ 冬季剪短主茎，在花架 15cm 至 30cm 高处剪去强壮的芽，剪去地面上所有的侧枝。

⑤ 第二年夏季继续修整主茎，让紫藤超过花架边缘并且努力把侧枝固定到合适的位置上，作金属线框架的拱臂。

⑥ 第二年的冬季，在离花架顶部大约 45cm 高处，修剪主茎并剪掉侧枝的三分之一。

⑦ 第三年夏季和冬季，让成为支架的枝条继续发育。剪去多余的生长枝，促进着花小枝发育（如图 6-59）。

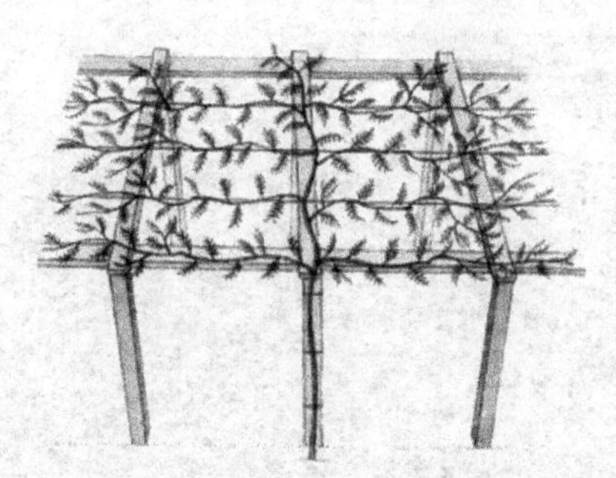

图 6-59　第三年夏季和冬季剪枝

成熟植株的修剪在框架开始形成时，进行夏季和冬季的修剪。

① 仲夏过后 2～3 周，剪去框架外的生长枝约 15cm，剪去枝上 4～6 成叶片（如图 6-60）。

图 6-60　仲夏过后 2～3 周剪枝

② 冬季，剪去所有侧枝和做框架的枝条，截短夏季已被剪去 15cm 的生长枝，仅留 2～3 个芽（如图 6-61）。

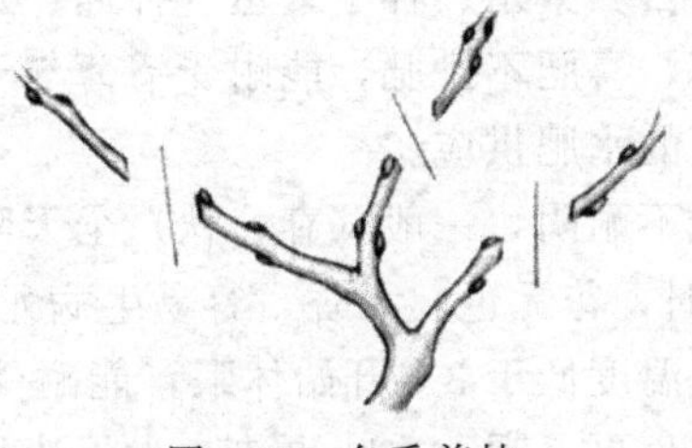

图 6-61　冬季剪枝

适时修剪再加上良好的管理，紫藤花架的效果绝佳，既可给人们带来乘凉之处，又能营造出极具观赏价值的优美环境（图 6-62）。

二、藤本月季花架

藤本月季为蔷薇亚科蔷薇属藤性灌木，植株较高大。每年从基部抽生粗壮新枝，于二年生藤枝先端长出较粗壮的侧生枝，性强健，生长迅速，以茎上的钩刺或蔓靠它物攀缘。虽属四季开花习性，但也只以晚春或初夏二季花的数量最多，然后由夏至秋断断续续开一些花。它可靠墙体或者支架引导向上生长，要经常修剪才能保持开花不断，置于园林环境之中，能营造一种浪漫氛围。

藤本月季具有很强的抗病害能力。开花集中、花头众多、色彩艳丽，香气浓郁。花色有

图 6-62 紫藤花架效果

朱红、粉红、金黄、洁白、复色等。制作棚架、拱门、花柱依附建筑物、走廊、花墙（篱笆）等立体绿化效果是任何其它藤蔓花卉所达不到的（图 6-63）。

月季花不仅可以观赏，花瓣、果实又可制作食品，加工糖酱，鲜花可以提取香精、色素，干花又可入药，活血、解毒。月季是蔷薇科、蔷薇属的一种，也就是灌木木本植物，再生能力很强，比较容易培育，营养繁殖、种子繁殖、扦插、嫁接，成活率都很高，既适应微酸性土壤，又适应微碱性土壤，喜肥不挑肥，能耐受瘠薄与干旱。当然，要花大、花多、鲜艳、生长健壮，必须要有充足的水肥供应。

月季花为阳性树种，喜光不耐阴，一般（春、秋）全天阳光照射，夏季也要保持每天光照 3～5 小时，阳光不足枝叶弱，花无色、无香，容易生病死亡，温度 25℃最佳，超过 35℃生长不良，花小而色泽不足，温度低于 3℃开始休眠，能耐受一定的低温度。昼夜温差大的地区，开出的花朵、花型、花色更美观，香味更浓。为了让月季更好地生长，在此提出以下几条建议，以供参考。

（1）*土质要求* 花坛、花圃要选择地势平坦、便于排水、通风向阳的良好位置。土壤最好是土质疏松的微酸性土质（pH 值 6.5 左右），碱性大的土质，可用硫酸亚铁处理，栽植前施足基肥（有机肥、无机肥均可），深翻土地，耙平表面，最好阳畦栽培。盆栽以园土 30％、塘泥 30％、腐殖质土 30％、细煤渣 10％混合使用，栽植时最好盆底层施细饼肥一撮。

（2）*浇水与施肥* 浇水要掌握干浇、湿排，大、小苗入土后均先发根后发棵，发根生理活动需要充足的氧气和适量的水分，发棵则需要充足的水分和适量的氧气。春季一般少雨多风，苗下地要浇足水，浇后松土，以后要掌握土壤的干湿、苗木的大小及降水的多寡浇水。夏季烈日暴晒，土壤温度太高，浇水应在下午 5 点钟以后（原因是土壤骤然降温影响苗木生长）。秋季降雨量大，要注意排水。月季耐干旱怕积水，视具体情况，尽量减少浇水次

图 6-63　日本月季园中的月季花架

数。露天栽培越冬，要在冬眠初合理修剪后追肥一次，水浇足即可，始终注意保持良好的排水、通风、保水、保肥性能。

为加速苗木生长，培育理想的棵型、美丽的花朵，要及时追肥。月季花喜肥，但要求并不严格，视苗木生长情况可根下追肥，也可叶面喷洒（尿素、磷酸二氢钾、高美施、硫酸亚铁）等。根据天气、气温，少施、勤施，切忌旱施、暴施，产生肥害。

（3）*月季病虫害*　月季常见病是黑斑病、白粉病，一般养花单位、个人绝对避免不了，所以要特别注意苗木的初期管理，保持健壮的植株，这样植物本身就能抗御外界自然杂菌的侵袭。大小苗木入土前要用杀菌药物浸沾根部（500 倍多菌灵、托布津均可）。春季每隔 7～10 天交替喷施 500～800 倍的代森锰锌、百菌清、多菌灵、托布津各一次（波尔多液、石硫合剂也行），发现红蜘蛛、蚜虫可用 1000 倍 40％乐果乳剂、或速灭杀丁，可与杀菌药物混合使用。黄梅与秋雨期是黑斑病发病高峰，夏季湿热多雨发病也很强烈，在此期间，施药间隔要缩短（7 天喷药一次）。喷药注意：一般上午 8 点至 10 点，下午 4 点至 7 点。晴天无风喷洒为佳。

（4）*修剪要求*　春季小苗栽培后，第一、第二期花蕾应全部摘除（蕾下一叶剪除），节约营养促枝干生长，大棵剪去残花，嫁接苗要及时剔除砧木上的萌蘖，夏季花后剪去残花。剪除过长枝、交叉枝、重叠枝、徒长枝、封顶条等。为圣诞节、元旦、春节期间观赏作良好准备。冬季要全株缩剪，即每株 3～5 分枝，每枝 3～5 芽即可。

三、葡萄棚架

大规模的葡萄棚架主要用于生产，经常出现在葡萄生产基地或者农业观光园中，园林环境中也会用到葡萄棚架，既美观也具有生态效益，同时还会产生些许经济效益。夏秋一串串晶莹剔透的葡萄从架上垂下来，可谓葡萄架下葡萄香，乘凉于葡萄架下，几度回眸几度醉（图 6-64）。

图 6-64　葡萄园中的棚架

发展庭院葡萄棚架栽培，可充分利用庭院空间，美化庭院环境，净化环境空气，改善小气候，增加经济收入，在管理过程中还可增加生活乐趣，修身养性，陶冶情操。葡萄成熟季节，可即摘即食，享受美味可口的新鲜果实。庭院葡萄棚架栽培后第 2 年可开花结果，第 3 年株产 10kg 左右，第 4 年株产可达 25kg 以上。

（一）选择优良品种

优良品种是丰产优质的基础条件。要选择商品价值高、品质好的品种，栽植株数多时要早、中、晚熟品种搭配，可选择巨峰、8611、京秀、美人指和红地球等。

（二）栽植

最好秋季挖栽植坑，宽、深各 80cm，回填时用 2/3 的土混合腐熟的秸秆肥或圈肥（每平方米 30kg 左右），填入坑下层，剩余的土混入过磷酸钙 1kg 左右，尿素 250g，填入上层，然后灌水踏实即可。栽植多株时，株距 1.5m 左右。春季土壤解冻后栽植。要选择枝条成熟度好，有饱满芽 3～5 个，剪口直径 0.5cm 以上的大苗壮苗。要求根系完整，粗度 0.3cm 以上、长度 30cm 左右的根 5 条以上，无病虫为害。栽植前将苗木在清水中浸泡 1～2 天，将粗度 0.3cm 以上的根在断口以上 1cm 处剪截，使伤口平滑，以利愈合。在栽植坑上挖深、宽各 40cm 的穴，把苗木根系舒展地放入坑内后填土，随即轻轻提苗抖动，使根系与土壤密接，然后踏实灌透水，待水渗下后，在苗木基部培土。

（三）栽后管理

栽植当年以培养健壮的主干、尽快上架为目的。每株保留2～3个新梢培养做主蔓，其余抹除。新梢长40cm时，在距苗20cm处插一竹竿做支柱。将蔓绑缚到竹竿上，使其直立生长，当新梢长到棚面时，进行摘心，积累营养，促使下部冬芽充实。

（四）搭建棚架

搭架的材料要经久耐用，最好用水泥柱，也可用木桩。架高2.5～3.0m，柱间距1.5m。棚架宽度3m左右，长度依庭院大小而定，柱上端用木棒连接成棚，并用8号铁丝纵横拉成网状，铁丝间距80cm左右，绷紧。

1. 篱架整形

篱架整形是目前我国葡萄生产中最为普遍采用的一种整形方式。这种架式的优点是管理方便，植株受光良好，容易成形，果实品质较好。

篱架制作方法是用支柱和铁丝拉成一行行高2m左右的篱架，葡萄枝蔓分布于架面的铁丝上，形成一道绿色的篱笆。一般支柱高2.5m，埋入土中50～60cm，地面以上架的高低由行距大小而定，行距2m，架高1.6～1.8m；行距2.5m，架高2.0m。支柱上分布3～4道铁丝，同一行内相邻支柱之间间隔8～10m。利用篱架整形时，根据葡萄枝蔓的排布方式又分为多主蔓扇形和双臂水平整形。

2. 棚架整形

我国西北、华北历史上一直采用棚架整形。棚架最适于欧亚种葡萄中东方品种群长梢结果的品种，同时也适用于庭院葡萄栽培。在棚架栽培条件下，枝蔓水平生长，植株的旺长得到一定控制，结果面积增大，坐果率和果实品质也明显提高。

棚架是用支柱和铁丝搭成的，葡萄枝蔓在棚面上水平生长。一般架面长6m以上为大棚架，6m以下为小棚架。棚架栽培产量高，树的寿命也长。在庭院栽植的情况下还可利用院内建筑、树桩作为支架。棚架的缺点是在冬季埋土防寒地区葡萄藤蔓上架下架较为费工，管理不太方便。

（1）小棚架　小棚架的特点是架面较小，前架高度0.8m，后架高度1.5m左右，呈倾斜状。整形时可用单干，也可用多干多主蔓，主蔓在架面上分生侧蔓，在整个架面上分布成扇形，整形完成后用中、短梢混合修剪。

近年来，独龙干整形法在小棚架上也得到广泛的应用。独龙干整形1株只留1个主蔓，结果母枝呈龙爪状均匀分布于主蔓两侧，以短梢或极短梢修剪为主，操作简单，尤其在密植的条件下，独龙干整形更加显示出容易掌握和早期产量上升较快的特点。

独龙干整形的方法是：苗木定植后第一年冬季修剪时留4～5芽短截，第二年生长期重点培养一个健壮的新梢向前延伸，而其它枝条均留2～4片叶摘心促壮，第三年仍继续选留一个强壮新梢向前延伸，其余的也仍采用摘心的办法促其形成壮枝。当主蔓达1.8～2.0m时形成明显的粗壮龙干，以后各年除龙干延长枝长梢修剪外，在龙干的两侧每隔20cm左右分布1个龙爪（结果母枝），实行短梢或极短梢修剪。华北、西北埋土防寒地区采用龙干整形时，为了便于下架埋土防寒，要注意使龙干由地面倾斜延伸，与地面夹角保持在20°左右，这样可以防止枝蔓下架埋土防寒时折伤主干。

（2）大棚架　大棚架架面较高，前后架高度一致或稍有倾斜，庭院及观光葡萄园中及道路两旁栽植时多采用这种架式。大棚架栽培时主要采用无主干多蔓形和有主干多蔓形及“龙干架”三种整形方式：①无主干多蔓形。自地面直接发出3～5个主蔓，沿前架上伸，再由主蔓上分生侧蔓和结果母枝。②有主干多蔓形。培养一个粗大主干，接近架面时再分生侧蔓，侧蔓上再分生次级侧蔓和结果母枝，枝条在整个架面上呈扇形分布。此种方法整形需要时间较长，且不易落架防寒，主要用于不埋土防寒地区。③龙干整形。龙干整形如前所述，植株主干犹如一条龙，大棚架栽培时可采用独龙干，也可采用多龙干整形，即由地面发出几条主干（龙干），而在架顶龙干上每隔20～30cm就配备一个结果母枝形成“龙爪”。这种整形方式枝蔓在架面上分布均匀，修剪方便，防寒下架时先将上部枝条捆在一起，然后再放入架下沟中埋土防寒。

由于棚架整形需要时间较长，而栽植后前几年产量提高较慢，为了迅速提高栽植效益，当前生产上多采用“先篱后棚”的改良整形方法。这种方法是结果的前一二年在棚架的垂直部分采用篱架整形促其尽早结果，而到第三年枝条延伸到水平架框时及时将延长枝放上棚，架形改为棚架。这样既利用了篱架结果早，见效快的特点，同时又利用棚架的水平生长，缓和营养生长的特点，有效地缓和了枝梢生长，增加了结果面积（图6-65）。这种方法对鲜食葡萄品种最为适宜，而且以在拱形棚架上应用效果最好。

图6-65　棚架效果

（五）修剪

庭院棚架葡萄的整形修剪以使枝蔓在架面上均匀分布即可。每平方米留结果母枝4～6个。冬季修剪在11月上旬进行，春季修剪易产生伤流，影响树体生长。第1年冬季主蔓的剪留长度为1.2～1.5m。第2年萌芽后，每个主蔓上选留2～3个生长发育好、位置适当的新梢，其余全部抹除。冬季修剪时，每个主蔓选留先端粗壮枝条做延长枝，按长梢修剪，留芽8个左右；其余枝条进行中、短梢修剪，留芽3～5个，培养做侧蔓和结果母枝。第3年仍然按以上方法修剪主蔓、侧蔓和枝组，约3～4年完成整形任务（图6-66）。

棚架葡萄多采用“龙骨”法修剪，此法能保持较好的通风透光，加强顶端优势，使树体健壮，达到优质、稳产的目的。

1. 主蔓的留与剪

采用单斜面小棚架较为适宜，架面向南倾斜。葡萄生长较旺盛，根据其对高温和阳光的特性，倾斜角度25～40°，前架高1.2m左右，后架高2m左右，行距6m左右，株距1.5～

图 6-66　园艺工人正在修剪

2m，架宽 4～5m，每株留主蔓 3～4 条，每亩（667m²）用苗 50～70 株，葡萄接受阳光照射角度好，有利于进行光合作用、通风，也利于架内除草及施肥、松土等机械化作业，使主蔓均匀分布在架面上。

2. 结果母枝的剪与留

结果母枝的剪与留直接影响到葡萄的品质和产量。留量大，植株负载大，枝叶密挤，光照通风不良，果粒小，品质差；留量少影响产量。留株量根据植株的品性和长势来定，一般在主蔓第 1 道铁丝上每隔 25cm 左右留一结果枝组，每组内留 1～2 条结果母枝。冬季修剪时，主蔓高度严格控制在第 1 道铁丝以下，剪去细、弱、病枝，包括交叉枝，并要保持主蔓前后均衡，以便形成最大的结果面积。

3. 结果母枝的剪留长度

结果母枝的修剪有长短梢之分，短梢修剪留 2～4 节，中梢修剪留 6 节左右，长梢修剪留 10 节左右。根据品性、枝条粗细成熟度、整枝形式、肥水条件及管理水平来确定所留长度。一般 4～7 节结实率较高，以后节位结实率较差，可采用中、长梢为主的修剪方法。

葡萄架以下主蔓上萌生的枝全部剪除，以利架内通风，架面下主蔓上结的葡萄由于阳光暴晒，果面色泽暗黑，呈锈色，皮厚难看，单宁含量高，味涩，影响葡萄的整体质量。

4. 结果部位外移

留预备枝与结果母枝形成固定枝组，对于主蔓光秃现象，可提前从根部萌蘖中选留一健壮枝梢做预备蔓进行短截，根据枝蔓的粗细可留 4～8 节进行短截。

在次年，长结果母枝完成结果任务后，可将其疏除，而预备枝上发出的 2～3 个新梢，靠上位的新梢仍按中、长梢修剪，留为结果母枝。靠下位的新梢仍留 2～3 条，作为预备枝剪留，第 3 年依此法进行修剪，便可固定枝级控制结果部位向外移。修剪的目的是在整形的基础上调整生长和结果的关系，促进葡萄丰产、稳产。还可以根据季节的差异性，从冬季、夏季来分别讲述修剪的技术。

葡萄冬季修剪的目的是调节树体生长和结果的关系，使架面枝蔓分布均匀，通风透光良好，同时防止结果部位外移，以达到树体更新复壮，连年丰产稳产的目的。修剪时间在冬季不埋土防寒地区，多于12月至翌年1月中旬。冬季修剪过早，枝条不能充分老熟，而修剪过晚，剪口不能及时愈合，容易引起伤流。在冬季埋土防寒地区，一般埋土前先进行一次预剪，这次修剪适当多留些枝蔓，待翌年早春葡萄出土上架时，再进行一次补充修剪。生产上根据剪留芽的多少，将修剪分为短梢修剪（留2～3个芽）、中梢修剪（留4～6个芽）和长梢修剪（留8个以上的芽）。一般生长势旺、结果枝率较低、花芽着生部位较高的品种，如龙眼、牛奶等对其结果母枝的修剪多采用长、中梢修剪；而生长势中等、结果枝率较高、花芽着生部位较低的玫瑰香等品种，修剪多采用中、短梢混合修剪。具体到一株树上来说，用做扩大树冠的延长枝多采用长梢修剪。如果为了充实架面、扩大结果部位，可采用中、短梢混合修剪。为了稳定结果部位，防止结果部位的迅速上升和外移，则采用短梢修剪。近年来为了促进葡萄早成形、早结果，采用第一、二年实行轻剪长留，而到后期则采用及时回缩，长、中、短梢混合修剪的方法。另外，对于生长发育粗壮的枝蔓，应适当长放；而对生长弱的品种和枝蔓则应短截，以促生强壮枝梢。冬季修剪时保留结果母枝的数量多少，对来年葡萄产量、品质和植株的生长发育均有直接的影响。结果母枝留量过少，萌发抽生的结果枝数量不够，影响当年产量，结果母枝留量过多，由于萌发出枝量过多，会造成架面郁闭，通风透光不良，甚至导致落花落果和病虫害发生，使产量与品质严重下降。因此，冬季修剪必须根据植株实际生长情况，确定合适的负载量，剪留适当数量的结果母枝。适宜负载量的确定通常采用下列公式计算：

单位面积计划剪留母枝数＝计划单位面积产量/(每个母枝平均果枝数×每果枝果穗数×果穗重)

每株剪留母枝数＝单位面积计划剪留母枝数/单位面积株数

由于田间操作中可能会损伤部分芽眼，所以单位面积实际剪留的母枝数可以比计算出的留枝数多10%～15%。近来有些地区采用测定主干截面积的方法来估算单株产量，从而推算相应的留芽量。具体做法是在修剪前先量出主干距地面10cm处直径，按面积的计算公式求出主干的截面积，然后按1平方厘米的主干截面积可承担1.5～2.0kg的产量，计算出该植株可承担的总产量数，然后再根据每果枝的结果量及应配置的营养枝数，即可求出全株修剪时的留芽数量。这个方法更为简便，适于农村葡萄修剪时快速计算单株留芽量。

值得强调的是，在管理良好的条件下，葡萄幼树花芽容易分化，产量容易急剧上升，所以合理控制负载对保证幼树健壮生长和稳产优质有十分重要的作用。负载量的控制从修剪时就应考虑，而不要仅仅依靠疏枝和疏花序，这样才可有效地调整树体营养分配、节约植株贮藏的营养，促进正常生长结果。更新修剪葡萄生长特别旺盛，若任其自由生长，会使枝条下部芽眼发育不良和结果部位迅速上升。为了防止结果部位外移和枝条下部光秃，必须在每年冬季对一年生枝即结果母枝进行更新修剪。

（六）生长季树体管理

1. 抹芽定梢

第一次抹芽在萌芽后10～15天进行，将老蔓上萌发的芽全部抹除。定梢要遵循强枝多留、弱枝少留的原则，结果母枝上一般留两个结果枝，将上下的副芽抹除，同时把不留做结果枝的芽全部抹除。

2. 枝蔓引绑

枝蔓引绑在葡萄整形修剪中具有重要作用。常言说“三分在剪，七分在绑”。新梢长

30～40cm时，用尼龙绳引绑在铁丝上，以每平方米8～10个枝条为宜，过稀不能充分利用架面，影响产量，过密则枝蔓之间叶片重叠，影响光照，果实着色难，品质差，病虫害加重。引绑时将枝蔓上的卷须全部去除，减少养分消耗，方便管理。

3. 新梢摘心与副梢管理

结果新梢坐果后摘心，果穗以上留4～8片叶，营养枝留10～14片叶摘心。主梢摘心后，保留顶端1～2个副梢，每个副梢留3～4片叶摘心，以后副梢上再萌发的副梢留2片叶反复摘心，其余副梢全部抹除。

4. 利用副梢结二次果

利用副梢二次结果是提高葡萄产量的重要技术措施。当主梢摘心后，萌发的副梢只保留先端1个，长到5片叶时，保留3片叶摘心，再次萌发的副梢全部抹除，以促使副梢上的冬芽成熟，萌发结二次果，只保留一个冬芽结果。利用副梢二次结果的总量，一般不超过结果枝总量的1/3，而且要选用健壮结果枝上的副梢结二次果。

5. 花穗整形及疏果

开花前10天，进行疏花序，健壮结果枝留2个花序，中等结果枝留1个花序，弱结果枝不留花序。开花前1周左右进行花序修整，掐去副穗和主穗上的2～3个分支，再掐穗尖(掐去果穗长度1/5～1/4)。果实膨大期疏去小粒果、过密果和畸形果（图6-67）。

图6-67　工人正在疏果

6. 果穗套袋

果穗套袋用的纸袋规格一般长25～30cm、宽17～20cm，也可用报纸制作。坐果后，在果粒长到豆粒大小时进行套袋。套袋前对果穗喷一遍杀菌剂，喷600倍退菌特、500倍百菌清或600倍多菌灵均可，采收前10天去袋（图6-68）。

（七）土肥水管理

1. 秋施基肥

葡萄采收后，结合改良土壤施基肥，以有机肥为主，配合适量化肥，采用条状沟施肥法，沟宽、深各70cm，在原栽植穴的外侧往外扩展，依次逐年进行。一般一株施优质农家肥50kg，磷肥1kg。此时正值葡萄根系第二次生长高峰，根系吸收能力和再生能力较强，施肥有利于植株恢复树势，促进花芽分化，为来年丰产打好基础。

图 6-68 葡萄套袋

2. 追肥

萌芽前追肥，每株追施尿素 0.5～1kg，硫酸钾 300～600g。此时追肥可使萌芽整齐，新梢前期生长旺盛，有利于开花坐果。果实膨大期追肥，以氮肥为主，配合适量磷钾肥。从 6 月下旬开始追施复合肥，可提高浆果品质，促进枝蔓养分积累和花芽分化。

3. 浇水

萌芽时和开花前各浇一次水。花期控水，从初花期至末花期 10～15 天避免灌水。从生理落果到浆果着色前是浆果膨大期，每隔 10～15 天灌水一次。浆果成熟期不需要灌水。秋冬季结合施基肥灌水（图 6-69）。

图 6-69 灌水过程

（八）病虫害防治

早春葡萄芽鳞片膨大时，喷 3°Bé 石硫合剂加 200 倍五氯酚钠，消灭越冬病原菌。从葡萄新梢生长至果实成熟，每隔 15 天左右喷一次石灰半量式 200 倍波尔多液，或 80%喷克 600 倍液，或 50%多菌灵 800 倍液或 75%百菌清 800 倍液。5 月正值葡萄透翅蛾产卵期，用菊酯类药剂 2000 倍液防治。6 月上旬至 8 月是二斑叶蝉危害期，也可用菊酯类药剂防治。

四、瓜果棚架

瓜果棚架历史悠久，人们根据一些瓜果的生态习性，利用一些支柱结构让瓜果攀爬生长，主要的瓜果有丝瓜、苦瓜、南瓜、葫芦、葫芦、锦屏藤等。

在农业观光园中，瓜果棚架是一处独具特色的景点，它将农业生产与科学技术相结合，创造农业高科技的休闲娱乐空间，利用农业技术开发一些奇花异果，再借助花架或者棚架将这类瓜果向游人展示，既达到了休闲观光的效益，同时也带来科普教育的意义。下面介绍几种植物在农业观光园的应用。

1. 锦屏藤

适合绿廊、绿墙或阴棚。锦屏藤夏季至秋季开花，花为淡绿的白色，7～8 月会结果。最特别地方就是锦屏藤能从茎节的地方长出细长红褐色的气根，悬挂于棚架下，风格独具。锦屏藤很适合作绿廊、绿墙或阴棚。锦屏藤新长出的气根呈红色，一段时间后转为黄绿色，因此整串气根上、下颜色不同，更富情趣。锦屏藤是最佳的隔热窗帘，据说在台湾的新竹内湾风景区就有许多店家以锦屏藤当造景，细细长长的一条条气根由上垂下，有如帘幕一般，成了那里的一道风景（图 6-70）。

2. 葫芦

果实为葫芦形或上部有一细长的长柄，下部似一个圆球体，皮色以青绿为主，间有白色斑，老熟果外皮坚硬，非常可爱，具有较高的观赏和艺术价值，是发展观光旅游农业的主栽品种之一（图 6-71）。只作观赏，不能食用。

葫芦是中华民族最原始的吉祥物之一，人们常挂在门口用来避邪、招宝，上至百岁老翁，下至孩童，见之无不喜爱。葫芦的枝“蔓”与万谐音，每个成熟的葫芦里葫芦籽众多，寓意“子孙万代，繁茂吉祥”；葫芦谐音“护禄”“福禄”，加之其本身形态各异，造型优美，无需人工雕琢就会给人以喜气祥和的美感，古人认为它可以驱灾辟邪，祈求幸福，使子孙人丁兴旺。亚腰葫芦在外形上看是由两个球体组成，象征着和谐美满，寓意着夫妻互敬互爱。葫芦挂在大门外，则有保屋内人平安的寓意。因此，千百年来，葫芦作为一种吉祥物和观赏品，一直受到人们的喜爱和珍藏。

2000 年杭州市蔬菜所开始引进观赏葫芦，并筛选出鹤首、长柄、天鹅、大兵丹、干成兵丹、本干成兵丹、小葫芦、腰葫芦、圆葫芦、牛腿葫芦、梨形葫芦、青葫芦、长乐、线葫芦等适宜保护地种植的观赏葫芦品种 15 个。

3. 南瓜

观赏南瓜有多种，下面介绍几种受游人喜爱的观赏南瓜。

（1）金童　金童又称玩具南瓜。植株长蔓型，株幅小，主侧蔓均可结果，易坐果，早熟。根系发达，叶片大，生长旺盛，单株结果 10～12 个。果实扁圆球形，具有明显的棱纹线，纵径 5～6cm、横径 7～8cm，单果重 100g 左右。嫩果呈墨绿色、绿色或白色，老熟果对应颜色分别为橙黄色、黄色和浅黄色。本品种小巧可爱，具有较高的观赏价值。

图 6-70　锦屏藤立体绿化效果

图 6-71　葫芦立体绿化效果

(2) **玉女** 玉女系蔓性草本品种，根系发达，叶片中等。果实扁圆形，果实纵径 5～7cm，横径 7～10cm。嫩果浅白色，老熟时果色为雪白色，有明显的棱沟，果实小巧可爱，单个重 90 克左右，每株挂果 5～8 个。果实充分成熟后采收，观赏期长达 1 年，且观赏、食用兼备。从播种到采收约 95 天。玉女与金童同栽，常被美称“金童玉女”。

(3) **鸳鸯梨** 鸳鸯梨长势一般，结果性能好，可以连续结果，单株结果 20 个以上。因果实似雪梨而得名。果实长 8～9cm，横径 4～7cm，单果重 100～150g，果实底部为深绿色，并有淡黄色相间的纵向条纹，上部为金黄色，呈现明显黄绿双色果，果实细巧可爱。早熟，生长期 80～100 天。

(4) **龙凤瓢** 龙凤瓢的果实为汤匙形小果，果实下方为球形，上方为可握式长柄，形状像“麦克风”。果实底部为深绿色，上方为橙黄色，各有淡黄色条纹相间。果实长 10～15cm，横径 5～9cm，果重 100～120g。早熟，生长期 80～100 天，嫩果可食用，老熟果可供观赏，观赏期可达 1 年。

(5) **瓜皮** 长势一般，叶片中等，每株结果 8～10 个。果实扁球形，皮绿色，有淡白色条纹相间，像西瓜皮，因而得名。果径 6～10cm，果长 5cm，单果重 100～120g。

(6) **小丑** 长势一般，叶片中等，每株结果 8～10 个。果实皇冠或佛手果形，皮色有白色、黄色等，横径 8～10cm，长 12～15cm，单果重 150g。

南瓜的立体绿化效果见图 6-72。

图 6-72 南瓜立体绿化效果

4. 其它

西瓜、丝瓜、苦瓜、豆角等农业植物在农业观光园的应用实例不胜枚举，这些植物既给农业观光园带来经济效益，同时也有观景作用，让游客感受浓浓的乡村风情（图6-73）。

图 6-73 其它绿化效果

五、篱笆立体绿化

篱笆是用竹子、树枝、板皮、芦苇、秫秸、玉米秸或向日葵秸等编成或夹成，埋在地上阻拦人或动物通行的障碍物，作用与院墙或校园周围的铁栅栏相同。篱笆还大量地应用在菜园、场院、园林的周围。圈在菜园周围还起到挡风作用，为蔬菜生长制造小气候环境。篱笆立体绿化见图 6-74。

六、栏杆立体绿化在道路上的应用

这组栏杆立体绿化位于北京市（图 6-75），栏杆的材料是金属结构，黑漆防腐，在栏杆旁边栽植攀缘月季，让月季顺着栏杆攀缘，既美化了栏杆、道路，提升城市形象，也让市民在人行道行走时心情愉悦。

图 6-74 篱笆立体绿化

七、假山立体绿化

（一）狮子林

狮子林，一般所指为苏州园林中的狮子林，狮子林为苏州四大名园之一，至今已有 650 多年的历史。因园内“林有竹万，竹下多怪石，状如狻猊（狮子）者”，又因天如禅师维则得法于浙江天目山狮子岩普应国师中峰，为纪念佛徒衣钵、师承关系，取佛经中狮子座之意，故名“狮子林”。

狮子林虽掇山不高，但洞壑盘旋，嵌空奇绝；虽凿池不深，但回环曲折，层次深奥，飞瀑流泉隐没于花木扶疏之中，古树名木令人叫绝，厅堂楼阁更是精巧细致，无愧为吴中名园。狮子林的古建筑大都保留了元代风格，为元代园林代表作。园以叠石取胜，洞壑宛转，怪石林立，水池萦绕。依山傍水有指柏轩、真趣亭、问梅阁、石舫、卧云室等建筑。主厅燕誉堂，结构精美，陈设华丽，是典型的鸳鸯厅形式；指柏轩，南对假山，下临小池，古柏苍劲，如置画中；见山楼，可览群峰，山峦如云似海；荷花厅雕镂精工；五松园庭院幽雅；湖心亭、暗香疏影楼、扇亭等均各有特色，耐人观赏。园内四周长廊萦绕，花墙漏窗变化繁复，名家书法碑帖条石珍品 70 余方，至今饮誉世间。

狮子林因假山著名，在石洞中仰望洞口，薜荔自然地掩饰了假山人工雕琢的痕迹，浑然天成。在假山种植一些灌木或者小乔木，点缀了假山（图 7-76）。

（二）网师园

网师园，是苏州典型的府宅园林。它地处苏州旧城东南隅葑门内阔街头巷，现为市内友谊路南侧。全园布局紧凑，建筑精巧，空间尺度比例协调，以精致的造园布局，深蕴的文化内涵，典雅的园林气息，当之无愧地成为江南中小古典园林的代表作品。1963 年网师园列

图 6-75　栏杆立体绿化效果

图 6-76　狮子林假山立体绿化

为苏州市文物保护单位，1982年被国务院列为全国重点文物保护单位。1997年12月4日被联合国教科文组织列入《世界文化遗产名录》。

网师园始建于南宋淳熙年间（公元1174—1189年），旧为宋代藏书家、官至侍郎的扬州文人史正志的“万卷堂”故址，花园名为“渔隐”，后废。至清乾隆年间（约公元1770年），退休的光禄寺少卿宋宗元购之并重建，定园名为“网师园”。网师乃渔夫、渔翁之意，又与“渔隐”同意，含有隐居江湖的意思，网师园便意谓“渔父钓叟之园”，此名既借旧时“渔隐”之意，且与巷名“王四（一说王思，即今阔街头巷）”谐音，园内的山水布置和景点题名蕴含着浓郁的隐逸气息。乾隆末年园归瞿远村，按原规模修复并增建亭宇，俗称“瞿园”。今“网师园”规模、景物建筑是瞿园遗物，保持着旧时世家一组完整的住宅群及中型古典山水园。

网师园现面积约10亩（包括原住宅，1亩＝667平方米），其中园林部分占地约8亩余。内花园占地5亩，其中水池447m^2，总面积还不及拙政园的六分之一，但小中见大，布局严谨，主次分明又富于变化，园内有园，景外有景，精巧幽深之至。建筑虽多却不见拥塞，山池虽小，却不觉局促。网师园布局精巧，结构紧凑，以建筑精巧和空间尺度比例协调而著称。全园清新有韵味，因此被认为是中国江南中小型古典园林的代表作。陈从周誉为“苏州园林小园极则，在全国园林中亦属上选，是以少胜多的典范”。清代著名学者钱大昕评价网师园“地只数亩，而有行回不尽之致；居虽近廛，而有云水相忘之乐。柳子厚所谓‘奥如旷如’者，殆兼得之矣。”

网师园分三部分，境界各异。东部为住宅，中部为主园。网师园按石质分区使用，主园池区用黄石，其它庭用湖石，不相混杂。突出以水为中心，环池亭阁与山水错落映衬，疏朗雅适，廊庑回环，移步换景，诗意天成。古树花卉也以古、奇、雅、色、香、姿见著，并与建筑、山池相映成趣，构成主园的闭合式水院。池水清澈，东、南、北方向的射鸭廊、濯缨水阁、月到风来亭及看松读画轩、竹外一枝轩，集中了春、夏、秋、冬四季景物及朝、午、夕、晚一日中的景色变化。所以游园时，宜坐、宜留，以静观为主。绕池一周，可前细数游鱼，可亭中待月迎风。花影移墙，峰峦当窗，宛如天然图画，所以并不觉其园小。夜游网师园除了能品味园林夜景，还能欣赏到评弹、昆曲等节目。

引静桥下是一条溪涧，自南蜿蜒而来。两岸用写意法叠成陡崖岩岸，藤葛蔓蔓，涧水幽碧，虽涧宽仅尺余，但似深不可测。拨开桥南侧累累而垂的络石藤枝叶，则看到涧壁上刻有“盘涧”两个大字（相传为宋代旧物）。再溯流而上，则有一小巧的水闸立于涧流上游，岸边立有一石，上书“待潮”。桥名“引静”，涧称“盘涧”，闸赋之曰“待潮”三者俱体现了园主的优雅情趣。网师园的立体绿化见图6-77。

（三）留园

留园位于苏州阊门外，原是明嘉靖年间太仆寺卿徐泰时的东园。园内假山为叠石名家周秉忠（时臣）所作。清嘉庆年间，刘恕以故园改筑，名寒碧山庄，又称刘园。同治年间盛旭人［其儿子即盛宣怀，清著名实业家、政治家，北洋大学（天津大学）南洋公学（上海交通大学）创始人］购得，重加扩建，修葺一新，取留与刘的谐音，始称留园。科举考试的最后一个状元俞樾作《留园游记》称其为吴下名园之冠。留园内建筑的数量在苏州诸园中居冠，厅堂、走廊、粉墙、洞门等建筑与假山、水池、花木等组合成数十个大小不等的庭园小品。其在空间上的突出处理，充分体现了古代造园家的高超技艺、卓越智慧和江南园林建筑的艺术风格和特色。

留园全园分为四个部分，在一个园林中能领略到山水、田园、山林、庭园四种不同景

图 6-77　网师园立体绿化

色：中部以水景见长，是全园的精华所在；东部以曲院回廊的建筑取胜，园的东部有著名的佳晴喜雨快雪之厅、林泉耆硕之馆、还我读书处、冠云台、冠云楼等十数处斋、轩，院内池后立有三座石峰，居中者为名石冠云峰，两旁为瑞云、岫云两峰；北部具农村风光，并有新辟盆景园；西区则是全园最高处，有野趣，以假山为奇，土石相间，堆砌自然。池南涵碧山房与明瑟楼为留园的主要观景建筑。留园内的建筑景观还有表现淡泊处世之坦然的“小桃源（小蓬莱）”以及远翠阁、曲溪楼、清风池馆等。

断霞峰：奇石断霞峰，对景涵碧房。石背上有题刻“断霞峰　蓉峰题”。以题字之人字号“蓉峰”，应即清嘉庆时的园主刘恕。但遍翻手边资料，却无提及此石峰点滴，不管其是旧物遗存，还是后人伪托，就其形态和题款也不失为一佳景。常春藤的画龙点睛使断霞峰生机勃勃，让人回味无穷（图 6-78）。

留园中植物与山石结合巧妙（图 6-79、图 6-80）。

八、枯树立体绿化

黑龙江延寿县长寿山国家森林公园　位于黑龙江省中部延寿县城东南 14km，张广才岭西麓，西南—东北走向，面积 35km^2，海拔 731.7m。植被多以桦、柞、杨、椴等阔叶林为主。据《长寿县乡土志》载，“长寿山距县城南二十里，为县城之向山，高十里余，周七十余里，上有潭四，水极澄清，每遇天欲雨则生云，近山之居民每于此卜阴晴焉”。为东、西长寿河发源地，发源于东侧的为东长寿河，发源于西侧的为西长寿河，皆流入玛河。原长

图 6-78　断霞峰

图 6-79　又一村——山石盆景

寿县（今延寿县）因此得名，一说因山得名，一说因河得名。

目前，经国家林业局森林公园保护与发展中心及森林公园管理办公室组织评审，延寿县长寿山省级森林公园获批国家级森林公园，定名为“黑龙江延寿县长寿山国家森林公园”。据了解，延寿县长寿山森林公园规划面积 7402hm^2，包括长寿山景区和石城山景区，两个景区分别距离延寿县城 15km 和 40km，距离哈尔滨市分别为 170km 和 140km，在省城两小时经济圈之内。公园大门处的枯树绿化构思巧妙，值得借鉴（图 6-81）。

图 6-80　植物与山石结合

图 6-81　延寿县长寿山国家森林公园枯树绿化

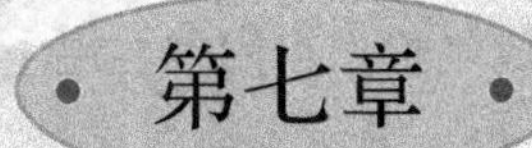

第七章

建筑环境立体绿化施工技术

第一节 植物选择

建筑环境立体绿化是运用现代建筑和园林科技的各种手段，对绿地种植空间，一切建筑物和构筑物所形成的新种植空间进行多层次、新形式的绿化、美化，追求绿化最大生态效益，拓展城市绿化空间，努力提高城市绿化面积，以达到改善日益恶化的城市生态环境和美化城市环境的目的。其基本内容包括：地面绿化的乔灌草复层群落；建筑围合空间的绿化美化（墙体绿化、屋顶及天台绿化，室内及阳台绿化等）。

对建筑围合空间进行绿化，可达到意想不到的效果，一方面减少了环境污染面，另一方面又增加了同样面积的绿色植物，其环境效能很高，如在墙体绿化的降温效果方面。建筑围合空间绿化是建筑空间与绿色空间的相互渗透，使自然植物和人工建筑物有机结合并相互延续，软化建筑物的僵硬感，保护和美化环境景观，并产生特有效果，从而增加了人与自然的紧密度，保持建筑物与周围环境的协调。

应用于建筑环境立体绿化中的植物可分为以下几类。

(1) 缠绕类植物　亦称旋卷植物。指茎缠绕在支持物上，靠缠绕运动和侧向地性，以一定角度呈螺旋状缠绕而进行向上生长的植物。缠绕的方向取决于植物的种类。从正面观看，有沿顺时针方向缠绕的称为右旋（如啤酒花、山草薢等）。与此相反的称为左旋（如菜豆、牵牛花、薯蓣等）。缠绕运动的方向与侧向地性的方向是一致的。缠绕类植物的藤缠绕物体向上生长，一般种植在栏杆和棚架上，形成美丽、壮观的花棚，既起到装饰作用又防尘降温，如金银花、台尔曼忍冬。

(2) 攀缘类植物　茎细长不能直立，能依靠附属器官攀附它物向上生长的植物。该类植物包括卷须或叶攀附类，茎变态生长而成的茎卷须，多由腋生茎、叶生或气生根变态而成，又长又卷曲，单条或分叉。如葡萄属植物，借助卷须、叶柄等卷攀它物而使植株向上生长。叶变态而成的叶卷须，如尖叶藤、香豌豆等，靠叶柄攀附它物而向上生长的。能固定在栏杆和棚架上，既美观又有经济价值。该类植物可用以进行垂直绿化，可以充分利用立地和空间，占地少，见效快，对绿化、美化人口多、空地少的城市环境有重要意义。配置攀缘植物于墙壁、格架、篱垣、棚架、柱、门、绳、竿、枯树、山石之上，还可收到一般绿化所达不到的观赏效果。

(3) 钩刺类植物　植物体上长有刺，一般攀附在矮墙或栏杆上，靠自身的枝、刺向上攀缘生长的植物类型。常见的钩刺类植物有木香、野蔷薇、藤本月季等，此类植物需要人工牵引，将茎或枝条依附于构件上才能攀缘生长。

(4) 攀附类植物　枝蔓借助于黏性吸盘或吸附气生根而稳定于他物表面，支持植株向上生长。能大大增加以往难以绿化地方的绿化量，具气生根的攀缘植物有常春藤属等。吸附类植物有吸盘，形成气根，可附着在墙上，形成美丽的"绿墙"，如爬山虎、凌霄。

(5) 灌木类植物　主要包括观花、观叶和观果三大类。例如红叶石楠、金叶女贞、红花檵木等叶色鲜艳的灌木被广泛用于屋顶绿化、立体花坛和桥面绿化等立体绿化中，在栽植上主要以片植、单排或双排绿篱为主。其次，如垂丝海棠、白玉兰、桂花、紫薇、石榴等观花、观果类大灌木，一般用于屋顶绿化，组成"空中花园"。

(6) 草花类植物　以1、2年生的观花类草花为主，由于花色鲜艳而受到人们的普遍青睐。常用的观花类草花有：三色堇、矮牵牛、四季海棠、何氏凤仙等；常用的观叶类有：羽衣甘蓝、红叶甜菜、红绿草等，草花类植物主要用于立体花坛、灯柱绿化以及眺台绿化的点缀。

一、屋顶花园

为了能在屋顶栽培土壤厚度有限的环境下顺利栽培植物，屋顶绿化植物材料应尽量采用根系不是过分发达的低矮灌木、草坪、地被植物和藤蔓攀缘植物，不宜栽植大型乔木，因为大型乔木的主根穿透能力强，有可能会损坏楼板，另外过浅的土壤厚度也不利于大型乔木的生长。除此之外有条件时也可种植少量耐寒小乔木，也有利于降低营造和维护成本。

1. 草本花卉

景天类、大花萱草、酢浆草、蔓花生、天竺葵、金盏菊、紫茉莉、黄鲸鱼花、荷叶椒草、千日红、大丽花等。

(1) 景天类

【形态特征】 景天类植物（图7-1）属于多年生肉质草本，花期在夏秋季，小花，但生长繁茂，颜色多样。表皮有蜡质粉状物体，这类植物有特殊下陷气孔，可减少体内水分的蒸腾量，使其能够适应旱生环境，无性繁殖能力强，可将其肥厚的叶片插入苗床中即能生根发芽。景天类的植物体型都比较矮小，由于是肉质叶，耗水量和耗肥量很少，因此种植容易，

图7-1　景天类

又可供观赏。另外，由于景天科植物矮小抗风，又不需要大量水肥，而且耐环境污染，因此是屋顶绿化的首选植物。

【繁殖方法】 可用播种法、扦插法或分株法繁殖，但较多使用扦插方法，通过枝插或叶插都可以正常育苗，一般在春、秋季进行。选取带叶的茎枝或茎尖，扦插在排水良好的苗床中，苗床一般采用细蛇木屑、粗砂、珍珠岩调制的介质，浇少量水，使其保持半湿润状态，经过3～5周就能生根发芽。如果某些品种不易长出侧枝，可将母株生长点剪去，促其生长。一般叶插法生长的幼苗较缓慢，但可大量育苗，如翡翠景天、绒毛掌、长寿花、大提灯、落地生根等，方法是：摘下数片叶子，平铺或浅插于河沙或细蛇木屑组成的苗床上，约经3～4周，能自叶片缺口生根发芽长出新株。

【栽培管理】 不同原产地的品种，生长习性也不相同。如原产于欧洲、南非等地的品种喜欢温暖环境，对高温环境的耐受性差，在华南地区生长夏季呈休眠状态，不宜大量浇水或施肥。另外，原产于墨西哥的热带品种，冬季进入休眠期，不耐受寒害，也不可大量灌水。栽培土质以疏松肥沃的富含腐殖质的沙质壤土为佳，若能使用40%的细蛇木屑、20%的珍珠岩、20%的粗砂、20%的泥炭土混合调制则更理想，并混合长效基肥。耐干旱，排水需良好，如果排水不良或培养土长期潮湿，容易导致腐烂，平时不需要浇水太多，适当保持半干旱环境对正常生长更有利。如平叶莲花掌、莲花掌、圆叶长筒莲、卵叶长筒莲、花叶银波锦、奇雕塔、神刀等品种适宜在透光良好半荫蔽的室内环境培养，日照量约50%～70%，不宜用强光直射。生育旺盛期间每月追肥1次，使用各种有机肥料或氮、磷、钾肥料即可，如花宝、魔肥等效果都不错。喜欢温暖至高温环境下生长，生育适温在15～28℃之间，冬季需置于温暖避风处越冬。

(2) 萱草

【形态特征】 植株高约30～80cm，根部呈肉质球状肥大。叶自根基长出，呈狭长剑状。开花期在春至夏季，花茎自叶丛抽出，从顶部开始分叉，花朵着生在分叉上，但每日只开1朵，开花期持久。花瓣类型有单瓣和重瓣，花冠漏斗状，顶端浅裂或深裂。花色较多，有红、黄、橙、褐、粉红、淡绿或蓝色，花色艳丽，令人陶醉，园艺品种多达千余种。适合庭植、屋顶花园美化、缘栽、盆栽、切花或食用（图7-2）。

图7-2　萱草

【生物性状】 萱草生长强健，耐寒冷环境。对干旱、潮湿、贫瘠土壤都可适应，适应性强。华北地区可露地越冬，喜湿润也耐干旱，喜光照又耐半阴环境。对土壤的要求也不强，但以富含腐殖质，排水透气良好的湿润土壤为最佳。

【繁殖方法】 一般常用播种或分株法繁殖，适宜在春、秋两季进行播种。分株繁殖的幼苗成长迅速，全年都可以应用，但以春、秋季节进行最佳，最好选择每3株分割为一丛，若叶片生长过于茂盛可将其剪短再栽植。

【栽培管理】 对栽培土质要求不严，在湿润环境下均能正常生长，但以富含有机质的肥沃沙质壤土生长最好。排水透气条件需良好，如果土壤湿润，则生长较旺盛。全日照、半日照条件都可以适应，但在阴暗环境下开花不良，每1～2个月追肥1次，使用有机肥料如豆饼、油粕或堆肥；在春季生长旺盛期，可按比例增加施用磷、钾肥，能促进开花。如果是盆栽种植，宜用大盆，无论盆栽或庭植美化，老株栽植3～4年后，会出现丛生拥挤现象，应强制分株种植，才能使其生长开花正常。喜欢在温暖至高温环境下生长，生育适温在16～28℃，夏季种植环境力求通风凉爽，冬季应保持温暖避风，预防10℃以下寒害。

(3) 四叶酢浆草

【形态特征】 茎枝匍匐生长，株高约12～20cm，地下生长鳞茎。掌状复叶4枚，小叶倒卵形心状，叶面有锯齿状条纹或紫红色斑。开花期在夏至秋季，伞房花序，花冠艳红，花姿可爱迷人。适合作屋顶地被或盆栽。四叶酢浆草与常见的紫花酢浆草（图7-3）是同类植物。

图7-3 酢浆草

【繁殖方法】 适宜在春、秋季，用分株法或地下鳞茎栽植。

【栽培管理】 喜欢高温环境，对干旱有较强耐受性，生长适温为22～30℃。

2. 草坪类

如狗牙根、天鹅绒、马尼拉、白三叶、马蹄金、野牛草、黑麦草等。

草坪不但能吸收二氧化碳，释放氧气，同时还能吸收空气中许多有害气体，如二氧化硫、氟化氢等。草坪又像是一台吸尘器，具有净化空气的功能，一般草坪上空的灰尘只有无草地的1/5。草坪吸附灰尘后，遇上一场大雨或喷浇一次水，灰尘就会随水流去。此外，草坪还可防暑降温。因此，草坪比较适宜在屋顶花园建植。

(1) 马蹄金

【形态特征】 马蹄金（图7-4）植株极低矮，约4～6cm，茎叶在地面匍匐生长。圆肾形叶互生。黄白色花腋生。这类植物在台湾地区有野生分布，四季常青，耐荫蔽和潮湿环境，对高温环境也有一定的耐受性，植株平整不必修剪，缺点是不耐践踏，适合作屋顶地被美化。

【繁殖方法】 一般采用播种、扦插或分株法繁殖，适宜在春至秋季进行。种子发芽适温22～25℃。

【栽培管理】 栽培土质以透气良好的壤土或腐殖质土为佳，排水条件需良好，如果土壤能保持湿润，则生长发育较旺盛。全日照、半日照光照条件都可以正常成长。每隔1～2个

图 7-4　马蹄金

月施肥 1 次，可使用各种有机肥料及氮、磷、钾肥。喜欢高温多湿环境，生育适温 22～28℃。

（2）白三叶

【形态特征】 又名白车轴草（图 7-5），属于多年生草本，着地即可生根。枝茎细长柔软，匍匐在地面蔓延生长。叶柄长，小叶倒卵形，叶缘长有细锯齿。白色头状花序，长有花朵 10～80 朵。荚果倒卵状近似矩形，黄色种子近圆形。

图 7-5　白三叶

【栽培管理】 喜欢温暖湿润环境，生性强健，适应性广，耐酸性强，在 pH 4.5 的土壤中仍能生长，除盐碱土外，排水良好的各种土壤环境均可生长。自我修复性好，耐践踏，属放牧型牧草。

白三叶草坪的优点如下。

① 可粗放管理，不需修剪，管理强度小。白三叶的茎为匍匐枝茎，植株低矮防风，高度一般在 10～20cm。

② 不用经常浇水，管理较粗放。白三叶草根系发达，能吸收土壤深层的水分，对土壤环境要求不太严。因此，可以减少浇水次数，粗放型管理。

③ 自我修复性强，自然更新、经久不衰。白三叶草不需修剪，因此植株可以开花结实。种子落地自生，可以实现自然更新，使草坪经久不衰。

④ 侵占性强，具良好观赏性。白三叶的匍匐茎向四周蔓延，其茎节处着地生根，当母株死亡或枝茎被切断，匍匐茎可形成新的独立株丛，因此具有很强的侵占性。三叶草为阔叶植物，叶片水平伸展，能有效覆盖地面，抑制杂草滋生。因此，白三叶草坪一旦成坪，杂草不易侵入，可使草坪整齐美观。

群落式屋顶绿化应采用乔木、灌木、藤本、草本等两种以上的植物类型，形成种类多样、层次丰富的屋顶绿化景观。因此，在绿化植物选择上，应针对不同的屋顶绿化类型，选择适宜的绿化植物。

3. 色叶灌木

红叶石楠、金边黄杨、红花继木、红枫、金叶小檗、花叶胡枝子。

(1) 红叶石楠

【形态特征】 属于常绿灌木或小乔木，植株高 4～6m，有些品种可达 12m；小枝褐灰色，无毛。叶革质，互生，长椭圆形、长倒卵形或倒卵状椭圆形，长 9～22cm，宽 3～6.5cm，先端尾尖，基部圆形或宽楔形，边缘有疏生带腺细锯齿，近基部全缘，无毛；叶柄长 2～4cm，老时无毛。复伞房花序顶生，总花梗和花梗无毛；花梗长 3～5mm；花白色，直径 6～8mm。梨果球形，红色或褐紫色（图 7-6）。分布在陕西、华东、中南、西南；印度尼西亚也有分布。

图 7-6 红叶石楠

【生物性状】 生性强健，对环境有很强的适应性，耐低温，也可以在瘠薄土壤上生长，耐盐碱性和耐干旱能力较强。喜欢阳光充足，也有很强的耐阴能力，但在较强光照下色彩会变得更加鲜艳。红叶石楠生长速度快，且萌芽能力强，所以对修剪耐受性强，可根据园林营造景观需要修剪成不同的树形，广泛应用于园林绿化。一至二年生的红叶石楠可修剪成矮小绿篱，在园林绿地中经常作为片植的地被植物，或与其它彩叶植物搭配种植，组合成各种图案，建植效果体现快，成效快；根据需要，也可培育成丛生形的小乔木，作为大型绿篱或绿墙片植，可应用在居住区、厂区绿地、街道或公路隔离带等，也可应用于屋顶花园，当树篱或幕墙一片火红之际，非常艳丽，极具生机盎然之美。

【繁殖方法】 一般适宜在春季 3～4 月和秋季 10～11 月进行移栽，具体要求根据当地气候条件而定。定植间距若按照培育一年生小灌木而定，株行距以 35cm×35cm 或 40cm×40cm 为宜，每亩约 2800 株。

幼苗移栽时应保证根系土球完整，并小心除去根部包装物或脱去营养钵，定点挖穴，用细土堆于根部，施足基肥，并使根系舒展，轻轻压实。栽后及时浇透定根水。

【栽培管理】 移栽之后的缓苗期内，要特别注意水分的补充，如遇连续几天的晴天，在移栽后每隔 3～4 天要浇一次水，以后每隔 8 天左右浇一次水；如遇连续雨天环境，不能让土壤过分积水。约 15 天后，种苗度过缓苗期即可施肥。在春季每半个月施一次，施入大约 5kg/亩的尿素。如在夏季和秋季每隔半个月施一次复合肥，用量为 5kg/亩；冬季施一次腐熟的有机肥，用量为 1500kg/亩，开沟填埋。施肥要薄肥勤施，不可一次用量过大，否则会出现伤根烧苗的后果。平时要及时除草松土，防土壤板结。

（2）小叶黄杨

【形态特征】 小灌木，可长至高约1m。新长出枝条表皮绿色，呈四角柱状，老枝渐渐转变为圆柱形淡土黄色，表皮不规则龟裂。长椭圆形叶对生，革质，叶端凹入，全缘。小花腋生，不明显，在春、秋季开花。全株枝繁叶茂，浓绿一片，极适合作为矮篱、大型盆栽或作庭园美化（图7-7）。

图7-7　小叶黄杨

（3）黄杨

【形态特征】 属于大灌木或小乔木，可长高至2～5m，小枝四棱形，长椭圆形叶对生，顶端微凹，革质。对荫蔽环境有一定耐受性，适合作绿篱或庭植美化、诱鸟。

（4）雀舌黄杨

【形态特征】 灌木类，可长高至1～1.5m，长椭圆形叶对生，顶端凹。开花期在春季，黄白色腋生，花瓣鳞片状。其枝叶细密青翠，可用于绿篱、整枝造型的种植，也适合于庭园美化或培养成高级盆景（图7-8）。

图7-8　雀舌黄杨

【繁殖方法】 一般常用播种或扦插法，其中以枝插法较为常用。适宜在春或秋季剪取一年生健壮枝条，每段长15cm左右，剪掉适量叶片，插入湿润沙土苗床中，约经过1～2个月能发根成苗。

【栽培管理】 栽培土质以富含腐殖质的肥沃沙质壤土为最佳。小叶黄杨、雀舌黄杨品种需要在阳光充足的环境下生长，而黄杨半日照条件即可。生育旺盛期间每2～3个月施肥1次，黄杨类一般生长缓慢，所以不用大量施肥，否则导致肥害。每年在早春时节应修剪整枝

1次，但不可重剪或强剪，适当剪除老枝、枯枝即可，绿篱全年可做修剪。喜欢在温暖环境下生长，耐高温条件，生育适温为16～26℃。

（5）红花继木

【形态特征】植株可长至高1～2m，全株表皮长有细柔毛。长卵状椭圆形叶互生，底部歪斜，全缘或细锯齿缘，顶端尖，叶色浓绿。开花期在春季约2～4月，红色腋生，一般6～8朵簇生，花瓣呈狭窄线形，细长如彩带，迎风飘逸，优雅美观（图7-9）。植株体型与白彩木类似，区别是其叶片红褐色，开花浓桃红至红色。

图7-9　红花继木

【生物性状】此类植物适合屋顶庭园种植美化或大型盆栽；由于喜欢温暖或冷凉环境，在我国中部或南部中海拔冷凉山区较适合栽培，华南地区平地即可种植，但过于高温环境下，生育状态较差，但仍能开花。

【繁殖方法】一般采用播种、扦插或高压方法繁殖；开花期过后，待新枝生长成熟，剪健壮成熟枝适中长度，采用扦插或高压方法育苗，长成幼苗后假植于小盆中进行施肥栽培，再经过1年培养，就可以作定植处理。

【栽培管理】栽培土质以肥沃的，排水透气良好的腐殖质壤土为最佳，沙质壤土次之。日照条件需充足，如果在华南地区种植，由于夏季高温，一般适宜阴凉通风降温处理，使其顺利越夏。生育旺盛期在秋至春季，每隔1～2个月施肥1次，适当多施磷、钾肥，可以起到促进开花的效果。每年花期过后应修剪整枝1次，剪除枯枝、老枝，秋季过后，花芽开始分化，应避免修剪，否则会影响翌年开花。在温暖或冷凉环境下都可以正常生长，生育适温为15～25℃，适应性较广，夏季或梅雨季节应避免土壤过多积水，造成排水不良。

4. 花灌木

月季、夹竹桃、铁海棠、茶梅、山茶、紫薇、杜鹃、美国连翘、凤尾兰、棣棠、蜡梅、伞房决明、金雀花、红瑞木等。

（1）夹竹桃

【形态特征】植株可长至高2～3m，单瓣品种幼嫩枝条呈四棱状。披针形叶对生或轮生，全缘，叶表面绿色，底面浅绿色，另外还有斑叶品种。花顶生于枝头，聚伞花序或总状花序，花色丰富，有红、粉红、白、黄等色，花形轮状，有单瓣或重瓣品种，花期持久，可全年开花，一般以夏季盛开最灿烂（图7-10）。长圆柱形蓇葖果，适合种植于屋顶庭园、人行道列植、绿篱美化。

【繁殖方法】较多采用扦插法繁殖，每年春、夏、秋季节都可进行育苗，剪取中熟健壮枝条，每段10～15cm，插入湿润苗床中，成活率极高。

图 7-10　夹竹桃

【栽培管理】 夹竹桃生性强健，对土壤要求不严，任何土壤皆能生长，一般在以富含有机质的壤土或沙质壤土上生育最旺盛。土壤排水透气条件需良好，但应该保持湿润，能使生育特别旺盛。光照条件需充足，荫蔽环境下容易使枝条徒长，导致生育开花不良。在每年春至夏季为生育旺盛期，施肥每隔 1～2 个月 1 次，可使用如干鸡粪、油粕等的有机肥料，或使用氮、磷、钾复合肥料。栽植环境需通风良好，如果通风不良会导致病虫害的发生。每年早春时节应对老枝、枯枝修剪 1 次，而对于老化的植株应施行强剪，促使健康新枝萌发；修剪时需做好防护措施保护眼睛，避免沾上汁液，伤害身体。喜欢高温环境下生长，生育适温在 20～32℃。

(2) 白花杜鹃类

【形态特征】 属于常绿灌木，植株可长至高 2～3m，生性强健，寿命长久。长椭圆形叶互生，顶端锐尖，叶片表面长有褐色毛，花冠纯白，现已有多种变种，有红、堇色、淡紫、玫瑰紫、绯红斑点等丰富花色，生长在枝条顶端，总状排列，浓淡怡人，花冠的上瓣表面有鲜艳斑点，颇为夺目，开花期在 4～5 月。一般生长适宜温度为 22～28℃（图 7-11）。

图 7-11　白花杜鹃

(3) 西洋杜鹃类

【形态特征】 属于常绿灌木，植株体型比较低矮，盆栽植株可长至高 15～50cm。长椭圆形叶互生或簇生，叶片表面具白色软毛。花有单瓣、半重瓣和重瓣种类之分，花色多样，常见的有红、粉红、白色镶粉红边或红白相间，花期最持久，可达全年。喜欢冷凉环境，越夏温度不宜太高，生育适温约 16～20℃（图 7-12）。

(4) 皋月杜鹃

【形态特征】 属于常绿灌木，植株体型低矮，枝繁叶茂，丛生状生长，较多在屋顶盆景栽培。花姿多样，花色丰富，同一植株开花可开出不同颜色的花朵，甚至在一朵花里，也有

图 7-12　西洋杜鹃

不同的花纹颜色花瓣，开花期在 5～6 月。喜欢在温暖环境下生长，在华南地区中、南部种植，每当夏、秋季需遮阳通风，生育适温约 16～26℃。

(5) 久留米杜鹃

【形态特征】 属于常绿或落叶灌木，叶繁花茂，花型较小，花朵直径仅 3～4cm，花期在春季。喜欢温暖环境，若在华南地区中、南部种植，夏、秋季要适当遮阳通风，生育适温约 16～26℃。

【繁殖方法】 一般采用扦插或嫁接方法繁殖，在华南地区高冷地的环境条件对育苗为佳。育苗时间在 5～7 月之间适宜，选择剪取当年生半木质化健壮顶芽，每段长度约 10cm，插于湿润苗床中，经过 1～2 个月后可发根，长成幼苗，再行假植，约经 1 年后定植。嫁接多采用切接或腹接，适宜在春季进行。

【栽培管理】 栽培土质以偏酸性的富含腐殖质的沙质壤土为最佳，不宜采用黏性土或碱性石灰质土。栽培土壤要经常保持湿润，可使生长旺盛，而且土壤要求排水透气条件良好。耐荫蔽环境，喜凉爽气候，在华南地区北部全日照、半日照光照条件都可正常栽植，但如在中南部地区种植，不宜全天强烈日照直射，适当遮阳 50%～70%的光照条件较为理想。多使用腐熟豆饼、油粕等有机肥料，若施用氮、磷、钾化肥，不宜施放太多。在花期后应立刻整枝修剪老枝，因为花谢后经 1～2 个月便开始花芽分化，如果修剪太晚，会导致误剪花芽，第二年春季就会无花可赏。杜鹃属于短日照植物，尤其是盆栽的西洋杜鹃类，可利用低温处理、遮光等措施促成栽培，人工调节开花期。

【景观应用】 杜鹃花经历年反复杂交，目前品种繁多，花姿花形花色变化较多，是应用极广的花木材料，不论中式或西式庭园，以及公园、道路旁、学校屋顶花园均适合栽植，并可用作绿篱、盆栽或盆景，在华南地区栽培的品种，主要有白花杜鹃、西洋杜鹃、皋月杜鹃和久留米杜鹃 4 大类。

5. 藤蔓类植物

通过吸盘或气生根攀缘棚架或悬垂在各种支架上的植物，在屋顶立体绿化中各种棚架、栅栏、女儿墙、绿门、假山石和垂直绿化的常用材料，可以大大提高屋顶绿化质量，丰富屋顶的景观，美化建筑立面等，多用作屋顶上的景观垂直绿化，软化建筑本身带来的僵硬感（图 7-13）。常用的有以下种类，金银花、黄馨、浓香探春、常春藤、花叶蔓常春花、葡萄、络石、紫藤、藤本月季、南蛇藤、扶芳藤、猕猴桃、凌霄、布朗忍冬、西番莲、茑萝、牵牛花、观赏瓜类等。

(1) 茑萝

【形态特征】 一年生缠绕草质藤本，全株光滑无毛，枝条蔓性生长达 6～7m。枝茎细

图 7-13　藤蔓类植物立体绿化景观

长，光滑，呈向左旋缠绕，单叶互生，深绿色，羽状深裂，基部 2 裂片。腋生聚伞花序，单株开花一至数朵，花冠高脚碟状，边缘呈 5 浅裂，形似五角星，直径约 2cm，花瓣深红色。蒴果卵圆形，有棱，种子黑褐色长圆形。花期 8～10 月，果期 8～11 月（图 7-14）。

图 7-14　茑萝

【繁殖方法】 一般采用种子繁殖，可在每年的春夏季节进行，发芽适温为 22～25℃，直根性，地栽盆栽均可，要设立支架，以供攀缘。

【栽培管理】 栽培土质以富含腐殖质、疏松的沙质壤土为宜；排水需良好，不适应过度干燥；需良好光照条件，光照不足会影响生育，开花减少；对肥料要求不高，应注意多施磷、钾肥，促进开花和使花色鲜艳；夏天是其多花季节，进入冬季后长势变差，慢慢枯萎死亡。

【景观应用】 株型蓬松，枝条轻柔，清逸脱俗，叶片纤细，羽毛状，犹如绿色祥云，聚伞花序，花瓣五角星形，深红色，花叶繁茂，玲珑秀美，翠绿的羽状叶衬托色彩鲜红的小花，给人以文静可爱之感，观赏效果极佳。攀缘性强，是很受地方欢迎的垂直绿化材料；春夏两季开花不绝，花期较长，花色娇艳，最适合布置于立交桥的桥体立柱绿化；亦可布置在阳台、窗台之上；又可适于公园、游乐园的篱墙、垣、花墙、道路的垂直绿化；还可用于花架、花窗、花门、花篱的配置或盆栽观赏。

（2）斑叶蛇葡萄

【形态特征】 枝茎呈蔓性生长，表皮红色。叶心形互生，边缘3～5深裂，并呈不规则缺刻；在绿叶表面还具有白色或浅黄色斑纹，是优良的观叶观果植物。生性强健，耐荫蔽环境，适合种植于挡土墙边坡、盆栽或小花架美化，会增色不少。

【繁殖方法】 一般采用扦插、压条法繁殖，适宜在春至夏季育苗。

【栽培管理】 栽培土质适宜选用疏松肥沃的腐殖质土，排水透气条件需良好。控制遮光30%～50%。在每年春至夏季生长旺盛期，每月施肥1次。冬季落叶后可对老化枝叶修剪整枝。喜欢在高温环境下生长，生长适宜温度为22～30℃。

二、墙体垂直绿化

一般墙体绿化材料应选择不搭支架，能靠自身的卷须、枝条、吸附器等器官吸附向上的藤本植物，墙面分为实砌墙和栅栏墙，实砌墙应选择生长有气生根的攀缘植物如，爬山虎、凌霄、络石等，在选择种植环境时要注意：凌霄喜阳、但不耐寒，应在向阳的南墙种植；络石喜阴，耐寒力较强，应种植在房屋的北墙下；爬山虎生长迅速，分枝较多，适合种于向西的墙面下，春夏季爬山虎的叶子都是绿色的，枝繁叶茂，覆盖能力强，绿荫一片非常好看，到了秋天，叶子又都变成了红色的，具有很高的观赏价值。

另外还可以选择生命力强，且茎节有气生根或吸盘生长的吸附类植物，使其在各种垂直墙面上快速生长。如爬山虎属（*Parthenocissus*）、崖爬藤属（*Tetrastigma*）、常春藤属（*Hedera*）、络石属（*Trachelospermum*）、凌霄属（*Campsis*）、榕属（*Ficus*）、球兰属（*Hoya*）及天南星科（Araceae）等的许多种类。这些植物价廉物美，不需要任何支架和牵引材料，栽培管理简单，可粗放管理，其绿化高度可达15～20m的楼房以上，且有一定观赏性，可作首选。也可选用其它花草、植物垂吊墙面，如紫藤、葡萄、藤本月季、木香、金银花、茑萝、牵牛花等，或者蔬菜类如观赏南瓜、丝瓜等。墙体绿化实例见图7-15。

图7-15 墙体绿化实例

（1）松叶菊

【形态特征】 植株高可长至10～20cm，枝茎伸长呈匍匐状，具倾卧性或攀缘性。叶三棱状簇生或对生，圆筒形，肥厚多肉。春季开花，花顶生，花冠浓桃红色，花径约6～8cm，盛开时繁花似锦，花枝招展（图7-16）。最适合在庭园石墙或屋顶女儿墙倾斜地栽培，茎枝能沿石墙缝隙攀爬；也适合盆栽，但生性喜冷凉环境，适合在华南地区栽培种植，但在高温高湿环境下越夏困难。

图 7-16 松叶菊

【繁殖方法】 较多采用扦插法繁殖，一般在春、秋季为适期。

【栽培管理】 栽培土质以富含有机质的沙土或沙质壤土为最适，排水、光照条件需良好。喜欢冷凉环境，对干旱有较强耐受性，土壤不宜高温潮湿，生长适温为 12～22℃。

(2) 紫藤

【形态特征】 大型木质落叶攀缘藤本植物，树皮呈浅灰褐色，枝干盘旋弯曲，藤蔓多向左旋转生长，奇数羽状复叶，叶互生，小叶 7～13 枚，多的有 11 枚；叶卵形至卵状披针形。先端尖，基部圆形，叶全缘，托叶线状披针形，幼叶上下两面均有白色绒毛，以后逐渐脱落，近似无毛，花分为雌雄异性，圆锥花序或总状花序，腋生或顶生，下垂长度达 15～30cm；小花多数，50～100 朵，长 2～3cm，花冠为蝶状，单瓣，蓝紫色至淡紫色，花瓣反卷，自下而上逐步开放，有香味，花期 4～5 月，10 月果熟，荚果长条形，长度为 10～20cm，外披银灰色绒毛，有光泽，内含种子 3～4 粒（图 7-17）。

图 7-17 紫藤

【识别特征】 落叶木质藤本植物；奇数羽状复叶，小叶 7～13 枚；总状花序腋生或顶生，下垂悬挂，紫色，有香味，花密集夺目，花冠蝶形。

【生物性状】 植株强健，喜光略耐阴，也耐寒耐旱，在微偏碱性土壤中也能生长良好，适宜在湿润、肥沃、避风向阳、排水良好的土壤条件中栽植，生长迅速，寿命长。

【繁殖方法】 播种、扦插、压条、嫁接、分蘖方法繁殖均可。秋季采集种子，早春时节，用温水浸种后可播种；扦插一般于春季枝条萌芽前进行；压条繁殖在生长期和休眠期均可，优良品种用嫁接方法繁殖，以原种为砧木，春季萌芽前进行。

【栽培管理】 移栽小苗可裸根不带土壤，大苗需要带泥球，定植后都要设立棚架以便其攀缘生长。养护中及时剪除徒长枝条、过密枝以及有病害枝条。冬季落叶后对苗株进行一次全面整枝修剪，剪除干枯枝，把当年生的枝条剪短 1/3～2/3 长度，使其长短不一，错落有致。

【景观应用】 春季一串串蓝色的蝶形花有序地垂挂在花架上，散发出阵阵诱人的清香，夏秋季绿叶满枝、显得清幽典雅，具有较强的观赏性，颇具诗情画意。平时花影摇曳，开花时繁花似锦，老干虬然盘旋，颇具气势。枝繁叶茂，花大色艳，有“天下第一藤”之美称，是良好的棚架攀缘植物。用以装饰柱杆和建筑，攀缘棚架、亭子和门廊，覆盖台壁和石栏，均十分合适，装点假山湖石，十分雅致清幽。可作盆景，用其制作盆景，茎干弯曲缠绕，宛若蛟龙。

(3) 观赏南瓜

【形态特征】 一年生蔓性草质藤本。枝茎有棱，老茎富含纤维，表面披半透明粗糙毛。卷须多分叉。叶与卷须对生，叶质硬、直立生长，广卵圆形，掌状浅裂至中裂，叶片边缘具不规则锯齿，叶两面粗糙，长有毛刺，具长叶柄，叶柄也有毛刺。雌雄同株，花单生叶腋，花冠黄色，表面粗糙被毛，筒状，花瓣合生，浅裂。瓠果，果肉较硬，味苦，开花后大约40天果实成熟，果实长度和直径一般在 10～12cm，颜色有白、黄、橙等色，形状分为圆、扁圆、长圆、钟形、梨形等（图 7-18）。种子多数，白色，扁椭圆形。花期在夏季，果期在秋季。

图 7-18 观赏南瓜

【识别特征】 一年生草质藤本，植株全身被粗糙毛；叶卷须，卷须多分叉；单叶互生具长叶柄，广卵圆形；花单性，黄色筒形；瓠果，形状多样。

【繁殖方法】 繁殖通常采用直播法，不采用移植。先将采摘到的或从花店零售的袋装种子用温水浸数小时后，然后播入需栽培的苗床地穴里，覆盖少量土壤，并保持湿润，通常约6 天就会发芽生根。

【栽培管理】 要求采用排水良好和疏松透气的沙质壤土，也可用富含腐殖质的田园土或塘泥，忌用含盐碱的土壤，会影响植株生长。从苗期起要给予充足的水肥管理，每天需浇水1～2 次，每 8～15 天施肥 1 次，用有机肥水或复合花肥均适宜。薄肥勤施，一次不宜使用太多，直至开花结果后才停止，一旦水肥管理跟不上会造成生长发育迟缓、植株纤弱，花小叶黄而不利于观赏。

【景观应用】 一般种植于棚架、绿廊。沿着立柱攀缘而上，果实垂吊，十分美观。果形、果色奇特，采后可供室内观赏。观赏南瓜果皮艳丽、果形奇特、果实耐藏，是优良的案头装饰材料，可以从前一年采收后摆放到第二年 3～5 月亦不失色变形，观赏效果长而佳。较适宜作为花廊及瓜棚的绿化，增加田园特色。亦可用于盆栽观赏，每当丰收时节，奇形怪状的瓜果错落有致地悬垂于棚架时，十分优雅，极具吸引力。近年来不少旅游农家乐农庄纷纷予以栽培，成为庭院阴棚上的主角，让游客既可得到浓荫的舒适环境，又能欣赏到形态各异的瓜果。其瓜果在藤茎枯萎后还可摘下作果盘装饰或小礼品零售。

（4）斑叶粉花凌霄

【形态特征】 属于粉花凌霄的栽培变种，植株高可长至 30～60cm，枝条呈半蔓性生长。奇数羽状复叶，小叶革质长椭圆形，叶面有乳白色斑纹。开花期在春末至秋季，花冠钟状铃形，顶端 5 裂，花瓣淡粉红色，喉部赤红色。花叶俱美，极具观赏性，但蔓性不强，仅适用于墙体庭园绿化或成簇美化盆栽（图 7-19）。

图 7-19　斑叶粉花凌霄

【繁殖方法】 一般采用扦插法繁殖，适宜在春、秋季育苗。

【栽培管理】 栽培土质以肥沃富含有机质的沙质壤土为佳。排水、光照条件需良好。一般在春夏季生长旺盛期，每月施肥 1 次。注意在梅雨季节土壤的排水，不宜长期潮湿。冬季修剪枯枝老叶，整理枝条，并处于温暖避风环境。喜欢在高温环境下生长，生长适温为 18～28℃。

（5）小叶葡萄

【形态特征】 属于我国台湾地区特产的植物，广泛分布于全岛平地和山麓地区。枝茎红褐色，着生弯曲卷须。叶掌状 3～5 浅裂，边缘具粗锯齿状裂片，叶形优美。开花期在春季，聚伞花序，花色为褐色。全株具有较高药用价值，具祛风、明目、补血、解毒之效。耐干旱、耐荫蔽、抗贫瘠环境，适合种植于低矮绿篱美化、小花架、盆栽观叶等（图 7-20）。

【繁殖方法】 一般多采用播种、扦插方法繁殖，在每年冬季落叶后、春季新枝萌发前剪取健壮枝条扦插最佳。

【栽培管理】 栽培土质适宜选用富含有机质的沙质壤土，全日照、半日照光照条件都可正常生长。一般在春、夏季生长旺盛期施肥 2～3 次，早春时节适宜修剪整枝。喜欢在高温环境下生长，生长适宜温度在 18～28℃。

图 7-20 小叶葡萄

(6) 忍冬

【分布特征】 忍冬花朵初开时呈银白色，逐渐转为金黄色，因此又名“金银花”。叶对生，卵状长椭圆形，全缘。花期在夏至秋季，花成对腋生，花冠唇形，顶部5浅裂，散发香气；浆果黑色球形。枝条蔓延力强，适合作绿化花廊、蔓篱、阴棚等，花、茎叶可入药（图7-21）。

图 7-21 忍冬

【识别特征】 半常绿蔓性藤本；叶对生，卵形或长椭圆形；花冠唇形。

【繁殖方法】 可用播种、扦插或压条方法繁殖，一般在春季进行，其中通过枝插、根插方法成活率极高。

【栽培管理】 生性强健，对土质要求不严，但以腐殖质壤土最佳，全日照、半日照条件均理想。每年在早春时节修剪整枝1次。在春、秋季各施肥1次。喜欢在温暖至高温环境下生长，生育适温在16～28℃。

(7) 铁线莲

【形态特征】 草质稍木质攀缘藤本，茎表皮棕色或紫红色，长2～4m，具6条纵纹，茎节部膨大，2回3出复叶，对生，小叶狭长卵形至披针形，全缘、叶脉不明显。花单生于叶腋，具长花梗，中下部有一对叶状苞，花冠展开，直径约5cm，有些园艺品种可达8cm；白色萼片4～8片，花瓣状，倒卵圆形至匙形；雄蕊多数，花丝宽线形，紫红色；雌蕊多数，结实较少，花期在夏秋两季（图7-22）。

图7-22 铁线莲

【识别特征】 草质至木质藤本；羽状复叶对生；萼片有4片，有些品种6～8片，花瓣缺；雄蕊与心皮多数；瘦果，具宿存羽毛状花柱。

【生物性状】 喜欢在凉爽环境下生长，生长适温在22～30℃，一般可耐零下－20℃低温，某些种可耐－30℃的低温。喜光照，可耐阴，喜肥沃、排水良好的土壤条件，不宜积水或夏季极干而不能持水的土壤。

【繁殖方法】 主要用扦插、压条和播种方法繁殖。扦插，一般在6～7月选取半成熟粗壮枝条10～15cm长，插于沙床，插后15～20天生根。压条，早春取上年成熟枝条，稍刻伤，埋土深度3～5cm，保持湿润。播种，秋季采种，冬季沙藏处理，第二年春季可播种，播后3～4周发芽。

【栽培管理】 适宜在春季栽植，施足基肥，排水条件要好。枝条较脆，易折断，定植后应设支架诱引攀缘，注意修剪老枝枯枝。重点预防粉霉病和病毒病，虫害有红蜘蛛、刺蛾，注意防治。

【景观应用】 花形高洁而美丽，花色丰富，常见的有玫瑰红、粉红、紫色和白色等，夏季时节开放，绚丽多彩的花朵总能吸引人的目光，清纯白色，端庄紫色，奔放玫瑰红，羞涩粉色，因此历来有花神之称。可栽植用于道路绿化和河道护坡绿化，攀缘墙篱、凉亭、花架、花柱、拱门等园林小品，盆栽用来装饰阳台、窗台，能显示一派繁花似锦和高贵的景象，可作切花和地被。

(8) 常春藤

【形态特征】 常春藤属植物，变种和栽培种有数十种，并不断产生新品种。常春藤枝茎呈蔓性攀缘生长，从茎节处会长出长气生根。叶掌状，有浅裂或深裂，边缘起伏呈波状，叶片表面分为全绿或带斑纹，色彩丰富（图7-23）。此类植物叶片形状与枫树类似，形态飘逸优雅，耐荫蔽环境，属于观叶上品植物，适合种植在立交桥较荫蔽的环境，也可作吊盆栽培或木柱的攀缘绿化，在美国、日本等地常作地被或绿篱使用。喜欢在冷凉环境下生长，适宜在华南地区秋至春季生长，因为夏季气温高，需要预防生理病害。

【繁殖方法】 一般采用扦插或压条方法繁殖，适宜在春、秋季进行育苗。剪取带顶芽的

图 7-23 常春藤

健壮枝条，每段长约 3～4 节，可扦插于河沙或腐殖质壤土的苗床上，保持适当湿度，控制光照强度约为 50%～70%，经过 1 个月左右便能生根发芽成苗。另外还可将茎蔓适度刻伤，压埋于培养土中，促使生根，待根须生长旺盛后，再剪断分离即可独立栽植新株。

【栽培管理】 对土壤要求不严，栽培土壤适宜选用富含腐殖质的壤土，也可调制混合栽培土，用 30%的泥炭苔、30%的细蛇木屑、40%的河沙混合调制，有利于生育。适宜在荫蔽环境下栽培，控制光照强度为 50%～70%，不宜在烈日下直射。在每年秋至春季每月施肥 1 次，可使用有机肥料或氮、磷、钾肥，适当增加施放氮肥，可促进叶色更加美观。夏季植株呈休眠状态，为顺利越夏，应保持环境通风凉爽，中秋以后天气转凉，应加以修剪枯枝败叶，换土追肥；若植株已老化，应施行强剪或重新扦插更新繁殖。喜欢在冷凉环境下生长，不宜高温多湿，生育适宜温度约在 16～22℃。

(9) 黄花硬骨凌霄

【形态特征】 属于硬骨凌霄的变种，植株高可长至 1～2m，如盆栽种植，株高可至 30cm，奇数羽状复叶，小叶阔卵形，边缘呈粗锯齿状，顶端渐尖。开花期在夏至秋季，黄色总状花序，顶生，花冠长筒状，顶端 5 裂。四季常绿，花枝招展，是适合于挡土墙绿化美化的优良具观赏性植物（图 7-24）。

图 7-24 黄花硬骨凌霄

【繁殖方法】 一般采用扦插法繁殖，适宜在春、秋季进行育苗。

【栽培管理】 对土质要求不严。栽培土质适宜选用肥沃透气的沙质壤土。排水、光照条件需良好，通常在春、夏季每隔1～2个月追肥1次。一般在每年早春或花后对植株进行修剪整枝，对老化植株进行强剪，喜欢在高温环境下生长，生长适宜温度为24～32℃。

三、阳台、窗台、露台绿化

选择阳台植物时需要考虑阳台的不同朝向，因为不同朝向的阳台，植物生长环境也不同，其与影响植物生长的光照、温度、湿度等条件直接相关。向东面的阳台早晨有光照，适合布置耐半阴环境的植物，例如兰花、杜鹃、红掌、白鹤芋、苏铁、万年青等；向南面的阳台光照充足，适合布置耐光照的植物，例如马齿牡丹、仙人掌、变叶木、扶桑石榴等；向西面的阳台一般下午光照较强，且光照量高于向东的阳台，适合种植曼陀罗花、草莓、仙人掌、月季、芍药、牡丹等喜阳植物以及一些像文竹、合果芋、万年青、旱伞草等喜半阳的植物；向北面的阳台因为无阳光直射，光照量较少，适合种植耐阴植物，例如铁线蕨、鹿角蕨、绿萝、一叶兰、玉簪等耐阴植物。

另外，还可以根据阳台主人自身需求和条件选择植物。如果阳台主人属于过敏体质的，就不适宜种植一些花粉量过多的植物，而应该多考虑观叶类植物。如果主人平时工作比较忙，没有过多的时间和精力来管理阳台上的植物，则可选择仙人掌类和芦荟类的植物，管理可适当粗放，因为这类植物对环境要求不是很严格。而相反，对于平时时间充足和精力旺盛的人来说，则可选择的植物种类较多。在植物的选择上还要充分尊重家庭成员的喜好，并且要避开对人体有害的植物品种，例加夹竹桃、丁香等。

阳台、窗台、露台绿化实例见图7-25。

图7-25　阳台、窗台、露台绿化实例

（1）白鹤芋

【形态特征】 植株高可长至30～50cm，丛生状生长，茎枝短。叶片披针形，边缘波状。开花期在春至夏季，花期时长出直立花茎，花色乳黄，肉穗花序，外面披纯白色椭圆形的佛焰苞片，薄质蜡状。这类植物的耐阴性极强，喜欢潮湿环境，花形素雅，叶片四季常绿，也是高级盆栽观赏植物。开花期在春至夏季，且开花持久，每朵花均可维持数周不凋，是广泛应用的插花高级花材，适合盆栽、切花或庭园荫蔽地种植美化（图7-26）。

【繁殖方法】 一般采用分株法繁殖，全年均可进行，但以夏、秋季开花期过后进行繁殖为佳。分株繁殖时将盆栽植株翻转倒出，轻轻用手剥去粘在根上的泥土后，再用刀把成株剪切分开，幼株应保留多带根须。分株后适宜立刻定植，若根须太长应加以适当剪短，保留约

图 7-26 白鹤芋

5～7cm 长度即可。若采用盆栽方法，选用 5 寸（1 寸≈3.33 厘米）盆植 1 株，7 寸盆植 2～3 株。

【栽培管理】 栽培土质以富含有机质、排水透气良好的沙质壤土或腐殖质壤土为佳。光照量保持在 50%～70%，不宜遭到强日光直射，所以应选择在荫蔽处栽培。定植时先预先埋放豆饼、油粕等有机肥料作基肥，追肥每隔 1～2 个月施放 1 次，也可以使用其它各种有机肥料或氮、磷、钾肥。注意平时培养土需保持湿润，空气湿度愈高，生育愈旺盛。但是如果日子久了，盆栽植株会出现过度拥挤现象，此时应加以分株换土。喜欢高温多湿环境，生育适温在 20～30℃，在冬季低于 10℃时，为预防寒害，应避免在傍晚时浇水，并尽量移至温暖处保温。

（2）马齿牡丹

【形态特征】 植株高可长至 10～15cm，枝茎匍匐生长，茎、叶呈肉质状。叶长椭圆形互生，全缘。花期极长，一般在春末至初冬时节开花，花着生于枝顶，每条枝茎着生花蕾数枚，但每日仅开花 1 朵，而且上午开花，午后马上凋谢。花瓣单瓣，花色较丰富，有红、橙红、桃红、黄、白等色，盛开时繁花一片，适合种植于阳台盆栽或花坛、吊盆栽植。生性强健，生长迅速，广泛应用于盆栽或花坛（图 7-27）。

图 7-27 马齿牡丹

【繁殖方法】 一般采用扦插方法繁殖，适宜在春、夏、秋三季扦插育苗，盆栽或花坛栽培都可。采用插枝繁殖方法，选取健壮枝条每段长 8～12cm，斜插于苗床，保持湿度，约经十余日即能发根。盆栽若选用 6 寸盆，则每盆可插 3～5 支枝条，用于花坛扦插的枝段长 10～15cm。若在夏季扦插，土壤不可太潮湿，否则会导致根部腐烂。

【栽培管理】 栽培土质宜选用疏松肥沃富含有机质的沙质壤土，排水条件需良好，排水不良易导致茎枝腐烂。光照条件要充足，如果栽植在荫蔽处，会导致影响开花或开花不良。施肥可按生长情况而定，如果是生长旺盛的，不必施肥，若生育状况不佳，可适当施用有机肥料或氮、磷、钾肥，每隔 20～30 天追肥 1 次。应注意剪除老株枯枝，并加以培土、施肥。促使萌发新枝，或再插新枝重新栽培。喜欢高温耐旱环境，生育适宜温度在 22～30℃，如果在夏季或梅雨季节，应注意土壤的排水，防止潮湿过度导致根部腐烂，在冬季则需要置于温暖避风处越冬，减少浇水。

(3) 草莓

【形态特征】 植株高可长至 12～15cm。枝条匍匐状生长，3 出小叶卵状椭圆形。开花期在冬到春季，小花白色，可爱怡人。果实成熟后转变为鲜红色，近似卵形，微酸带甜，可食用。适合露地栽植或盆栽，可供观赏和食用（图 7-28）。目前的栽培品种主要有春香、马歇尔等。

图 7-28　草莓

【繁殖方法】 一般采用播种或分株方法繁殖，另外还可以采用组织培养进行大量繁殖。播种适宜季节在春、秋、冬三季，种子发芽适宜温度在 22～25℃，将种子撒播于湿润的细蛇木屑或腐殖质沙质苗床上，约经 15～20 天便能发芽，待长出叶 4～5 枚后再移植。还可以用分株法繁殖，是简易安全的育苗法，且全年均可进行，但通常以秋季最佳；成株能丛生或从匍匐茎分生长出新幼苗，掘起幼苗另植即可。盆栽 6～7 寸盆植 1 株。

【栽培管理】 栽培土质以排水良好、富含有机质的壤土最佳，还可用沙质壤土，定植前需施放基肥，可用混合有机肥料作基肥。栽培环境日照条件需良好，如果在荫蔽环境中生长易导致枝茎徒长，生育不良，开花结果减少。生长旺盛期到结果期间，每月少量追肥 1 次，采用氮、磷、钾肥即可；若枝叶已生长旺盛，则可减少施放氮肥，而增加磷、钾肥的比例，可达到促进开花结果的效果，必要时适当摘叶，以利通风，减少虫害。开花结果后，果实若接触土面，极易腐烂，果实下方可使用塑胶垫底，以保持株型美观。喜欢在温暖环境下生长，生长环境不宜高温多湿，生育适宜温度在 16～26℃，夏季生长较慢属于正常现象。老株在每年秋季最好重新调制培养土，待来年会长势更好。

(4) 紫花曼陀罗

【形态特征】 植株可生长至高 30～90cm，叶片长椭圆状披针形，边缘全缘或者具疏锯齿（图 7-29）。开花结果期可达全年，一般以春、夏季花朵为盛。蒴果圆球形，表皮带刺状突起，自然成熟后果皮会裂开，因其造型优雅，结果枝条可做高级花材，由于其茎枝表皮黑

图 7-29 紫花曼陀罗

紫色，颜色奇特，高贵神秘，广受欢迎。对环境有极强适应性，可粗放管理，自我繁殖能力强。种子落地，一段时间后就可以长成幼苗，形成新的植株。适合种植于露台、庭园的立体绿化美化。盆栽种植或剪切果材，由于体形较大，盆栽种植宜选用直径 33cm 以上大盆，以利于正常生长。

【繁殖方法】 一般采用播种法繁殖，适宜在春、夏、秋三季播种育苗，发芽适宜温度在 22～25℃。种子播于苗床后，需覆盖一层表土，保持适当土壤湿度，经 8～12 天便可发芽，长出幼苗，待幼苗长高约 15cm 再进行移植。还可以直接在需要栽培的地方播种，不用再移植。

【栽培管理】 对栽培土质要求不严，在普通园土或沙质壤土均能正常成长，但要保证肥料充足，以富含有机质的沙质壤土环境生长最佳，在土中可掺入腐熟堆肥，会促使其生长自然旺盛。排水透气条件需良好，全日照、半日照的光照条件均理想，对稍荫蔽的环境也有一定的耐受性。幼苗定植成活后，若出现分枝少的现象，可对其进行摘心并追肥 1 次，促使分枝萌发，花朵的开放；生长期长，开花持久，保持每隔 40～50 天施用氮、磷、钾或有机肥料 1 次，能使花果持续不断。在每年冬末时节进行强剪整枝 1 次，剪除枯枝老枝，冬季可将其放入室内，并尽量保持温暖环境，这样第二年春天就能再度鲜花竞放。喜欢在高温环境下生长，生长适宜温度在 20～30℃。适宜干旱，不耐潮湿环境，梅雨季节应注意排水。

（5）杂交玫瑰

【形态特征】 蔷薇科常绿灌木。杂交玫瑰栽培历史悠久，品种繁多。玫瑰原产亚洲东部地区，在我国华北、西北和西南，日本、朝鲜等地均有分布，在其它许多国家和地区也被广泛种植。泛指蔷薇属植物中，玫瑰与蔷薇的杂交改良种。其植株高度依品种而异，高十几厘米至两米。有的呈蔓性生长，枝有刺，叶互生，奇数羽状复叶，小叶长卵形，先端尖，锯齿缘。全年均能开花，但以春季最盛，单一顶生或单顶丛生，花色变化丰富，花姿美艳、高贵，并富香气，堪称“花中皇后”，广受人们喜爱（图 7-30）。为庭园高级观花植物，亦适于盆栽或切花栽培，其花语象征爱情，为世界“四大切花”之一，目前世界约有 1 万多种，并在不断增加，按其花型、株型可分为四大系统。

① 大轮花系统：株高 80～120cm 以上，花径 9cm 以上，主要用途为切花。

② 中轮多花系统：株高 60～120cm，花径 5～9cm，每一开花枝可开 3～8 朵，甚至数十朵；长势强，花色种类多，终年开花不断，主要用于庭园布置、花坛、花台或大型盆栽，有部分品种也被用作切花。

③ 小轮花系统：植株矮小，高约 30～60cm，迷你种更矮，高仅为 12～30cm；花径 3cm 左右，每一开花枝可开三至数十朵小花，适合盆栽。

图 7-30 杂交玫瑰

④ 蔓性系统：枝条柔软成蔓性，主要用于花架、篱墙等庭园布置。

【繁殖方法】 可用扦插、高压和嫁接法，除夏季酷热期外，全年均能育苗。扦插法仅限于小轮花品种及少部分中轮、大轮品种，春、秋季剪刚谢花的健壮枝条作插穗，再用发根剂处理，插于河沙或珍珠岩中，约经 2～3 周能发根。高压法适用于大多数品种，唯红色品系在低温期不易发根，黄色品系在高温期不易发根。

【栽培管理】 玫瑰性喜温暖的环境，忌高温高湿，生长适温 15～25℃。春、秋季是栽植最佳时期，盆栽尽量使用 26cm 以上大盆，盆土多有利根部伸展。栽培土质以疏松肥沃而富含有机质的壤土最佳，若使用沙质土壤宜混合腐叶、泥炭苔等，以增加肥力及保持水分，排水需良好。日照、通风需良好，荫蔽则开花不良或不易开花，通风不良易生病虫害。

玫瑰喜肥、重修剪，秋至春季为生长旺盛期，约每月追肥 1 次，各种有机肥料或无机复合肥均理想，尤其豆饼、干鸡粪、草木灰是上等基肥，每年至少施用 1 次，肥效极佳。幼株定植成活后，略加修剪以促使多分枝，健壮的枝条均能开花，花谢后必须连同枝条剪去20～40cm，才能加速萌发新枝再开花。玫瑰老枝不会开花，每年秋季将老化的主枝剪除，促使新芽长出，更新主枝成为开花枝。常见的虫害可用扑灭松、万灵、马拉松等防治；病害如白粉病、黑点病、锈病可用大生 45、万力、亿力等防治。

(6) 夜丁香类

茄科常绿灌木。夜丁香类原产热带地区，叶互生，披针形或长椭圆形。穗状花序腋生，筒状花冠，白昼或夜间开花，花期持久，具香气；生性强健，耐热耐旱，适合作庭植或盆栽。

① 夜丁香

【形态特征】 株高约 1～3m，枝条伸长呈半蔓性。叶互生，阔披针形或长椭圆形；穗

图 7-31 夜丁香

状花序腋出，花多数，具下垂状，淡乳白色或绿白色。白昼花蕾闭合无香气，夜晚绽开，香气浓郁，尤其当夜幕降临之际，徐徐微风飘香，令人闻之振奋。花期极长，春末至夏、秋季均能见花；果实球形，白色，玲珑可爱。适合庭园围篱边栽植或盆栽；茎叶有毒，不可误食(图 7-31)。

② 大夜丁香

【形态特征】 株高 1～2m，具直立性。叶互生，卵状披针形。花序腋出，花冠长筒状，具直立性，花色淡黄或鲜黄色，昼夜都能开花，香味淡，花期在春末至夏季。适合作庭植或盆栽。

③ 白夜丁香

【形态特征】 株高 1～2m，具直立性。叶互生，卵状椭圆形。夏、秋季开花，花腋出，花冠长筒状，白色，昼夜均开花，优雅清香（图 7-32）。

图 7-32 白夜丁香

④ 金夜丁香

【形态特征】 株高 1～2m，枝条伸长具半蔓性；叶互生，披针形；夏至秋季开花，腋出，花冠筒状金黄色，昼夜均能开花，甚为悦目，具特殊香味。

【繁殖方法】 可用扦插法，春、夏、秋三季均能育苗，但以春季为最佳，成活率高。

【栽培管理】 栽培土质选择不严，但以肥沃的壤土或沙质壤土最佳。全日照、半日照均能生长，但日照充足则生长开花均较旺盛，幼株生长期间土壤宜常保持湿润。

施肥可用各种有机肥料或氮、磷、钾肥，1 年分 3～4 次施用，春季施肥提高磷、钾比例，能促进多开花；尤其年中施用 1～2 次干鸡粪或油粕，肥效极佳，能使之生机蓬勃。

每年冬季或早春应整枝修剪 1 次，春暖后能萌发多数新枝，开花更旺；若植株已趋老化，则需施行重剪或强剪。夜丁香及金夜丁香枝条较柔软，植株过高需立支柱或依靠篱墙，以避免倒伏。盆栽以大盆为佳，盆土多有助生长。性喜高温高湿，生长适温约 23～30℃，冬季宜温暖避风越冬。

(7) 白花醉鱼草

【形态特征】 醉鱼草科落叶灌木。白花醉鱼草在我国分布于华东至西南地区，生于河岸沙石地和向阳山坡。株高 1～3m，叶对生，披针形，灰绿色，叶背具白色绒毛。春至夏季开花，穗状花序，白色，蒴果二瓣裂，熟果褐色。耐旱耐瘠薄，适于庭植美化、保持水土，全株均可药用，主治祛风、跌打损伤、皮肤病（图 7-33）。

【繁殖方法】 可用播种法，春季为适期。

【栽培管理】 对栽培土质要求不严，砂砾土至壤土均能生长。日照、排水需良好。春至秋季约每季施肥 1 次。每年春季应整枝修剪，老化的植株施以强剪，促使萌发新枝叶更美

图 7-33　白花醉鱼草

观。性喜温暖至高温，生长适温约 20～32℃。

（8）风铃草

【形态特征】 桔梗科一年生草花。风铃草株高 60～90cm，全株密被细毛，茎有棱。叶互生，披针形或倒披针状匙形，边缘具细锯齿。花顶生，花冠钟形，上举，花有紫蓝、桃红、白等色，花姿柔美。花期在春、夏季，适合花坛美化或切花，为高级花材（图 7-34）。

图 7-34　风铃草

【繁殖方法】 用播种法。秋至冬季均可播种，但以秋季为佳。种子发芽适温为 15～20℃。

【栽培管理】 栽培土质以沙质壤土最佳，排水、光照需良好。每月追肥 1 次，有机肥或无机复合肥均佳。切花栽培需立支柱或架设尼龙网，固定植株以防止倒伏。性喜冷凉至温暖，生长适温为 10～25℃。

（9）杂交香堇

【形态特征】 堇菜科一年生草本。杂交香堇外形酷似迷你三色堇，株高 10～20cm。叶卵形，边缘呈齿状。春至初夏开花。顶生或腋出 5 瓣。花径约 3cm，花瓣有黄、白、紫等色镶嵌。花姿优雅绮丽，如群蝶飞舞，人见人爱，适合花坛美化或盆栽（图 7-35）。

【繁殖方法】 用播种法。种子不喜光。秋至初冬为播种适期。种子发芽适温为 18～24℃。

【栽培管理】 栽培土质以疏松肥沃的壤土最佳。排水、光照需良好。荫蔽则生长不良。追肥每 20～30 天施用 1 次，有机肥或无机复合肥均佳。性喜冷凉或温暖，忌高温高湿又通风不良，生长适温为 8～20℃。

图 7-35　杂交香堇

（10）重瓣金鸡菊

【形态特征】 菊科宿根草本。重瓣金鸡菊株高 25～45cm，丛生状。三出复叶，小叶倒披针形至长椭圆形。春季开花，花顶生，重瓣花冠金黄色，极为耀目（图 7-36）。适合花坛美化或盆栽。

图 7-36　重瓣金鸡菊

【繁殖方法】 可用播种、分株法。秋季、冬季、早春为适期。种子喜光，发芽适温为 18～25℃。

【栽培管理】 栽培土质以疏松肥沃的沙质壤土最佳。排水、光照需良好，光照不足易开花不良，追肥每月 1 次。夏季力求通风，保持凉爽，才能顺利越夏。性喜冷凉至温暖，生长适温为 10～25℃。

（11）蒲公英

【形态特征】 菊科宿根草本。药用蒲公英在我国分布于北方、新疆，生于低山草原、森林草甸或田间、路旁。株高约 10～20cm。具短茎，主根粗大。叶丛生，倒卵状披针形，羽状深裂，裂片三角形或不规则缺裂。春至夏季开花，头状花序，花黄色，花瓣重叠向外反卷。瘦果具白色冠毛，聚成圆形，甚可爱，成熟时随风飘散（图 7-37）。适于花坛美化或盆栽。

图 7-37　蒲公英

【繁殖方法】 春季播种，发芽适温为 15～25℃。

【栽培管理】 栽培土质以沙质壤土最佳。排水、光照需良好。生性健壮、耐旱、耐贫瘠，生长期少量施肥即可。性喜温暖，耐高温，生长适温为 15～28℃。

(12) 黄花射干

【形态特征】 鸢尾科宿根草本。黄花射干株高 40～70cm，具短茎。叶互生排列，剑形，扁平如扇。夏至秋季开花，花茎细长，花冠黄色，6 瓣，花姿轻盈美观（图 7-38)。生性强健，适合庭园美化或大型盆栽；花、叶均是高级花材。

图 7-38　黄花射干

【繁殖方法】 用分株、扦插法。春、秋季为适期。

【栽培管理】 栽培土质以疏松肥沃的壤土或沙质壤土最佳。排水、光照需良好，半光照亦能生长。施肥每 1～2 个月 1 次。栽植数年后植株丛生拥挤或老化，应进行分株或更新栽培。性喜温暖至高温，生长适温为 15～28℃。

(13) 宿根福禄考

【形态特征】 花葱科宿根草本。宿根福禄考株高 50～80cm，叶对生，长卵形至卵状披针形，先端急尖，全缘。夏至秋季开花，花序顶生，花冠桃红至紫红色，小花密聚成团，娇艳出色，颇受喜爱（图 7-39)。性喜冷凉，较适合高冷地栽培，适于庭植美化或大型盆栽，平地高温生长不良。

【繁殖方法】 用播种、扦插法，春、秋季为适期。

【栽培管理】 栽培土质以肥沃的沙质壤土或腐叶土为佳，排水、光照需良好。生长期间

图 7-39　宿根福禄考

每月追肥 1 次。花后应修剪整枝。生长适温为 12～22℃，忌高温高湿，尤其夏季要避免酷热或长期潮湿。

（14）迷迭香

【形态特征】 唇形科宿根草本亚灌木。迷迭香株高 1～2m，茎近似方形。叶对生，线状针形，先端锐尖，全缘，肥厚多汁，具强烈辛香味（图 7-40）。夏季开花，花腋生，花冠紫色或蓝紫色。花、叶可提炼芳香精油、制香料、药用，适合庭植或盆栽，性喜温暖。

图 7-40　迷迭香

【繁殖方法】 用播种、扦插法，春、秋季为适期。

【栽培管理】 栽培土质以肥沃的腐殖土或沙质壤土为佳。排水、光照需良好。秋末至春季施肥每月 1 次。盆栽每 2～3 年换土 1 次，植株老化应强剪。性喜温暖，忌高温高湿，生长适温为 15～25℃。

四、门厅、室内绿化

门厅的绿化要与周围的环境相协调，例如古朴的大门，可以选择紫藤和攀缘蔷薇等植物，衬托环境深幽的意境。而如果是现代造型的大门，就应该选用一些容易修剪整齐的植物材料。由于在大门位置可绿化的面积有限，不利于植物生长的条件较多，应选用一些耐干旱瘠薄的植物。还应该根据大门不同的朝向选择合适的植物，如果是在为朝向南面的门绿化，可以选择一些喜阳喜光照的植物，加上灌木草本植物；如果是在为朝向北面的门绿化，由于这种环境比较阴凉，就要选择耐阴的藤本类植物。

要根据室内的装修风格配置植物，才能达到适当合理栽植的目的。每种植物都有自己的特性，具体体现在其叶片、花朵、果实、生长习性等，不同植物也有各自的气质和象征意义。首先，植物的大小尺寸应和室内空间尺度形成良好的比例关系，在体积大的空间，如中庭空间，一般摆放比较气派的家具，这时就应搭配株型高大健壮的植物，以烘托其空间的宽大气派，如果搭配不适，植物尺度过小，不仅不能烘托气氛，还会使空间产生局促感。

另外，很多植物都有自己的气质和象征意义，如蕨类植物会让人感觉轻盈、娇小，其羽状叶片小巧怡人；竹子给人的感觉清高而又坚忍不拔；兰花的文质彬彬，清雅脱俗；牡丹的高贵，大气等等。因此在植物的选择上可以根据主人的性格和室内的装修风格来进行。如果是给书房作装饰，适宜选用枝形纤细的文竹配合刚劲有力的松树盆景等植物造景，则更能增加书房的书香气息，使气氛更加清幽素雅。

还可以根据房间的朝向和光照条件选择配置植物。要选择那些枝形优美，装饰性强，季节性不太明显，容易在室内成活的耐阴性观叶植物。室内绿化都有较强的装饰性，以衬托室内空间的气氛，但不同种类的植物，观赏价值也会有不同。适宜作观花植物的如扶桑、月季、海棠、一品红等；适宜作观叶植物的如文竹、万年青、芭蕉等；适宜作观果植物的如金橘、石榴、朝天椒、金枣等；适宜作品香植物的如珠兰、米兰、夜来香、茉莉等。

总而言之，要根据室内空间创造的环境氛围来选择绿化植物。室内环境气氛会因室内空间功能的不同而不同，如在大型的商业空间要求塑造华丽的气派，办公空间要求宁静素雅，而住宅空间则要求温馨怡人，在选用植物时，要根据不同植物的形态、色彩、造型等表现出的不同格调和气氛进行选择，使植物的陈设衬托出室内要求的环境气氛。

门厅、室内绿化实例见图 7-41。

图 7-41　门厅、室内绿化实例

(1) 大红竹节秋海棠

【形态特征】 植株高可长至 15～60cm，枝茎节短，叶长椭圆形互生。叶片边缘长有波状细锯齿。叶片表面呈铜绿色，叶片底面红褐色。红色花腋出，鲜红诱人，花姿高雅，广泛应用。花期持久，开花期可达全年，一般以秋、冬、春三季花开较盛，红花绿叶，极具观赏价值（图 7-42）。对环境的适应性强，对荫蔽环境有较强的耐受性，适宜室内或日照不足之处栽培，并可用于花坛美化、盆栽或吊盆等的种植。

【繁殖方法】 一般采用扦插法繁殖，适宜在春、秋两季进行扦插育苗。选取生长健壮，并带有 1～2 个顶芽的壮实枝条，每段长 5～7 个茎节，剪除底部的叶片，并将上部的叶片剪去一半，扦插于粗沙或珍珠岩土质的苗床，保持湿度，适宜保持日照量 50%～70%，经过 20 天左右便能重新长出新根，待其长出一定量的根须后再进行移植。如采用盆栽种植，可

图 7-42　大红竹节秋海棠

直接在盆内将枝条扦插，长出根后给予追肥。

【栽培管理】 选用土质以肥沃，富含有机质的壤土或沙质壤土为佳，排水、透气能力良好，保持适宜日照量 50%～70%，在过分阴暗的环境下生长，会导致落叶或开花不良现象，在冬至早春时节可接受柔和阳光直射。定植前应先预埋有机肥料作基肥，每隔 1～2 个月追肥 1 次，使用各种有机肥或氮、磷、钾肥均可。大红竹节秋海棠喜欢在温暖环境生长，不适应高温多湿条件，生长适宜温度在 16～25℃，注意在梅雨季节给土壤排水，否则长期的潮湿，会造成叶、根腐烂。每年在夏季气温高于 32℃时，植株进入半休眠状态，此时适宜对植株枯老枝条进行强剪，并保持阴凉通风，才能使其顺利越夏，而进入秋季后，因为气温降低，植株进入生育旺盛期，应对其适当追肥，促进花朵开放。一般植株约经过 3～4 年将会老化，最好更新栽培。

(2) 圣诞秋海棠

【形态特征】 植株高可长至 10～20cm，茎枝质地嫩脆，叶形呈不规则心形或肾形，叶片边缘有皱状齿。开花期在冬至春季，一般在圣诞节前后开放最旺盛，因此将其命名为圣诞秋海棠。桃红色花顶生或腋生，花色夺目鲜艳，盛开时节花多叶少，花朵密集簇状生长，使原本就不多的叶片被掩盖住了，红花绿叶，清新典雅，广受欢迎（图 7-43）。花期持久，对荫蔽环境耐受性强，属于秋海棠类中上品，适合在室内盆栽或吊盆栽种植。喜欢冷凉至温暖的环境，最适宜在中海拔冷凉山区栽培，也可在平地高温多湿环境下生长，但越夏较困难。

图 7-43　圣诞秋海棠

【繁殖方法】 一般采用播种或扦插法繁殖，适宜在春、秋两季进行育苗，而其中扦插的方法生长速度最快。选取健壮带芽的顶枝，剪去一半叶片，插入到蛭石、珍珠岩、河沙等调制的苗床中，保持适当的湿润环境，经 20 余天就能发根，注意要等根须生长量达到一定的程度后再移植到盆栽种植。播种适期在秋至早春时节，种子喜欢阳光照射，发芽适宜温度在

16～22℃。

【栽培管理】比较优等的培养土壤需要经过混合处理，主要采用30%的泥炭土、30%的细蛇木屑、10%的珍珠岩、30%的河沙进行调制，并预埋少量基肥，排水、透气条件须良好，否则会导致根部腐烂。适宜选择荫蔽环境进行栽培，保持光照量在60%～80%，不宜处于日光直射环境下栽培。成长旺盛期间需每月追肥1次，较多使用氮、磷、钾等的速效肥料或腐熟豆饼水、油粕等有机肥料。喜欢在温暖环境中生长，不宜高温多湿，生长适宜温度在16～26℃。如果是在平地栽培，不宜露天长时间淋雨，会造成土壤积水，影响正常生长。当夏季气温在28℃以上时，要采取措施降温，保持种植环境阴凉通风，否则茎枝易腐烂。

(3) 红点草

【形态特征】属于枪刀药属植物，原产地是马达加斯加。植株高可长至60cm，盆栽种植高可长至10～15cm。枝条呈半蔓性生长，在茎节处容易长出侧根。叶长卵形对生，从叶腋处易长出短侧枝，叶面翠绿，表面布满粉红色、白色相间的斑点，观赏性较强（图7-44）。一般开花期在春季，淡紫花色，隐藏在叶片中并不显眼，通常以观叶为主，适合种植于庭园绿篱美化或作为小盆栽供室内观赏。

图7-44　红点草

【繁殖方法】一般常采用播种或扦插法繁殖。在华南地区常采用扦插方法育苗，成活率较高，育苗期可达全年，一般适宜在春、秋两季为佳，根须生长适宜温度在22～26℃。选取带顶芽的枝条，每段长约2～3节，扦插于以河沙、珍珠岩与细蛇木屑调制的苗床上，注意保持阴凉环境和适当的湿度，经过3～4周就能长出新根。也可将新枝直接插入培养土中，使其自然生长，适宜采用5寸（1寸＝3.33cm）盆可插3～5枝。

【栽培管理】栽培土质适宜选用排水透气良好的腐殖质壤土或沙质壤土，也可以调配混合栽培土，50%的细蛇木屑，20%的蛭石，30%的壤土均理想，并预埋基肥。追肥宜选用有机肥料：油粕、氮、磷、钾肥等，每月施用1次。栽培环境控制光照量为50%～70%最佳，不宜放在强烈日光下。但若处于光照过分阴暗的环境，易导致枝条徒长，叶色逐渐变绿，斑点退去，失去观赏价值。植株老化时应施以强剪，剪除枯枝老枝，促其萌发新枝叶，经矮化处理后会更美观。喜欢在高温多湿环境下生长，平时注意使培养土壤保持湿润，生长适宜温度约22～30℃。

(4) 网纹草

【形态特征】原产于南美秘鲁。植株低矮，枝条呈匍匐状蔓生，高可长至5～20cm。叶长卵状椭圆形对生，在枝叶、花梗柄表皮都长有细柔毛，叶片表面长有密集红色或白色网状叶脉（图7-45），适宜种植在荫蔽环境，叶色基本不会改变，但要防止在冬季至早春时节遭受寒害，以致叶片腐烂。株型小巧，叶色清雅。此类植物适合作为小盆栽或吊盆栽培。

图 7-45　网纹草

【繁殖方法】 一般采用扦插或分株方法繁殖，通常选择在春、夏两季进行育苗，因为此时成活率最高，生根适宜温度在 24～26℃。如果是在华南地区种植，则春、夏、秋三季都可以育苗繁殖，但是由于在冬季气温较低，所以不适宜植株长根繁殖。繁殖时，选取中熟健壮枝条，剪取每段长度为 4～6 节，然后浅埋于疏松土质的苗床中，保持适宜湿度，控制日照强度为 60%～70%，约经过 15～20 天就可以长根成幼苗。

【栽培管理】 对土壤要求不严，培养土质以富含腐殖质的沙质壤土为最佳，也可以配制混合土壤，选用 50%的细蛇木屑，20%的泥炭苔和 30%河沙调制。对荫蔽环境耐受性强，栽培环境最好控制日照强度在 40%～60%，不宜在强烈日光下直射。生长旺盛期间追肥每月 1 次，由于枝繁叶茂，可使用叶片吸收效果较好的台肥速效 1、2 号，为了保持叶片的可观赏性，可适当多使用氮肥；如果施用其它肥料，要小心避免接触叶片引起肥害，尽量掀开叶片施放肥料。盆栽每个 5 寸盆适合插 3～5 枝幼苗。在每年冬季寒流侵袭前必须放置在室内温暖避风处，下午减少浇水，避免水分滞留在叶片，在晚上降温时会造成寒害，使叶片腐烂；如果已经出现烂叶的现象，需及时剪去烂叶，保留茎枝，待春暖后再行扦插更新繁殖。喜欢在高温多湿环境下生长，生长适宜温度在 22～28℃。

(5) 彩叶木

【形态特征】 品种多样，有十余种，植株高可长至 50～80cm，枝茎红色，叶椭圆形全缘，有的品种叶片表面遍布淡红、银白、黄色斑彩，有的品种的叶片具有明显金黄色叶脉，叶形优雅（图 7-46）。这类植物广泛应用于庭园美化或门厅、室内环境的装饰绿化，可盆栽种植，喜欢在高温环境下生长，适应散射明亮的光照，若用于室内摆设装饰，适宜放置在窗边光照明亮的地方，可受到太阳光的照射，若种植于阴暗环境下，枝条容易徒长，斑彩会逐渐淡化。

【繁殖方法】 一般采用分株或扦插法繁殖。适宜在春至夏季进行育苗，可选取带顶芽的枝条，剪成每段长为 14～18cm，枝条上部的叶片剪除一半，扦插于河沙或细蛇木屑组成的苗床中，保持适当湿度，经 2～3 周能生根发芽，长成幼苗。

【栽培管理】 适宜选用排水透气良好的腐殖质土或沙质土壤为栽培土壤。种植摆放处要选择可以得到充分光照的地方，但不适宜全天接受强烈的日光照射；如果在屋顶阳台栽培时，要注意加以遮蔽，控制光照强度在 60%～80%较为理想，栽培的地方如果保持较高空气湿度，有利于正常生长发育，适宜采用豆饼、油粕作为基肥施放，追肥采用氮、磷、钾肥即可，每月施用 1 次。每个 7 寸盆栽植 2～3 株幼苗，如果出现枝叶稀疏，可对其进行剪枝

图 7-46　彩叶木

摘心处理，达到促使多分侧枝的效果，增加株形的美观感。一般需要移至不低于 15℃的环境中越冬，户外栽培时，寒流侵袭会造成叶片冻伤，应及时预防。于每年冬季或早春时节修剪整枝 1 次，对枯枝老枝进行强剪，促其萌发新枝叶。喜欢在高温多湿环境中生长，生育适宜温度在 24～30℃。

（6）艳苞花

【形态特征】植株高可长至 50～80cm，盆栽种植一般高度为 15～30cm。叶长椭圆状披针形，叶脉银白色（图 7-47）。开花期在夏、秋季，红色花顶生，花期持久。对荫蔽环境适应性强，可做室内的观花赏叶植物，清雅宜人。喜欢在高温多湿环境中生长，对寒冷环境的耐受性差，适合盆栽，室内绿化装饰。

图 7-47　艳苞花

【繁殖方法】一般采用扦插法繁殖，适宜在春至夏季进行，选取健壮未老化的枝条或顶芽，剪成每段长为 8～12cm，扦插于湿润沙床或珍珠岩组成的苗床，注意保持适当湿度，控制光照量 50%～60%，经过 1～2 个月就能生根发芽。

【栽培管理】选择栽培土质，以肥沃的富含腐殖质壤土或沙质壤土最佳，排水透气条件需良好，如果是盆栽，最好先在盆里预埋少量基肥。需在荫蔽环境中栽培。光照量为60%～70%，不宜放在强烈日光下直射，但也不适应过度阴暗的环境，否则会影响开花，保持空气中的湿度，有利叶片生长。每月追肥 1 次，可用氮、磷、钾液肥喷洒于叶面，适宜多使用氮肥，能有效保持美观叶色。栽培多年的植株，应对其修剪整形，或重新扦插育苗，更新栽培。喜欢在高温多湿环境中生长，生育适宜温度在 24～28℃，一般在开花期过后会出现落叶现象，而在冬季则需要减少浇水，当冬季遭遇寒流侵袭，要把植株移至温暖处，环境温度宜高于 15℃越冬。浇水适量，避免在叶片上滞水过夜，预防寒害冻伤。

五、庭院绿化

庭院立体绿化多指在庭院里的亭、台、楼、阁、门和廊的绿化，一般需要设立支架和支撑物以供植物攀缘生长。首先需熟悉庭园的地形、小气候和土质条件等环境因素，进而选择适合的植物进行绿化。可供选择的植物有多种，例如一些散发香味的香花植物如：紫藤、金银花、常春藤等；又可以种一些果实可供食用或花朵可供药用的有经济价值的植物如：葡萄、鸡蛋花；还可以选择一些花繁叶茂的观赏植物，适宜在不起眼的角落里创造出一个美丽安静的环境。植物一般攀附在矮墙或栏杆上。

一般庭院的种植环境光线比较充足，所以应选择喜光、耐旱植物，如葡萄、金银花；而在天井则光照时间短，荫蔽时间较多，应选择喜阴植物，如凌霄。同时尽量选择无毒、无刺的品种，随着植物的生长，应给予定期修剪整形，设置支柱、绑扎搭架，引导其攀缘生长形成荫凉环境。

庭院绿化实例见图 7-48。

图 7-48　庭院绿化实例

(1) 麒麟尾、星点藤

【形态特征】 与黄金葛属于近缘植物，与其生长习性很类似。枝茎呈蔓性生长，茎节处生长气生根，能攀附在木柱、老树、假山岩石上生长。对荫蔽环境有极强耐受性，叶色翠绿雅致，是高级的庭院立体绿化植物。

麒麟尾，广泛生长分布于海拔 2000m 以下的森林内。叶长卵心形，边缘深裂，叶片表面浓绿富有光泽，幼叶在叶脉中部两侧都有小窗孔，成熟后叶片转为羽裂状。适合附植于庭院树干、亭廊木柱的绿化（图 7-49）。

星点藤，叶肉质状，叶呈圆心形，叶端突尖。叶片表面浅绿，中间长有银绿色或银白色的斑点纹，叶色清逸可爱。适合种植于吊盆、庭院木柱的直立性盆栽（图 7-50）。

【繁殖方法】 一般采用扦插法繁殖，适宜在春至夏季进行育苗。剪取健壮枝茎，每段长 2～4 节，仅保留枝茎上部的叶片，防止水分的过度蒸腾，再斜埋于苗床中，保持适当湿度，控制光照强度在 50%～60%，经过 2～3 周便能生根发芽。适宜附植于木柱上生长，每支木柱附植 3～4 支。成长较迅速。

吊盆栽培，插穗宜选用茎叶细小的健壮枝条，剪除茎下部叶片，每盆约插 6～8 支插穗，生根成活后可独立成小巧盆栽。也可以采用水培法，可大量繁殖，采用大玻璃杯或浅盘作容器。插穗同样选择茎叶细小者为佳，剪掉插入水中的叶片，以免潮湿腐烂，水质要保持清洁，但不必常更换，适当增添蒸发掉的水分即可。

图 7-49　麒麟尾

图 7-50　星点藤

【栽培管理】 栽培土质以选用肥沃的富含腐殖质的壤土最佳，排水透气条件需良好。栽培环境控制光照强度约 50%～60%。施肥每月 1 次，可使用有机肥料或氮、磷、钾肥，适当增加氮肥可使叶色保持亮丽。喜欢在高温多湿环境下生长，生育适宜温度在 22～28℃，要预防寒流的侵袭，当温度降至 13℃以下时，盆栽要移植至室内温暖避风环境越冬。栽培多年后，植株需修剪整形，茎蔓太长时，必须对其进行强剪，或重新扦插培养。

（2）蔓绿绒

【形态特征】 蔓绿绒属的植物有 200 余种，原产地位于美洲热带。大多数种类的枝茎呈蔓性或半蔓性生长，在茎节处能生长气生根，攀附于其它支撑物生长。叶形按品种的不同，常见的有圆心形、长心形、卵状三角形、羽状裂叶、掌状裂叶等变化，叶色多样，有绿、红褐、金黄等色。成株以观叶为主，佛焰花序。此类植物四季翠绿，绿意盎然，对荫蔽环境的耐受性强，属于室内高级绿化植物，茎段插水也能生根（图 7-51）。

图 7-51　蔓绿绒

【繁殖方法】 较多采用播种、分株、扦插或高压方法繁殖，适宜在春至夏季进行育苗。开花结籽的品种，一般可用播种法。灌木状，直立生长的蔓绿绒可用分株法繁殖。繁殖方法中以扦插法最为简单实用，选取枝茎每段长约 2～4 节，剪除茎下部叶片，仅保留枝茎上部的少量叶片，再斜埋于苗床中，保持适当湿度，经 2～3 周便能生根发芽。老株下部叶片会自然脱落，可对其采用高压法育苗，再重新栽植成新株。

【栽培管理】 栽培土质以排水通气良好的腐殖质壤土最佳，也可使用混合调制土壤，采用 50%的细蛇木屑、20%的沙土、30%的泥炭苔调制，有利于植株生长。栽培环境应适当荫蔽，控制光照量约 50%～60%，金黄叶片的品种光照要稍强，约 60%～80%，但都不宜放在强烈日光下直射。施肥每月 1 次，可使用有机肥料或氮、磷、钾肥，适当增加氮肥的施放比例，能促进叶色美观。喜欢在高温多湿环境下生长，生育适宜温度在 22～28℃，如保持空气湿度高，能使植株生长旺盛。冬季要减少浇水量，盆栽种植的应移到室内温暖避风处越冬，户外栽培气温低于 13℃时要预防寒害。

(3) 黄时钟花

【形态特征】 植株高可长至 30～60cm。叶长卵形互生，顶端锐尖，边缘长有锯齿，在叶基位置有一对明显的腺体。开花期在春至夏季，金黄色花在枝顶腋生，花冠分裂成 5 瓣，每朵花至午前即凋谢，故名时钟花，花期可长达数月（图 7-52）。适合种植于庭园美化或盆栽。

图 7-52 黄时钟花

(4) 白时钟花

【形态特征】 植株高可长至 40～80cm。叶卵状披针形互生，顶端锐尖，边缘长有锯齿，叶基位置着生一对腺体。开花期在春至夏季，在近枝顶腋生，花冠顶分裂成 5 瓣，花朵中心黄至紫黑色，花至中午前就会凋谢，花期可长达数月，适合庭园美化或大型盆栽。

【繁殖方法】 一般采用播种、扦插方法繁殖，适宜在春至夏季播种育苗，适合种子发芽温度为 25～28℃。采用扦插方法繁殖，能使幼苗生长迅速，适宜在春、秋季进行。

【栽培管理】 对环境的适应性强，栽培土质以选用疏松的壤土或沙质壤土为佳，排水、光照条件需良好。在荫蔽环境下会导致开花不良。每月施肥 1 次，采用各种有机肥或无机复合肥都可以；开花时间长，适宜在开花期间追肥。开花期后应对植株修剪整枝，每年应对老化的植株进行一次强剪，一般在春季进行，能促进第二年萌发新枝再开花。喜欢在高温高湿环境下生长，生长适宜温度为 23～32℃。在冬季寒流来袭时，要移至室内温暖避风处越冬，预防 10℃以下的寒害。

(5) 月季

【形态特征】 藤状灌木，枝干特征因品种而异；有直立向上生长的直生型，向外侧生长的扩张型，枝形低矮的矮生型和匍匐型，枝条呈藤状依附于它物向上生长的攀缘型。枝干一般均长有皮刺，皮刺的大小、形状疏密因品种而异。叶互生，由 3～7 片小叶组成奇数羽状复叶，小叶卵形或长椭圆形，边缘有锯齿，叶面平滑具光泽，或粗糙无光。花单生或丛生于枝顶，花型及花瓣数因品种不同而有很大差异，色彩丰富，有些品种具淡香或浓香味（图 7-53）。

【识别特征】 藤状灌木，枝条有皮刺；奇数羽状复叶，互生、有锯齿；花单生或丛生于

图 7-53 月季

枝顶，色彩丰富。

【生物性状】 有连续开花的特性，花期长；喜光照充足、稍微半阴的环境条件；喜温暖的气候，生长最适温度为白天 16～26℃，夜间 12～15℃，能耐寒，一般可承受零下 15℃低温，冬季气温低于 5℃即进入休眠状态，如夏季高温持续在 30℃以上时，则会影响开花，品质降低，进入半休眠状态；喜湿润的气候和偏干的土壤条件；土壤的适应范围较宽，喜肥沃、疏松的微酸性土壤。

【主要品种】 在现代月季中，攀缘月季和蔓性月季两个品种群具有藤蔓性质，品种繁多，常见的：藤和平、藤墨红、藤桂冠等。

【繁殖方法】 繁殖以嫁接、扦插方法为主，播种及组织培养等为辅；常用的嫁接砧木有：木香、野蔷薇、粉团蔷薇等。

【栽培管理】 栽培土质宜选用富含有机质、疏松的沙质壤土；应选背风向阳排水良好的土壤环境；一般时候除需要施基肥外，生长旺盛季节还应每隔 2～3 周追施 1 次肥料；除休眠期修剪外，生长期还应注意摘芽、剪除凋谢花枝和砧木萌蘖；主要病害有白粉病、黑斑病等；主要虫害有蚜虫。

【景观应用】 攀缘型月季在园林立体绿化中地位重要，因为它不但营造效果良好，而且极具观赏性。枝茎与叶片上具有皮刺，开花四时不绝。花大、美丽而香，是名贵的观赏植物，其藤本品种为适宜在我国大部分地区推广的攀缘绿化植物；可用于公园、游园中花架、绿墙、花墙、绿篱、花门等的攀爬；或作为庭院、家居中棚架和阳台的绿化观赏材料。

(6) 多花蔷薇

【形态特征】 落叶或常绿带皮刺蔓性灌木。植株蔓生或攀缘状，皮刺粗短，向下弯。叶互生，奇数羽状复叶，小叶 5～11 片，倒卵形，边缘有锯齿，托叶锯齿状。伞房花序，花密集成圆锥状，花冠白色或略带微红色，单瓣或半重瓣，单瓣花瓣 5 片，有花香（图 7-54）。果实球形，红色，花期 4～7 月，结果期 10～11 月。

【识别特征】 落叶灌木，具皮刺；奇数羽状复叶；密集圆锥状伞房花序。

【生物性状】 喜欢在阳光充足的环境生长，对半荫蔽的环境亦有一定耐受性；喜温暖的气候，生长适宜温度一般在 15～26℃，对寒冷气候有较强的耐受性；喜湿润气候和微湿偏干的土壤，对积水条件的耐受性差，不宜积水；在深厚、肥沃、疏松的土壤条件生长良好，对贫瘠土壤有较强的耐受能力。

【主要品种】 其栽培变种繁多，常见的有十姐妹，花朵重瓣，花瓣玫红色；粉团蔷薇，花粉红色，单瓣；荷花蔷薇，花重瓣粉红色，多花密集成簇；白玉棠，花白色，花朵重瓣，皮刺较少或没有。

图 7-54　多花蔷薇

【繁殖方法】 以扦插方法为主进行繁殖，扦插多在春季、夏或早秋进行，用嫩枝和硬枝均可，栽培应注意保持土壤水分；也可用压条、嫁接和分株等方法繁殖。压条可在雨季进行；分株方法最好在春季萌芽前进行。

【栽培管理】 生性强健，管理较为粗放，入冬前应进行修剪，剪除徒长枝和枯枝。主要虫害有蔷薇叶蜂。

【景观应用】 植株优美，枝叶众多，夏天开花。花团锦簇，鲜艳夺目，翠绿枝叶与浓艳芳香的花朵相互衬托，景色宜人，是立体绿化的优良材料，可用作庭院中花篱、棚架、绿墙的装饰；在园林中可种植于花架、绿廊、绿门、绿亭、立柱之下，装饰园林小品；也可披挂于假山石、墙垣、水池驳岸，均能形成良好的景观。

（7）葎草

【形态特征】 葎草是平野、荒地的杂草植物之一，由于匍匐蔓延性特强，耐贫瘠、抗干旱，可推广作为荒地绿化或坡地覆盖、河川堤岸、护坡栽培植物。枝茎、叶柄上长有倒生尖刺；叶对生，边缘有锯齿，5～7 裂，两面质地粗糙（图 7-55）。雌雄异花，葇荑花序，花冠黄绿色，不耐观赏。修剪整枝时尤需注意，皮肤不宜接触茎、叶，否则容易被倒生刺刮伤。

图 7-55　葎草

【识别特征】 一年生蔓性草本；茎、叶柄有逆刺，叶对生、有锯齿；葇荑花序，黄绿色。

【繁殖方法】 可用播种或扦插方法繁殖，一般在春至夏季进行，种子发芽适宜温度保持在 20～25℃。

【栽培管理】对土质要求不严，土壤要排水、透气良好，光照条件也需良好。一般在春至夏季施用氮、磷、钾肥料2～3次，保证能生长旺盛。喜欢在高温环境下生长，生育适温在20～32℃。

(8) 九重葛类

【形态特征】九重葛栽培品种极多，原种、栽培种、杂交种多达百余种。枝条表皮长有毛或皮刺，叶形多样，有心形、卵形，顶端渐尖，边缘全缘或起伏波状缘。花顶生或腋出，常常3朵簇生于苞叶内，花冠呈细小管状。重瓣品种，花朵呈退化状。花期因品种不同，全年都可以见花（花苞），但大多数品种花期集中于3～10月，花形有单瓣或重瓣种类，花苞颜色丰富，有红、粉红，橙红、橙黄、白、紫、紫红或单苞双色（图7-56)。

图7-56　九重葛

① 宝巾：也叫光叶九重葛，多刺，叶光亮，薄革质，全缘，卵状披针形。花期一般在秋末至春季，单瓣，花朵紫红色。本种幼苗常嫁接砧木，生长强势，经扦插方法繁殖极易成活。

② 双色宝巾：叶长椭圆形，两端均尖或尾部渐尖。花朵单瓣，颜色也较为多样，有红、白双色或单苞双色，花期可达全年，尤其在冬初至春季期间盛开最美，花姿绮丽，受人喜爱。繁殖可用嫁接、高压方法进行。

③ 金心宝巾：叶倒卵形，先端渐尖，叶片中间有黄色或淡红色斑纹镶嵌。单瓣，颜色有红、白双色或单苞双色，全年开花，但尤在冬初至春季期间盛开最美，是观叶赏花佳品。繁殖可用嫁接或高压方法进行。

④ 艳红宝巾：幼嫩枝条、幼叶红褐色，表面着生褐色细毛。叶广卵形，顶端尖。花期在冬至春季，单瓣，艳红色，盛开时花多叶少，红艳一片。可用扦插、高压或嫁接方法繁殖。

⑤ 斑叶宝巾：叶长卵状椭圆形，两端突尖，叶面具有奶白色斑状条纹，叶片边缘反卷。花期在秋末至春季，花苞紫色单瓣，与其它品种不同，以观叶为主，叶色清雅美丽。可用嫁接方法繁殖。

【识别特征】属于常绿蔓性灌木，枝条具毛或刺，叶有心形、卵形，先端尖；花冠管状。

【繁殖方法】单瓣品种可用扦插或高压方法繁殖，重瓣及双色品种一般适宜用高压或嫁接方法繁殖，一般在春至夏季进行。嫁接砧木通常采用生长较为强健的光叶九重葛；嫁接双色品种时，接穗幼条必须选择具有双色花苞的枝条，才能绽开双色花苞，若用红色或白色单色花的枝条作接穗，嫁接成功后仍然只能继承开单色花。

【栽培管理】栽培土质以富含有机物的壤土或沙质壤土为佳，排水性需良好，光照要充足，如果光照不足会导致生长弱和影响开花。通常采用盆栽的方法比露地栽培方法容易开花。盆栽每次开花过后，对枝条适当修剪，并补充氮、磷、钾等肥料，按比例增加施放磷、钾肥，保证水分的充足供给，即能再开花；若已盆栽多年，出现枝茎小而叶细不开花的现象，到春季时节需换盆换土，适当修剪根部、枝条，才能促使枝条再开新花。如果是出现露地栽培生长旺盛但不开花，则应停止施用氮肥，并剪除徒长枝，再剪除部分细根，使植株稍枯萎，并减少水分供给，恢复之后，即能开花。开花期间应对其进行遮挡，避免淋雨或减少水分供给，保持适度干燥而叶片不枯萎的程度，花苞才能保持时间长而不脱落。喜欢在高温、稍旱环境下生长，不宜造成土壤积水潮湿，生育适温在22～32℃。

【景观应用】九重葛是常见的终年常绿蔓性灌木，枝条在没有伸长时植株呈灌木状，可在庭园、绿篱或盆栽种植，开花美丽而持久，观赏价值极高。枝条逐渐生长伸长后即成蔓性植物，可作花廊、花墙、蔓篱或阴棚美化，也可作为节日庆典植物，繁花似锦，效果良好。

(9) 毛叶云实

【形态特征】树皮暗红色，枝茎上散生倒钩刺，二回羽状复叶，长22～30cm；在叶柄与叶轴上长有钩刺；小叶6～10对，对生，有小叶柄，狭小长圆形，长9～20mm，宽6～11mm，叶尖端钝圆、稍微向内凹，基部圆，微偏斜，表面深绿色，底面淡绿色；小叶柄很短。顶生总状花序，长16～35cm，花梗长2～4cm，顶端具茎节，花容易脱落；花瓣黄色，最底下的花瓣有红色条纹，远远看去，黄花丛中隐隐可见点点红斑（图7-57)。果长椭圆形，长6～10.5cm，饱满，脆革质，具尖尖的喙，含6～9粒种子，沿背缝线裂开。种子长圆形，有花纹。植株各部位密被柔毛。

【识别特征】攀缘灌木，具皮刺；二回羽状复叶；总状花序顶生。

【生物性状】喜阳光充足的环境，适应性强，生于平原、丘陵、溪边、山岩石缝中。

【景观应用】除作藤架、绿墙、假山石装饰观赏、遮阳外，它还可作道路绿篱。

图7-57 毛叶云实

(10) 爬山虎

【形态特征】落叶木质藤本。枝条粗壮，具短且多分枝的卷须，枝条顶端长有黏性吸盘，能攀附墙壁、岩石向上生长。单叶互生，广卵形，长12～20cm，宽7～17cm，先端呈3尖裂，底部心形，表面无毛，底面中脉上有柔毛，边缘具粗锯齿，幼苗或老株基部萌条上所生之叶多是3小叶构成的掌状复叶，中间小叶倒卵形，在基部偏斜，边缘有规则锯齿，两边对称，两面光滑无毛（图7-58)。花雌雄两性，聚伞花序，一般簇生于短枝顶端的两叶片之

图 7-58 爬山虎

间，花冠淡绿色，浆果紫黑色，果小型，圆球状，表面有蜡质粉。花期 5～6 月，果期 8～10 月。

【识别特征】藤本，卷须先端扩大成吸盘状；单叶互生，叶边缘具粗锯齿；聚伞花序。

【生物性状】植株适应性极强，在寒带、温带、热带三个地带都可以生长，喜光照充足环境，对烈日直射耐受性强，亦较耐荫蔽；喜温润的气候和微潮的疏松土壤条件，雨季在藤蔓上易生气生根；较耐干旱环境，亦稍耐水湿；生长适宜温度在 16～28℃，可耐严寒，亦较耐夏天酷热；对土壤的适应性亦较强，耐瘠薄，沙质壤土或黏土，酸性土或钙质土环境，都可以生长。

【繁殖方法】一般以扦插方法繁殖，可用硬枝也可用嫩枝扦插，还可用压条和播种方法繁殖，其中种子需沙藏处理后翌春播种。

【栽培管理】栽培以富含腐殖质的壤土或沙质壤土为佳，排水透气需良好，一般选择全日照或半日照的地点栽植；虽耐旱但生长旺盛阶段不宜缺水，冬季可以减少浇水；春至夏季每月少量追肥 1 次，各种有机肥料或复合肥均可使用，每年冬季落叶后整枝 1 次，修剪枯枝或弱小的枝条。

【景观应用】茎蔓纵横生长，密布气根，碧叶葱葱、覆盖面积广，浓阴翠绿，扶摇直上，色泽清逸，富有生机，给人们以欣欣向荣的感受。秋后入冬时节，叶色由绿变红或黄，季节感强，而加之串串蓝色浆果，又给萧瑟的秋季增加不少色彩。为垂直绿化常用的经典材料之一。适宜种植在庭院或私家花园的墙壁、建筑立面、围墙、假山石旁等处；亦可用于绿化桥头石墩、高架天桥立体绿化、陡石护坡的垂直平面绿化；因其对二氧化硫等有害气体有较强的抗性，适宜在工业污染区作为污染指示性植物栽植，也可以作工矿厂区的绿化材料；还可用作园林地被植物，覆土护坡。

(11) 五叶地锦

【形态特征】木质藤本。小枝圆柱形，表面无毛。卷须总状 5～9 分枝，卷须顶端幼嫩时尖而柔软且可卷曲，成熟后附着物体扩大成吸盘。叶形为掌状 5 小叶，小叶倒卵状椭圆形或外侧小叶椭圆形，长 7～15cm，宽 4～9cm，顶端渐尖，基部楔形或阔楔形，叶片边缘有粗锯齿，表面绿色，底面浅绿色。花序顶生形成主轴明显的圆锥状聚伞花序，花梗长 3～5cm，表面无毛；花蕾卵状椭圆形，顶端圆形，碟形花萼；花瓣 5 片，长椭圆形，无毛；雄蕊 5 枚。果实球形。花期在 6～7 月，果期 8～10 月（图 7-59）。

【识别特征】木质藤本；叶为掌状 5 小叶，叶片边缘有粗锯齿；圆锥状聚伞花序。

【生物性状】喜欢在阳光充足的环境生长，对荫蔽环境的耐受性强；喜温暖的气候条件，

图 7-59　五叶地锦

对寒冷环境的耐受性也较强，适应性较广；喜湿润的环境，在较高的空气湿度中生长良好，但在大陆性气候地区中，吸盘形成困难，故攀缘能力会变差，但长势旺盛生根容易，生长迅速，对氟化氢、氯气、氯化氢等有害气体的抗性强。适宜栽植在马路边、工矿区等生长环境恶劣的地方。

【繁殖方法】主要采用播种、扦插和压条方法繁殖。扦插、压条在生长季节均可进行，比较容易生根；播种繁殖时种子需沙藏处理，待来年进行春播。

【栽培管理】管理粗放，植株强健，对有害气体抗性强。新种植植株，初期需人工辅助引导其主茎条伸向攀附物。生长季节注意适当浇水、施肥、追肥。病虫害少，成年植株，无需特别护理。

【景观应用】植株美观，藤蔓覆盖茂密，卷须纤细，顶端生长吸盘，小枝略带红色，叶形美观，掌状 5 裂，颜色碧绿，花型小巧可人，花后结果蓝黑色，玲珑美观；盛夏时节，碧绿一片，入秋后，叶片转为鲜红色，更显艳丽。是重要的园林绿化植物。常用于庭院、墙篱、围墙和棚架的绿化；或可用于公园、园林中绿廊、桥边、假山的装饰；亦可植于树下、疏林旁。

（12）扶芳藤

【形态特征】常绿木质藤本。株型较小，高度可达 60cm，茎匍匐或攀缘生长，枝条密着生长小瘤状突起皮孔，枝条能随处生出吸附根吸附于支撑进行立体绿化。叶对生，薄革质，椭圆形至椭圆状披针形，边缘有粗钝锯齿，叶面深绿色，有光泽（图 7-60）。聚伞花序，在 5～6 月之间开花，花浅黄色。蒴果近球形，成熟时淡黄色，10 月果熟，果熟时开裂，露出红色假种皮。

图 7-60　扶芳藤

【识别特征】常绿木质藤本，具吸附根；聚伞花序；红色假种皮。

【生物性状】喜温暖环境，也较耐寒冷。耐干旱，耐瘠薄土壤，适应性强，对土壤的要求不高。耐阴，全日照条件下也生长良好。

【主要品种】品种有十余个，我国园林中常用绿叶的原品种，近年引进不少花叶品种，常见斑叶扶芳藤，加拿大金，美翡翠扶芳藤，金边扶芳藤。

【繁殖方法】用播种、扦插、压条方法繁殖均可。扦插在春、秋两季均可进行，插穗用营养枝插于苗床，插后约半个月生根；压条最好在雨季进行，埋土部分枝条适当环割，能促进生根；种子成熟后，揉去外果皮，即可播于阴地，约半个月发芽。

【栽培管理】栽培管理较粗放，前期生长较慢，应注意肥水管理，还要注意杂草控制。

【景观应用】叶小型，革质，深绿发亮。入秋后叶色由绿变红，冬季植株不凋；植株适于对靠近地面的立面进行绿化装饰。依靠茎上发出繁密气生根攀附其它物体生长，可用作点缀装饰庭院篱墙、假山、石壁，也可攀附树干向上生长，古树青藤，更显自然野趣，耐阴性好，适合作林下、林缘地被。

(13) 凌霄

【形态特征】落叶木质藤本。枝茎长可达20m，借助气生根攀附它物向上生长，树皮灰褐色，有细条状纵裂沟纹。奇数羽状复叶，对生，小叶7～9片，长卵状披针形，先端渐尖，叶缘具粗锯齿。聚伞圆锥花序于枝条顶生，花大型鲜红色，花冠漏斗状，花两性，两边对称，有雄蕊4枚，子房2室。蒴果具柄，细长荚果状，种子多数，扁平，有2枚大型膜翅。花期在7～9月之间，果期9～11月（图7-61）。

图7-61　凌霄

【识别特征】落叶木质藤本；树皮灰褐色，有细条状纵裂沟纹；奇数羽状复叶；聚伞圆锥花序，花冠橘红色。

【生物性状】喜欢在光照充足的环境中生长，略耐荫蔽环境，但若过于荫蔽时，会导致植株的生长速度较慢，开花较少；喜温暖的气候，对高温也有一定耐受性，但对寒冷环境有较强的耐受性，生长适温14～28℃；喜微潮偏干的条件，稍耐干旱，不宜湿涝；对土壤适应能力强，要求不严，在疏松、肥沃的酸性或中性土壤生长旺盛。

【繁殖方法】以扦插方法繁殖为主，也可采用压条、分株及播种法繁殖。扦插多选带气生根的硬枝，剪成数段，于春季扦插；压条春、夏季均可进行；分株宜在春季进行；播种繁殖可于春季进行，覆土需薄，保持适当湿度，大约7～10天可发芽。

【栽培管理】栽培土质宜选用疏松、肥沃的沙质壤土，选择排水、光照充足的环境，新定植的植株应保证水分供应，当长至数米高之后，自然降水即可满足对水分的需求；对肥料的需求不高，植株开花前、秋季落叶后，应分别追肥 1 次，保证正常生长；每年需要冬季修剪，剪除过干枯老枝；较大的植株在北方地区可露地越冬。

【景观应用】枝条盘旋卷曲，喜欢依树攀架附于它物节节升高，高可达数米。其花形似金钟状，成簇压在纤纤枝端，随风摇曳，景色动人，是一种中国园林较为传统的绿化花木。宜于庭院之中作依附大树、石壁、墙垣栽植；也可运用在公园、游园之中，配植于假山石、岩崖、假山、花廊之间垂悬而下；又是公共设施装饰棚架、花廊、花门的好材料；还可植于旷地上作为地被灌丛，因为对水肥要求不严，管理粗放，也可盆栽置于高架桥之上。

（14）葡萄

【形态特征】葡萄是经济攀缘藤本果树，多着生卷须；心形或掌状裂叶互生，叶缘有不规则锯齿。开花期在春季，并结果，如果采用促成栽培的方法，秋季便能开花结果，核果椭圆形，果皮紫黑或绿色，成熟时可食用，植株攀缘蔓延力强，是优良的阴棚植物（图 7-62）。

图 7-62　葡萄

【识别特征】落叶蔓性藤本；叶互生，心形或掌状裂叶。

【繁殖方法】一般采用扦插法繁殖，适宜在冬季落叶后，春末抽芽前，剪取适中长度的成熟枝条扦插于苗床，极易成活。

【栽培管理】栽培土质以表土深厚，富含有机质的肥沃壤土为佳，排水、光照条件需良好。成熟植株每年冬季自然落叶后至次年春季伤流期前需要修剪 1 次。全年大约施肥 3 次即可，可在春季萌芽期、果实未熟前、采果时期后各施 1 次。喜欢温暖至高温环境下生长，生育适温在 20～28℃。

（15）蛇葡萄

【形态特征】心形叶互生，有些品种呈 3 浅裂或 5 浅裂，边缘具锯齿。花期在春至夏季并结果，聚伞花序，浆果球形，成熟后变为紫红色，果皮表面具斑点（图 7-63）。生性健壮，可粗放管理，攀附蔓延力强，适合种植于蔓篱、花廊、绿墙或阴棚。并有一定医学作用。

【识别特征】属于落叶蔓性藤本；叶互生，三角状心形，蔓延力强；聚伞花序。

【繁殖方法】一般可用播种、扦插或压条法繁殖，适宜在春至夏季育苗。

【栽培管理】栽培土质以富含有机质的腐殖质壤土最佳，全日照、半日照生长条件均能成长。每年冬季落叶后需修剪 1 次。喜欢在高温环境下生长，生育适宜温度在 22～30℃。

图 7-63　蛇葡萄

(16) 合欢

① 金合欢

【形态特征】落叶大灌木或小乔木，株高 2～4m。二回羽状复叶，羽片 4～6 片，小叶线形，叶基具 1 对针刺。春季开花，头状花序，腋出，金黄色，具芳香，可供制香水原料，花枝为高级花材（图 7-64）。荚果圆柱形，不裂开。成年植株枝条曲折密致，可作庭植美化或作围篱栽培。

② 银合欢

【形态特征】落叶小乔木，枝叶含特殊异味。二回羽状复叶，羽片 4～8 对。春至夏季均能开花，头状花序，腋出，白色（图 7-65）。荚果扁平如豆，熟果赤褐色，种子可代替咖啡冲泡饮料。树性强健粗放，耐旱、抗风、耐贫瘠，植于坡地可保持水土。枝叶可作绿肥、饲料，木材作薪炭，种子制饰物。适于荒地绿化美化或作绿篱、园景树等，用途极广泛。

图 7-64　金合欢

图 7-65　银合欢

【繁殖方法】可用播种法，春、夏季均适合播种，苗高约 1m 即可定植。

【栽培管理】栽培土质以沙质壤土为佳，偏好微碱性土壤。排水、日照需良好。春、夏季为生长盛期，少量施肥即能生长旺盛。枝叶疏少，可酌加修剪，促使分生侧枝。老化的植株，春季应施以强剪整枝。性喜高温，生长适温约 23～32℃。

(17) 紫叶桃

【形态特征】蔷薇科落叶灌木或小乔木。紫叶桃是桃的栽培变种，株高可达 5m。叶互生，披针形，幼枝叶暗紫红色，老叶转为铜绿色，叶缘有细锯齿。冬季落叶，春季开花，腋生，重瓣花，花冠紫红色。少有结果，核果近球形或长卵形，通常以观花、观叶为主。花美艳，叶色独特，适作园景树或大型盆栽（图 7-66）。

图 7-66 紫叶桃

【繁殖方法】春季嫁接，砧木可用毛桃。

【栽培管理】栽培土质以壤土或沙质壤土为佳。排水、光照需良好。春至夏季施肥 3～4 次。成年株冬至早春花芽已分化，应避免修剪。性喜温暖，耐高温，生长适温为 15～26℃。

（18）重瓣棣棠

【形态特征】蔷薇科落叶灌木。重瓣棣棠花株高 60～120cm，叶互生，披针状长卵形，先端渐尖，边缘具尖锐重锯齿。夏至秋季开花，花顶生，花冠黄色，重瓣，花姿优雅（图 7-67）。适于庭植或大型盆栽。性喜温暖，棣棠花原产我国华北至华南，平地高温，越夏困难。

图 7-67 重瓣棣棠

【繁殖方法】用扦插、高压法，春季为适期。

【栽培管理】栽培土质用肥沃的腐殖质土或沙质壤土。排水、光照需良好。春至夏季每 1～2 个月追肥 1 次。冬季落叶后应修剪整枝。性喜冷凉至温暖、忌高温高湿，生长适温为 12～25℃。

（19）胡颓子类

① 胡颓子

【形态特征】株高 1～2m。叶互生，倒卵形或椭圆形，先端突尖，革质，叶背及幼枝被银色痂鳞。春季开花，花腋生成簇，花冠淡黄色。花后能结果，果实卵形，熟果呈橙红色，酸甜可口，可食用。成年植株结实累累，观赏价值高，适合庭植美化、大型盆栽、药用。

② 洋胡颓子

【形态特征】株高 1～2m，幼枝、叶具深褐色痂鳞。叶互生，椭圆形或卵形，厚革质，叶两面均有银色痂鳞。枝叶厚重朴雅，适合庭植或盆栽。

③ 中斑胡颓子

【形态特征】胡颓子的栽培变种，株高 1～2m。叶互生，椭圆形，革质，叶面有黄色及淡绿色斑，叶背及幼枝有淡银色痂鳞。成株亦能开花结果，但以观叶为主，叶色柔和美丽，适合庭植或盆栽（图 7-68）。

图 7-68　中斑胡颓子

【繁殖方法】胡颓子、洋胡颓子可用播种、扦插或高压法。中斑胡颓子为保存母株特征，需用无性繁殖，如扦插、高压或嫁接法。春、秋季为适期。

【栽培管理】栽培土质以富含有机质的沙质壤土为佳，排水、光照需良好。秋、冬至早春为生长盛期，施肥每 1～2 个月 1 次。果后修剪整枝。胡颓子性喜温暖，耐高温，生长适温为 15～28℃；中斑胡颓子、洋胡颓子生长适温为 15～25℃，夏季需凉爽通风越夏。

（20）女贞类

① 金叶女贞

【形态特征】株高 60～120cm。叶片金黄色，对生，椭圆形或长卵形，先端急尖，全缘，薄革质，夏季开花，花顶生，白色。叶色金黄亮丽，耀眼悦目，极适合景观造园修剪造型、强调色彩变化，也适于盆栽，颇为美观（图 7-69）。

② 圆叶女贞

【形态特征】株高 40～80cm。叶对生，阔椭圆形或阔卵形，全缘，厚革质，叶片生长密集，略卷曲，叶面深绿色。夏季开花，花顶生，白色。性耐阴，适于庭植或盆栽。

③ 密叶女贞

【形态特征】株高 1～2m。叶对生，椭圆形或卵形，先端急尖，全缘，厚革质；叶面浓绿富光泽，叶背淡绿色。夏季开花，花顶生，白色，核果倒卵形。枝叶生长密集，四季浓绿，耐阴、耐旱、抗污染，为高级绿篱植物，极适合道路分隔岛绿化、庭植。

④ 白缘卵叶女贞

【形态特征】株高 1～2m。叶对生，长卵形、全缘、薄革质，叶缘有白或淡黄色斑。叶色柔和，适合庭植或盆栽。

图 7-69　金叶女贞

【繁殖方法】圆叶女贞、密叶女贞可用播种、扦插、高压法。金叶女贞、白缘卵叶女贞需用无性繁殖，如扦插、高压、嫁接法等，以防实生苗产生返祖现象。春、秋季为适期。

【栽培管理】性喜温暖，耐高温，生长适温为 15～28℃。

(21) 红叶李

【形态特征】蔷薇科落叶灌木。红叶李株高可达 3m，全株暗紫红色。叶互生，椭圆形或长卵形，先端急尖，边缘有细锯齿。春季开花，花腋生，花冠白色，枝叶色泽优雅，以观叶为主，为高级的园景树，幼株可盆栽；性喜温暖，原产亚洲西南部，中国华北及其以南地区广为种植，平地高温生长不良，夏季叶片容易变绿（图 7-70）。

图 7-70　红叶李

【繁殖方法】春季可用高压法、嫁接法育苗。

【栽培管理】栽培土质以疏松肥沃的沙质壤土最佳。排水、光照需良好。春、夏季生长盛期，施肥每 1～2 个月 1 次。冬季落叶后应修剪整枝，但不可重剪。性喜温暖，生长适温为 15～25℃；平地栽培，夏季要力求通风凉爽。

(22) 葫芦

【形态特征】一年生蔓性草质藤本。枝茎蔓生，长度可达 10m，表面密被软黏毛，卷须腋生，分二杈，单叶互生，叶面粗糙，被柔毛，叶片心状卵圆形或肾状卵形，不分裂或浅裂，边缘具小齿，先端尖，三角形，底部心形或弓形。雌雄同株，花单性，花梗长，花单生，白色漏斗状，具浅裂，于清晨开放，中午枯萎。瓠果，成熟果淡黄白色，长可达 22～

40cm，中部纤细，成熟后果皮木质化（图7-71）。花期4～9月。秋末与冬初果实成熟。

图7-71　葫芦

【识别特征】一年生草质藤本，全株被绒毛；叶卷须腋生、二杈，单叶互生，心状卵形；花单性，单生，白色。瓠果中部缢细。

【生物性状】生性强健，喜温暖环境不耐寒，大部分地区不能露地越冬，生长适宜温度在15～28℃。喜阳光充足的环境，光照不足则影响开花结果；喜湿润耐干旱，但不耐水涝；耐瘠薄，对土壤要求不严，在沙土、红壤、房前屋后及山地、水沟边上均能生长，在肥沃、疏松、排水良好的壤土中生长更佳。

【主要品种】栽培观赏较多的品种是小葫芦，果实较葫芦小，长10～15cm，中部收缩，形似葫芦；瓠瓜，果实中部不收缩；瓠子，果实柱状；鹤首葫芦，果下部似球体，具明显棱线突起。另外，各地还有颇具特色的品种，如苹果瓜。

【繁殖方法】播种法繁殖，长江流域3月上旬温床播种，华北地区则在3月份室内或冷床育苗，或于4～5月露地直播，播后适当覆盖遮阴；广东12月至翌年1月都可播种。

【栽培管理】适应性强，耐粗放管理。对水肥要求不多，整个生长季节灌2～3次透水，夏季炎热、长期干旱时，要适当补充水分；如栽种地土壤特贫瘠，在生长旺期要追肥，可每月追施1次，结果期提高磷、钾肥比例，则叶绿、果大、色艳。应早立棚架、使其攀缘而上。

【景观应用】枝条具蔓性的葫芦，是很具潜力的立体景观植物。夏日绿叶葱郁，翠色可餐，是人们休息纳凉的绝佳去处；秋季，硕果累累、淡黄色的葫芦悬挂于棚架之下，其形也可观，景色宜人，是观叶、观花、观果、观姿极好的材料。蔓长、荫浓、瓠果形态别致，特别适合于庭院栅架、篱垣、门廊攀缘绿化，可植于亭廊两侧，使其攀缘立柱而上，果熟时悬挂于亭廊两侧，可增添乡间风情，可观花、观果，又是很好的遮阴材料，果熟后悬挂于室内，别具风趣。

第二节　基质要求

一、屋顶绿化基质要求

在屋顶上造园是一种特殊的园林形式，一切造园要素都受到支撑它的屋顶结构限制，不能随心所欲地运用造园因素——挖湖堆山、改造地形，进行营造。脱离开大地联系的屋顶花园与地面上的园林相比，既有其优势，又有它的不利方面。屋顶绿化不同于地面绿化，需考虑屋面的承载能力、排水能力、屋面防水层保护、风力破坏、绿化维护等因素的影响。屋顶绿化对基质理化性状及厚度要求见表 7-1，表 7-2。

（一）基质理化性状要求

表 7-1　基质理化性状要求

理化性状	要求	理化性状	要求
湿容重	450～1300kg/m^3	含氮量	＞1.0g/kg
非毛管孔隙度	＞10％	含磷量	＞0.6g/kg
pH 值	7.0～8.5	含钾量	＞17g/kg
含盐量	＜0.12％		

注：资料来源于垂直绿化技术规范。

（二）屋顶绿化植物基质厚度要求

表 7-2　屋顶绿化植物基质厚度要求

植物类型	规格/m	基质厚度/cm
小型乔木	H=2.0～2.5	≥60
大灌木	H=1.5～2.0	50～60
小灌木	H=2.0～1.5	30～50
草本、地被植物	H=0.2～1.0	10～30

注：H 表示植株高度。

（三）栽培基质的选择与配制

1. 栽培基质的选用原则

基质是屋顶种植中重要的栽培组成材料。基质的选择是关键因素之一，要求基质具有土壤特性，能为植物根系提供营养条件和环境条件，还可以为日后管理提供方便。自然土壤由固相、液相和气相三者组成。固相具有支持植物的功能，液相具有提供植物水分和水溶性养分的功能，气相具有为植物根系提供氧气的功能。而且土壤具有孔隙和毛管孔隙，前者起通气排水作用，后者起吸水、持水作用。因此，理想的屋顶种植基质，其理化性质应类似土壤。从功能上考虑，用于屋顶花园的种植基质须要具备以下条件：一是固定植株，有一定的保水保肥能力；二是透气性好，有一定的化学缓冲能力。因此，基质的选择原则可以从以下 3 个方面考虑。

（1）*根系的适应性*　屋顶种植基质可以创造植物根系生长所需要的最佳环境条件，即最佳的水气比例，基质还应该具有支撑适当大小的植物躯体和保持良好的根系环境的能力。而基质要有足够的强度才不至于使植物歪倒，基质要具有适当的结构才能保持适当的水、气、养分比例，使根系处于最佳的环境状态，最终使植物枝叶生长繁茂。不同植物的根系要求的最佳环境不同，不同的基质所能提供的水、气和养分比例也不尽相同。因此可以根据植物的生理需要，选择合适的基质，甚至可以配制混合基质。

气生根、肉质根需要基质具有良好的通气性。同时，它们也需要保持根系周围的湿度达 80％以上，甚至 100％。粗壮根系要求湿度达到 80％以上，同时需要满足通气性。纤细根系如杜鹃花根系要求根系环境湿度达到 80％以上，甚至 100％。同时要求有良好的通气性。在空气湿度大的地区，一些透气性良好的基质如松针、锯末非常合适，而在大气干燥的北方地区，这种基质的透气性过大，根系容易风干。北方水质呈碱性，要求基质具有一定的氢离子浓度调节能力，选用泥炭混合基质的效果就比较好。

（2）基质的适用性　基质的适用性是指选用的基质要适合所要种植的植物。一般来说，要求基质的容重为0.5g/cm^3，总孔隙度在60%左右，大小孔隙比在0.5左右，化学稳定性强，酸碱度接近中性，没有有毒物质。当有些基质的某些性状有碍植物栽培时，如果采取经济有效的措施能够消除或改良该性状，则这些基质也是适用的。例如，新鲜甘蔗渣的C/N比很高，在种植植物过程中会发生微生物对氮的强烈固定而妨碍植物的生长。但经过比较简单的堆沤方法后，就可使其C/N比降低而成为很好的基质。

有时基质的某种性状在一种情况下是适用的，而在另一种情况下就变成不适用了。例如：颗粒较细的泥炭，对育苗是适用的，而对袋培、滴管栽培时则因其太细而不适用。栽培设施条件不同，可选用不同的基质。槽栽或钵盆栽可用蛭石、沙子做基质；袋栽或柱状栽培可用锯末或泥炭加沙子的混合基质；滴管栽培时岩棉是较理想的基质。

世界各国在屋顶种植生产中对基质的选择均立足本国实际，例如：日本以水培为主，南非以蛭石栽培居多，加拿大采用锯末栽培，西欧各国岩棉栽培发展迅速。我国可供选用的基质种类较多，各地应根据自己的实际情况选择适当的基质材料。决定基质是否适用，还应该有针对性地进行栽培试验，这样可提高判断的准确性。

（3）基质的经济性　有些基质虽对生长有良好的作用，但来源不易，或价格太高，因而不宜使用。现有材料炭棉、泥炭、椰糠是较好的基质。我国农用岩棉仍靠进口，这无疑会增加生产成本。泥炭在我国南方的储量远较北方少，而且价格也比较高，但南方作物的茎秆、稻壳、椰糠等植物性材料很丰富，如用这些材料做基质，则不愁来源，而且价格便宜。因此，选用基质时，既要考虑对促进作物生长有良好效果，又要考虑基质来源容易，价格低廉，经济效益高，不污染环境，使用方便（包括混合难易和消毒难易等），可用时间长以及外观洁美等因素。

2. 栽培基质的配制

屋顶绿化所用的基质与其它绿化的基质有很大的区别，要求肥效充足而又要轻质类。为了充分减轻荷载，土层厚度应控制在最低限度。屋顶花园的基质主要包括改良土和超轻量基质两种类型。改良土由田园土、排水材料、轻质骨料和肥料混合而成；超轻量基质由表面覆盖层、栽植育成层和排水保水层3部分组成。屋顶绿化基质荷重应根据湿容重进行核算，不应超过1300kg/m^3。常用的基质类型和配制比例参见表7-3，可在建筑荷载和基质荷重允许的范围内，根据实际酌情配比。基质的厚度必须依据屋顶的荷载力和种植植物的种类而变化，最低厚度不得小于35cm。一般栽植草皮等地被植物的泥土厚度需10～20cm；栽植低矮的草花，泥土厚度需20～30cm；灌木土深40～50cm；小乔木土深60～75cm。

表7-3　常用基质类型和配制比例参考表

基质类型	主要配比材料	配制比例	湿容重/(kg/m^3)
改良土	田园土,轻质骨料	1∶1	1200
	腐叶土,蛭石,沙土	7∶2∶1	780～1000
	田园土,草炭,(蛭石和肥)	4∶3∶1	1100～1300
	田园土,草炭,松针土,珍珠岩	1∶1∶1∶1	780～1100
	田园土,草炭,松针土	3∶4∶3	780～950
	轻沙壤土,腐殖土,珍珠岩,蛭石	2.5∶5∶2∶0.5	1100
	轻沙壤土,腐殖土,蛭石	5∶3∶2	1100～1300
超轻量基质	无机介质	—	450～650

注：基质湿容重一般为干容重的1.2～1.5倍。

3. 不同土壤类型基质配制

(1) 酸性土壤配方及特点

配方：田园土，草炭，松针土，珍珠岩按1∶1∶1∶1比例混合。

主要特点：半黏性沙土，肥力较高，团粒结构好。含有丰富的腐殖酸，具有保水性、透气性，是纯天然的有机物，无毒无菌，呈灰褐色，较肥沃，透气性和排水性良好，呈强酸性反应，具有吸附性、吸水性、透气性、松性、储存性、无菌性等优良特性，含有丰富的N、P、K、Mg、Fe、Ca等植物所不可缺少的元素，能满足植物对水、肥、气、热的要求，适于杜鹃花、栀子花、茶花等喜强酸性的花卉。

(2) 中性土壤配方及特点

配方：轻沙壤土，腐殖土，珍珠岩，蛭石按2.5∶5∶2∶0.5比例混合。

主要特点：不板结，通气性好，施肥少，无污染不影响环境，土质疏松，养分丰富，腐殖质含量高，吸热保温性能良好，具有吸附性、吸水性、透气性、疏松性、储存性、无菌性等优良特性。能满足植物对水、肥、气、热的要求。储水保湿，含水性好，含Mg、K、P、Fe、Ca、Mn、Cu、Zn等矿物元素，安全卫生，适于大部分园林植物扦插。

二、墙体垂直绿化基质要求

垂直绿化的最大问题就是荷载。为能支撑植物，且能持续为植物提供稳定的水分和养分，选用轻质高效的人工基质就显得尤为重要。应力求寻找一种轻质、高效的栽培基质，可以减少建设费用，并且实现真正的环保理念。

使用攀缘类植物进行墙体绿化时，只要墙体基部有宽度20～30cm、深度40～50cm的裸露土层即可直接栽植。如果土层很薄或无土，可以在墙体根部向下进行挖坑整地，坑深60cm，直径50cm，挖好后客土回填，坑距2～3m为宜，进行植物种植，利用植物自身的攀爬器官向上攀爬，覆盖墙体，形成绿量；为防止人为践踏，也可以在离墙基30～50cm处砌筑人工种植槽，一般宽60～70cm，深50～60cm，填土种植；对于临时的墙体绿化，可以把苗栽植于可移动的种植槽内，沿墙摆放。

骨架式、模块化和铺贴式墙体垂直绿化栽植基质与阳台、窗台、露台绿化栽植基质类似，应选择轻质的种植基质，持水量大、营养适中、通风排水性好的复合土。

三、阳台、窗台、露台、室内、庭院绿化基质要求

阳台、露台、窗台、庭院立体绿化花卉大多栽植在花盆或种植槽内。由于花盆与种植槽的体积相对有限，植物生长期又相对长，不仅要从基质中获取足够的营养物质，还要求其空隙适当，有一定的保水功能和通气性，因此需要人工配土，这种土被称为培养土。由于阳台、露台、窗台、庭院绿化植物种类繁多，生长习性各不相同，培养土应根据植物生长习性和材料的性质调配。室内立体绿化多采用盆栽，盆栽植物离不开基质，通过基质固定植株，并提供植物生长发育所需的各种养料和水分。基质的优劣直接与植株的生长发育有关，盆栽植物土壤尽量具有良好的团粒结构，平时不板结，湿时不成糊状，排水、保水以及通风透气等性能良好，疏松而又肥沃，富含大量腐殖质，酸碱度适宜。

此外盆栽最好使用经过消毒的培养土，则可减少病虫发生。若有蚜虫、红蜘蛛、介壳虫、叶斑病、白粉病、黄化病等发生，请参考花卉医院中的病、虫害内容及时进行防治。基

质的获取可以通过从附近的菜地或者种过豆科作物的农田里挖取沙壤土，其富含的肥力和良好的团粒结构，可更好地调制立体绿化基质。

（一）土质要求

土壤是植物的主要生长基质，并且提供了植物根系生长的环境和生长发育所需要的水分、养分和根呼吸的氧气，所以土壤的理化性质及肥力状况对植物具有较大的影响。

土壤性状主要由土壤矿物质、土壤有机质、土壤温度、水分和微生物、酸碱度等因素所决定，室内植物所需土壤主要要求是疏松，有机质丰富，保水，保肥力高，排水性好，有团粒结构。

家庭养花受条件限制一般不具备自己制作堆肥土的条件，应到花卉盆景市场购买优质的培养土，和家里原有的土混合使用。使用于室内的土壤大部分是根据植物所需来决定其土质。基本要求是疏松、透水和通气性能好，同时也要求有较强的保水，持肥能力，质量轻且卫生无异味。

（二）调整土壤酸碱度

土壤的酸碱性（pH 值）对植物生长发育影响很大。酸碱性不合适，会严重阻碍花卉的生长发育，影响养分吸收，甚至引起病害的发生。

大多数花卉在中性偏酸性（pH 值 5.5～7.0）土壤中生长良好，高于或低于这一界限，有些营养元素即处于不可吸收状态，从而导致某些花卉发生营养缺乏症。特别是喜酸性土壤的花卉，如兰花、茶花、杜鹃、栀子、含笑、桂花、广玉兰等，适宜在 pH 值 5.0～6.0 的土壤中生长，否则易发生黄化病。强酸性或强碱性土壤，都会影响花卉的正常生长发育。

改变土壤酸碱性的方法很多，如酸性过高时，可在盆土中适当掺入一些石灰粉或草木灰；降低碱性可加入适量的硫黄、硫酸铝、硫酸亚铁、腐殖质肥等。对少量培养土可以增加其中腐叶或泥炭的混合比例。例如，为满足喜酸性土壤花卉的需要，盆花可浇灌 1∶50 的硫酸铝（白矾）水溶液或 1∶200 的硫酸亚铁水溶液；另外，施用硫黄粉见效很快，但作用时间短，需每隔 7～10 天施 1 次。

家庭养花因盆土长时间使用，一般来说都是偏碱性的，而大多数植物（仙人科的基本可以除外）都喜欢偏酸性，建议可结合日常浇水加以改善，最简单有效的方法就是在水中加入微量的白矾或硫酸亚铁（或是在制作液体肥时加入硫酸亚铁）。

（三）土壤消毒

为了有效减少病虫害和病毒的危害，建议在换盆时对土壤和花盆进行消毒。可以用福尔马林消毒法。在每立方米栽培用土中，均匀喷洒 40％的福尔马林 400～500mL，然后把土堆积，上盖塑料薄膜。经过 48 小时后，福尔马林化为气体，除去薄膜，摊开土堆即可。

（四）无土栽培

无土栽培即无污染、无有机腐殖质、无土壤栽培，利用无机营养液直接向植物提供其生长发育所必需的营养元素，如用砂、砾土、蛭石、珍珠岩、苔藓、泥炭、木屑、树皮等各种轻质无臭人工栽植基质代替土壤并施用配好的完全营养液，进行观赏植物培育，高效优质，方便卫生（图 7-72）。

图 7-72　无土栽培

第三节　辅助设施

一、屋顶绿化辅助设施

（一）屋顶荷载

荷载是建筑物安全及屋顶花园成功与否的保障——即绿化时，要考虑建筑屋顶能否承受由屋顶花园的各项园林工程所造成的荷载，屋顶的承载能力直接关系到安全问题。建筑物的承载能力，受限于屋顶花园下的梁板柱和基础、地基的承重力。在屋顶花园的营造中，建筑荷载是一切工序的先决条件。屋顶花园的平均荷载只能在一定范围，特别是对原有未进行屋顶花园设计的楼房进行绿化时，更要注意屋顶允许荷载。要根据不同建筑物的承重能力来确定屋顶花园的性质、园林工程的做法、材料、体量和尺度。

1. 屋顶荷载类型

建造屋顶花园的屋顶荷载主要有活荷载和静荷载两种。

（1）屋顶花园活荷载　屋顶花园的活荷载主要是指修检工具设备和所上人的重量，这方面要预计到极限值的出现。活荷载较为确定，对一般的私人住宅，可按普通的上人屋面 1.5kN/m^2（如图 7-73 所示）；对规模较大的，或有可能进行集会或小型演出的可取为 2～2.5kN/m^2；对处于城市中心主要道路两侧的建筑屋顶，如可能成为密集人群观看节日游行等，则应按 2.5～3.5kN/m^2 考虑。

（2）屋顶花园静荷载

植物静荷载：德国有关资料给出屋顶绿化上的植物平均静荷载，地被草坪为 5kg/m^2，灌木和小丛木本植物为 10kg/m^2，大灌木和 1.5m 高的灌木为 20kg/m^2，3m 高的灌木为 30kg/m^2，其它的高大乔木则作为集中荷载考虑。

种植土静荷载：在我国 20 世纪 80 年代后建造的屋顶绿化，采用的人工种植土的密度为

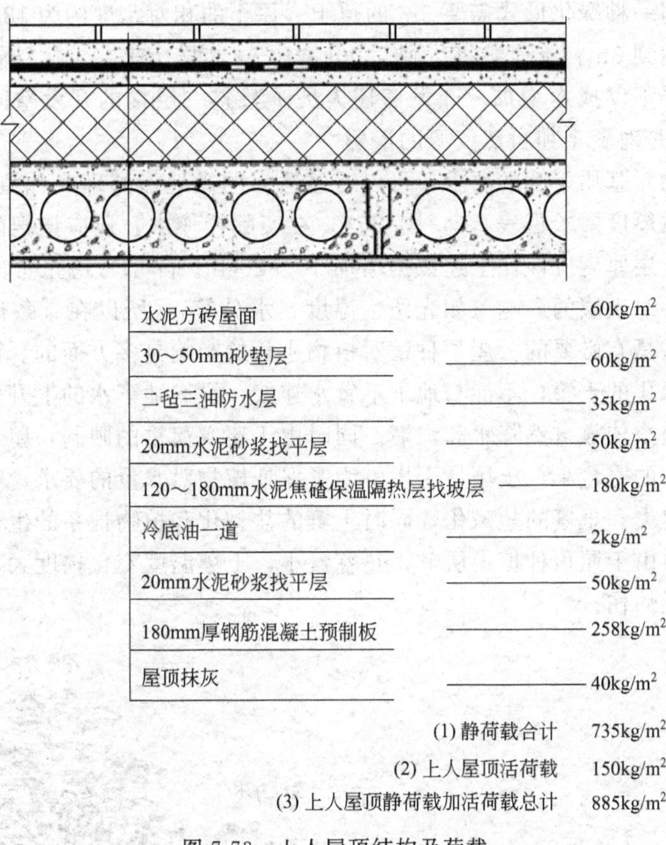

图 7-73　上人屋顶结构及荷载

780～1600kg/m^3，具体的容重配制时计算，但浇灌后湿容重增大 20%～50%。

排水层静荷载：陶粒密度为 600kg/m^3，卵石、粗沙和砾石的密度为 2000～2500kg/m^3，其它的塑料空心制品其重量较轻。

水体静荷载：屋顶绿化的小型蓄水池等静荷载，应视其水深和水池壁材料来确定，如水深 30mm，荷载 300kg/m^2，水深 50mm，荷载为 500kg/m^2；水池壁重量根据使用材料的容重推算，水池高度应换算成每平方米的荷载，其中在动水和喷泉设计的时候要考虑到动势所产生的重量。

其它静荷载：盆栽等植物荷载约 127kg/m^2；假山、置石可按实际山体的体积乘以 0.8～0.9 的孔隙系数，再按不同石质换算成每平方米的荷载。

2. 屋顶荷载与栽培基质

荷载越大，结构材料的断面越大，成本相应提高。因此，在屋顶花园的营造中，必须进行精确的计算，把土壤厚度和植物荷载控制在最小限度，既要保证效果，又要节省成本。在一般的情况下，如果承载达到 800kg/m^2 以上，多数的园林设施都可以建造，如果承载只有 400kg/m^2 左右，那就只能设计种植一些地被植物。在具体的设计中，必须考虑相应土壤结构的荷载要求和绿化的集中荷载要求。

(1) *土壤结构的荷载要求*　土壤结构荷载要求因土壤的结构而各有不同，如挖槽原土基本为自然土质（湿容重为 1600～1800kg/m^3），可回填实施绿化。回填厚度 3m，最低不小于 1.5m。在中国，地下停车场顶板的绿化需要至少 3m 覆土才被承认为绿地。但是通常情况下，没有任何一种绿化形式需要 3m 的覆土。原土的相对密度约为 $1800kg/m^3$，也就是说如果覆土厚度达到 3m，土荷载将达到 $5400kg/m^2$。这样一来，主体结构就需要大量的钢筋和混凝土，这样不仅成本增加，开发商还失去了整整一层楼的开发空间。由上面可以看出，3m 覆土显然是对资金和自然资源的浪费。

根据不同植物对基质厚度的要求，可以通过适当的微地形处理或种植池栽植进行绿化。屋顶绿化植物基质厚度要求见表 7-2，图 7-74。在实际操作中，还应该把防水层、排水层等考虑进去，正常土层厚度应该比上述数据增加 10～20cm。除了考虑正常的生长条件，还应该考虑到自然条件对土层的影响（如光照、温度、水分等），所以在有条件的前提下，尽量把土层做得厚一些是有必要的。屋顶种植对植物生长的影响是多方面的。屋顶绿化与大地隔离，因此供屋顶绿化的土壤，不能与地下毛管水连接。没有地下水的上升作用，屋顶种植生长所需水分必须完全依靠自然降水和浇灌。同时由于建筑荷重的限制，屋顶种植的土层厚度较薄，有效土壤水的容量小，土壤易干燥。为了保证植物对水量的要求，需要频繁浇灌，这样会加剧养分的流失和土壤的盐碱化，同时土壤的盐碱化和植物根系的生长对屋面防水也带来了一定的压力。由于屋顶种植土层薄，热容量小，土壤温度变化幅度大，植物根部冬季易受冻害，夏季易受灼伤。

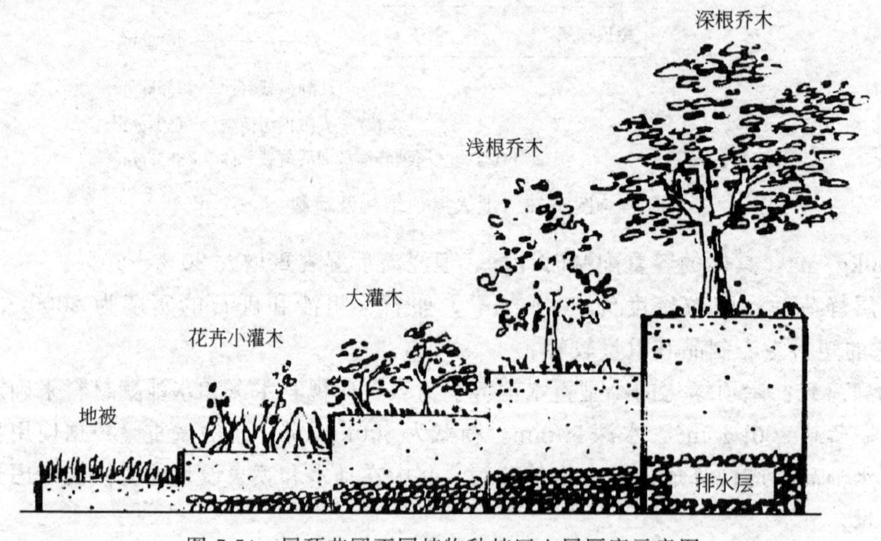

图 7-74　屋顶花园不同植物种植区土层厚度示意图

(2) 绿化的集中荷载要求　不同的树木，由于其规格和木质密度的不同，重量也各有不同。在实际操作过程中，必须严格计算，从而保证安全和建造成本。植物材料平均荷重和种植荷载参考见表 7-4。

表 7-4　植物材料平均荷重和种植荷载

植物类型	规格/m	植物平均荷重/kg	种植荷载/(kg/m^2)
草坪	m^2	10～15	250～300
地被植物	$H=0.2～1.0$	15～30	150～250
小灌木	$H=1.0～1.5$	30～60	100～150
大灌木	$H=1.5～2.0$	60～80	50～100
乔木(带土球)	$H=2.0～2.5$	80～120	50～100

注：H 表示植株高度。

通过了解屋顶花园的荷载等技术问题，使屋顶花园不仅可以在新建房屋上建造，也可以在部分满足承载力要求的已建楼房上改造，使城市环境有所改善，提高绿化覆盖率。

3. 减少屋顶荷载的方法

屋顶荷载的减轻，一方面要借助于建筑屋顶结构设计，屋顶应采用整体钢筋混凝土浇筑或预制装配的钢筋混凝土屋面板作屋顶结构层，或用隔热防渗透水材料制成的“生态屋顶模块”，减轻屋顶结构自重和屋顶结构自防水问题；另一方面就是减轻屋顶花园所需绿化材料的自重，其中包括将排水层的碎石改成轻质的材料等，当然上述两方面若能结合起来考虑，使屋顶建筑的功能与绿化的效果完全一致，既能隔热保温，又能减缓柔性防漏材料的老化，那就一举两得了。因此，最好是在建筑设计时统筹考虑屋顶花园的建设，以满足屋顶花园对屋顶承重和减轻屋顶构筑物自重的要求。具体方法简述如下：

(1) 减轻种植基质静荷载　采用轻基质材料如木屑、蛭石、珍珠岩等。一般可选用专用的种植土、草炭、膨胀蛭石、膨胀珍珠岩、细沙和经过发酵处理过的动物粪便等作为种植基质材料，然后再按一定比例混合配制而成。另外泥炭也可作为主要的栽培基质，它的容重很小，一般干重 0.2～0.3g/cm^3，湿重为 0.6～0.7g/cm^3，而普通土壤的容重是 1.25～1.75g/cm^3，湿重在 1.9～2.1g/cm^3。由此可以算出泥炭在干重时是普通土壤重量的 18%～20%，而湿重是普通土壤湿重的 33%，如果建造屋顶花园 100%用泥炭，则可减轻 2/3～3/4 的静荷载。

(2) 选用轻质植物　屋顶花园的植物材料应尽量选用一些中、小型花灌木以及地被植物、草坪等，尽量少用大乔木。屋顶花园土层薄、光照时间长、昼夜温差大、湿度小、水分少，屋顶花园植物配置也可以选择一些喜光、耐寒、耐热、耐旱、耐贫瘠，生命力旺盛的花草树木。最好是灌木、盆景、草皮之类的植物，总之使用须根较多、水平根系发达的植物，并且能适应土层浅薄的要求，尽量少使用高大有主根的乔木，若必须要使用高大的乔木，则种植位置应设计在承重柱和主墙所在的位置上，不要在屋面板上。

(3) 优化景观设置　在屋顶花园上可少量设置园林小品以及选用轻质材料如轻型混凝土、铝材、木、竹、玻璃钢等制作的景观小品（如假山石、棚架、凉亭、室外家具及灯饰），用塑料材料制作排灌系统及种植池。合理布置承重构造物，把较重构造如亭台、假山等安排在建筑物主梁、柱、承重墙等主要承重构件上或者是安排在这些承重构件的附近，以利用荷载传递，提高安全系数。在进行大面积的硬质铺装时，为了达到设计标高，可以采用架空的结构设计，以减轻重量。

在具体设计中，除考虑屋面静荷载外，还应考虑非固定设施、人员数量和流动性及外加自然力等因素。

（二）屋顶花园的排水

屋顶花园的排水一般有以下两种方法。

1. 架空设排水板层

在整个种植层下部设置架空排水板层，保证经种植层渗透的雨水或绿化洒水可以快速地进入排水板架空层，随屋面的排水坡流向屋面集水口，排入排水立管。在女儿墙与花坛挡墙之间预留检修通道，可以定期检查和清理集水口，以防止被树叶、垃圾等异物堵塞，从而保证排水顺畅。架空排水板将湿润的绿化种植层与屋面隔开来，在种植层之下形成一空气薄层，该空气薄层均匀地分布于整个种植层培养基质的下方，一方面可以避免屋面长期处于过湿的状态，另一方面还可以有效促进花卉植物根系的呼吸，有利于植物的生长。

2. 铺陶粒滤水层法

在回填种植土前，先在屋面铺一层 10～20cm 厚的陶粒层，然后在陶粒层上铺一层不低于 250g/m² 聚酯纤维土工布或土工无纺布。土工无纺布隔离了种植土，防止土壤流失。多余的水分透过土工无纺布进入陶粒层并流向排水口。陶粒还能吸收水分，通过蒸发回到种植土层供植物吸收。

（三）屋顶花园的防水及防水层的保护

1. 屋顶花园的防水层做法

屋面防水层主要承担屋顶花园的防水需求，屋顶绿化防水做法应达到二级建筑防水标准。绿化施工前应进行防水检测并及时补漏，必要时做二次防水处理。宜优先选择耐植物根系穿刺的防水材料，铺设防水材料应向建筑侧墙面延伸，应高于基质表面 15cm 以上。

屋顶花园防水层的防水是在建（构）筑物结构的迎水面以及接缝处，通过使用不同防水材料做成的防水层，并在构造上采取相应措施，以达到防止植物的渗透水及水体工程中的水对楼板渗透侵入。其中按所使用防水材料的不同可分为刚性防水和柔性防水（涂膜防水、卷材防水）。

（1）刚性防水　如图 7-75。刚性防水层做法：现捣 C20 以上，厚度 40mm 左右的细石混凝土，内配 6mm 间距为 200mm 的双向钢筋网，并设置分格缝（纵横间距不宜大于 6m），钢筋网在分格缝处完全断开。分格缝内满灌防水油膏。

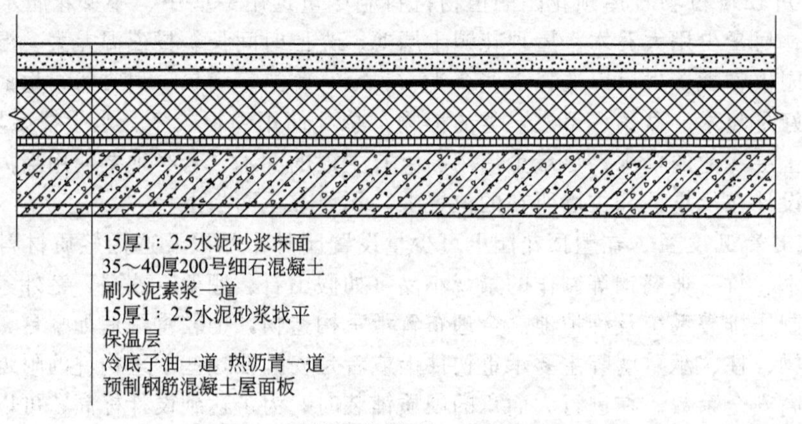

图 7-75　刚性防水屋面　（单位：mm）

（2）柔性防水

涂膜防水：常用的有沥青防水涂料、聚氨酯防水涂料和聚合物水泥基复合防水涂料等。

沥青防水涂料：该类涂料的成膜物质是以乳化剂配制的乳化沥青和填料组成，单独使用时厚度不应小于 8mm。由于这类涂料的沥青用量大，施工时对环境造成一定的污染，且其弹性和强度等综合性能较差，易老化脆裂，已越来越少用于防水工程。

聚氨酯防水涂料：是以甲组分（聚氨酯预聚体）与乙组分（固化剂）按一定比例混合的双组分涂料。其固体含量高，具有橡胶状弹性，延伸性好，拉伸强度和抗撕裂强度也较高。故经常使用（其中焦油聚氨酯防水涂料因焦油对人体有害已禁止使用）。

聚合物水泥基复合防水涂料：简称 JS 防水涂料，是一种以丙烯酸酯等聚合物为主要原料，加入其它外加剂制得的双组分水性建筑防水涂料。JS 防水涂料生产和应用都符合环保要求，能在潮湿基面上施工，操作简便。JS 防水涂料的拉伸强度较高，断裂延伸率却稍差。

卷材防水：如图 7-76。常用的有以 SBS 和 APP 为代表的高聚物改性沥青防水卷材，及

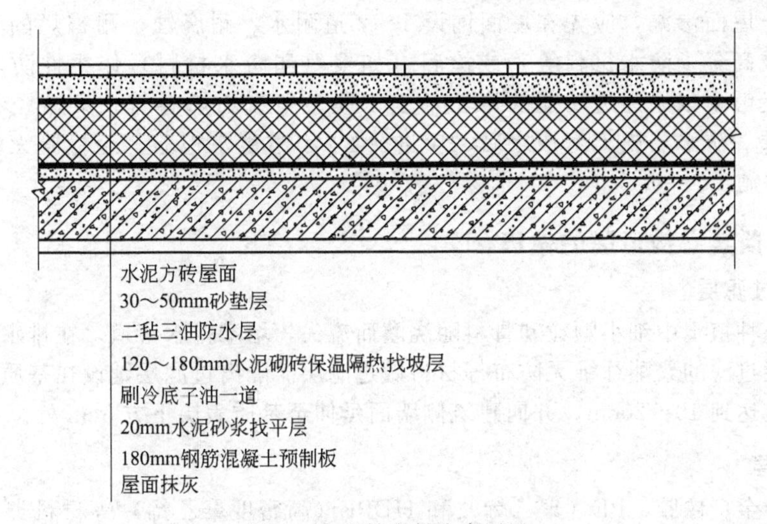

图 7-76　柔性卷材防水屋面

以 EPDM 和 PVC 为代表的合成高分子防水卷材，还有以钠基膨润土制成的防水毯。

苯乙烯-丁二烯-苯乙烯（SBS）卷材：采用苯乙烯-丁二烯-苯乙烯合成的弹性体聚合物，胎体采用玻纤毯和聚酯毯等高强材料，可在低寒、高温气候条件下使用，弹性和延伸率大，纵横向强度均匀性好。

聚丙烯合成树脂（APP）卷材：采用无规聚丙烯合成树脂制成的塑性体聚合物，以纤维毡或纤维织物为胎体，具有良好的拉伸强度和延伸率，耐热度高、热熔性好，特别适合热熔法施工，温度适应范围为－15～130℃，因而非常适宜在有强烈阳光照射的炎热地区使用。

三元乙丙橡胶（EPDM）卷材：三元乙丙橡胶防水卷材是由三元乙丙橡胶（EPDM）掺入丁基橡胶、硫化剂、辅料等加工制得的高分子卷材。具有较好的耐候性，耐老化，抗拉强度高，延伸率大，对基层伸缩或开裂的适应性强，使用温度范围宽（－40～80℃）等的特点，较适合在寒冷地区使用。

聚氯乙烯（PVC）卷材：聚氯乙烯（简称 PVC）防水卷材是以聚氯乙烯树脂为主要原料，加入各类专用助剂和抗老化组分，经加工挤压制成的防水卷材。具有拉伸和抗撕裂强度高、断裂延伸率大、稳定性好、收缩率小、低温柔性好、耐植物根系渗透的特点，与三元乙丙橡胶（EPDM）卷材均属高档防水卷材。

膨润土防水毯：膨润土是一种以蒙脱石为主要成分的细粒黏土。白色，含杂质时呈浅青色等，多为中生代火山岩蚀变形成。颗粒细腻，具强烈的吸水性，吸水后体积膨胀 10～30 倍，故名膨润土。试验结果表明其粒度已接近纳米级，是天然纳米材料。在建筑防水方面应用的是钠基膨润土，当与水接触后膨胀形成一层无缝高密度浆状防水膜，有效地隔绝水的侵入，并可自动修补混凝土的微细裂缝。膨润土防水材料安装后不会受大自然化学物质分解而减低防水功能，成为防水层结构中的永久性防水膜。现有不少企业利用膨润土制作成防水毯，其做法是在两层无纺布中间夹膨润土，形成连续的卷材，这种材料已在地铁、大坝底部、地下室底板等工程中大量使用；也在园林工程中开始应用于人工湖底的防漏、屋顶花园的防水等等。

2. 屋面防水层保护

首先要解决积水和渗漏水问题。防水排水是屋顶绿化的关键，故在施工时应按屋面结构进行多道防水设施，做好防排水构造的系统处理。各种植物的根系均具有很强的穿刺能力，为防止屋面渗漏，应先在屋面铺设1～2道耐水、耐腐蚀、耐霉烂的卷材（沥青防水卷材，合成高分子防水材料等）或涂料（如聚氨酯防水材料）作柔性防水层。其上再铺一道具有足够耐根系穿透功能的聚乙烯土工膜、聚氯乙烯卷材、聚烯烃卷材等作耐根系穿刺防水层。防水层施工完成之后，应进行24小时蓄水检验，经检验无渗漏后，再进行下一步工序施工。

（四）屋顶其它构造层的做法

1. 隔离过滤层

为了防止种植土中细小颗粒和骨料随浇灌而流失，堵塞排水管道，在排水层上铺设一层既能透水又能过滤的聚酯纤维无防布等材料做过滤层。隔离过滤层铺设在基质层下，搭接缝的有效宽度应达到10～20cm，并向建筑侧墙面延伸至基质表层下方5cm处。

2. 隔根层

一般有合金、橡胶、PE（聚乙烯）和HDPE（高密度聚乙烯）等材料类型，用于防止植物根系穿透防水层。隔根层铺设在排（蓄）水层下，搭接宽度不小于100cm，并向建筑侧墙面延伸15～20cm。

3. 分离滑动层

一般采用玻纤布或无纺布等材料，用于防止隔根层与防水层材料之间产生粘连现象。柔性防水层表面应设置分离滑动层；刚性防水层或有刚性保护层的柔性防水层表面，分离滑动层可省略不铺。分离滑动层铺设在隔根层下。搭接缝的有效宽度应达到10～20cm，并向建筑侧墙面延伸15～20cm。

（五）屋顶花园的植物装饰设计

屋顶花园植物装饰，可以利用檐口、两面坡屋顶、平屋顶、梯形屋顶进行。根据种植形式的不同，常用观花、观叶及观果的盆栽形式，如盆栽月季、夹竹桃、火棘、桂花、彩叶芋等等，也可利用空心砖做成25cm高的各种花槽，用厚塑料薄膜内衬，高至槽沿，底下留好排水孔，花槽内填入培养介质，栽植各类草木花卉，如一串红、凤仙花、翠菊、百日草、矮牵牛等，也可以栽种各种木本花卉，还可用木桶或大盆栽种木本花卉点缀其中，在不影响建设物的负荷量的情况下，也可以搭设阴棚栽种葡萄、紫藤、凌霄、木香等藤本植物。在平台的墙壁上、篱笆壁上可以栽种爬山虎、常春藤等。

根据屋顶花园承载力及种植形式的配合和变化，可以使屋顶花园产生不同的特色。承载力有限的平屋顶，可以种植地被或其它矮型花灌木，如垂盆草、半支莲及爬蔓植物，如爬山虎、紫藤、五叶地锦、凌霄、薜荔等直接覆盖在屋顶，形成绿色的地毯（如图7-77新加利福尼亚科学院大楼屋顶花园）。对于条件较好的屋顶，可以设计成开放式的花园，参照园林式的布局方法，可以做成自然式、规则式、混合式。但总的原则是要以植物装饰为主，适当堆叠假山、石舫、棚架、花墙等等，形成现代屋顶花园。要特别注意在城市的屋顶花园中，应少建或不建亭、台、楼、阁等建筑设施，而注重植物的生态效应。

二、墙体垂直绿化辅助设施

（一）墙体

墙体一般为一种可以种植植物的水泥防护墙。这种防护墙为钢结构，基部H钢与地面平行，而悬空H钢则与地面呈一个角度。在钢结构上加上钢丝和透水性水泥层、人造绿化

图 7-77　新加利福尼亚科学院大楼屋顶花园

土壤，就可以在上面种植植物了。为了促进我国城市垂直绿化事业的进一步发展，必须打破思想上的束缚，不要认为垂直绿化只能用攀缘植物，研究也只是局限于攀缘植物的选种，还应对垂直绿化技术进行革新，因地制宜地开展多种垂直绿化。

直接吸附攀爬在墙体上的植物自身能长出许多分泌黏液的吸盘，分泌胶状物的附生根，吸附在墙体上攀附生长，因此粗糙墙面，如水泥混合砂浆和水刷石墙面，攀附效果较好，墙面光滑的，如石灰粉和油漆涂料墙体，攀附比较困难。对于光滑的墙面，可以在墙面上拉铁网或农用塑料网，或用锯末、沙、水泥按 2∶3∶5 的比例混合后刷到墙上，以增加墙面的粗糙度，有利于攀缘植物向上攀爬和固定。

进行建筑物墙体立体绿化前，宜先将原墙体粉刷层损坏部分整修好，因为绿化后再修补会损伤植物。对已有爬山虎的墙体进行粉刷时，只要妥善保护好根部和部分枝条，修理完毕后加强肥水管理，墙面又会在很短的时间内披上绿装，恢复原貌。

（二）支撑骨架

大部分植物没有生长特殊器官——吸盘，不能直接攀附在墙面上，需要专门配置供植物攀缘的支架。

大规模的壁面绿化需要增加支撑结构，如供植物攀爬的高强度钢电缆，或是可种植植物的金属板系统。对于攀缘植物的支撑体，往往应根据不同习性的藤本植物进行不同的处理。如拉绳、支杆、棚架、网格架等，牵引植物向上攀爬，也可以避免基部叶片稀疏，横向分枝少的缺点。支撑骨架的材料可以是竹、木、麻、复合塑料、金属等。支架形式的选择，应以既能使植物茂盛生长，又能使它牢固地攀缘在支架上为原则。砖石或者混凝土、钢结构的支架能种植大型藤本植物，如紫藤、凌霄等；竹、麻绳材料的支架能种植草本攀缘植物如牵牛花、啤酒花等（图 7-78～图 7-81）。

支架可钻孔后用膨胀螺栓固定，也可在砌筑时预先埋于墙内。支架不仅要能承受植物的自重，还要经得起风吹，特别是要经得起墙体角落常出现的旋风的冲击。整个支架的色彩不宜过于艳丽，最好与建筑物表面一致，以免植物冬季落叶后显得太耀眼。

图 7-78 钢质网格支撑骨架

图 7-79 铁丝网格支撑骨架

图 7-80 防腐木支撑骨架

图 7-81 铁丝网格支撑骨架

（三）其它设施

除采用支撑骨架外，有些植物还可采用钩钉、骑马钉、铁丝或者橡皮胶、玻璃胶等固定在墙面上。金属构件都应做防锈处理，可以采用镀锌，以防生锈。如果使用塑料绳牵引，最好选择耐紫外线辐射的复合型塑料绳，因为塑料绳在经历了长期风吹日晒后，会老化变脆乃至断裂，影响墙面的绿化效果甚至发生危险。用钢丝绳或者钢架子，也要进行防锈处理，可以涂防锈漆、镀锌等办法。

三、阳台、窗台、露台绿化辅助设施

阳台所处位置的高低与受强风吹袭的影响有关，一般多层房屋的底层影响较小，高层建筑的阳台上，往往因风力强大，影响植物的正常生长和开花结果。特别是炎夏的干热风，会使较小的盆栽花木在一个中午过后，叶片烧枯，盆土干热损伤根系，不及时补救，将造成花卉干枯死亡。为防止夏季干热风的侵袭，应在高层建筑阳台设置必要的挡风和遮阳部件，以促使植物健康生长。

阳台风大、干燥、湿度低是其不同于庭园及其它绿地的特殊因子，楼房层数越高越干燥，光照亦越强。用百叶窗调节阳光固然是一个好方法，然而用攀缘植物来装饰，则更具活力，既可调节光照，又能美化环境。

（一）构造

国家颁布的《住宅设计规范》对阳台和窗台的设计明确要求：外窗窗台距楼面、地面的净高低于 0.90m 时，应有防护措施，窗外有阳台或平台时可不受此限制。窗台的净高或防护栏杆的高度均应从可踏面起算，保证净高 0.90m。

低层、多层住宅的阳台栏杆净高不应低于 1.05m，中高层、高层住宅的阳台栏杆净高不应低于 1.10m。封闭阳台的栏杆也应满足阳台栏杆净高要求。中高层、高层住宅及寒冷、严寒地区住宅的阳台宜采用实心挡板。

（二）辅助元素

1. 阳台、露台

较宽敞的阳台，可以做成正规的阳台花园，即在阳台上设计制作一些小型花坛，栽种花卉草木。但绝大多数家庭则是用种植器皿栽种花卉，所以阳台绿化装饰主要靠花盆及种植槽或者其它容器栽培植物，容器也是阳台绿化装饰的重要部分。容器的选择应与所选的植物相称，一般选那些比较精致、透气的盆，或是自己制作的木箱等。通常用得较多的是瓦盆、塑料盆或吊盆及各种材质的种植器皿（图 7-82）。

图 7-82　器皿栽种

花架在阳台中也同样很常用，是指可以直接摆放在阳台上陈列盆花的架子，可以用木板或金属条制作。

阶梯式花架，可用木板制作，也可用直径 8～10mm 的钢筋焊制而成。

柱式花架，用 8～10mm 的钢筋做成三脚架，再焊上比花盆直径略小的圆形即成。

博古架，用木板制作，架宽以放置一盆花为宜，一般不超过 20～30cm。可根据要放置的盆花或盆景大小而确定架宽和大小（图 7-83）。

其它辅助设施还有如固定架、吊钩和挂钩等来固定盆花（图 7-84）。

需要提到的是，一般高层楼房不建议安置室外花架和绿化材料，确需安装就要请专业人员设计，阳台绿化要在确保承重、悬挂固定等安全情况下实施。下垂上爬的植物过长时要及时修剪，以免影响邻家采光，同时要安装杀灭蚊蝇装置以防植物虫害。

露台上辅助元素与阳台同（图 7-85）。

2. 窗台

最理想的窗台绿化的种植槽、池是与土建工程同步建造，可以在窗口下增设花槽，应注

图 7-83　借助花架等陈列盆花

图 7-84　固定架、吊钩等来固定盆花

图 7-85　露台绿化实例

意的是种植池与窗扇开启方向的关系，在确保窗扇开启时不受影响的情况下，来确定种植池的高低位置和花卉种类。

在已建成的建筑物窗口增设窗口种植池时，可采用花盆等。种植池支架需采用小型角钢或厚扁钢。除非经过结构计算核实，不得采用木架、铅丝支撑悬挂大型种植池。

（三）景观材质

1. 石材

阳台景观是对室外造景的浓缩，继承园林的移天缩地情感，追求意境与韵味，以石代山，以水示湖。因此，作为主景的山石成为造景的重要构成。

在阳台景观中，常用的石材有雨花石、鹅卵石、黄蜡石、英石。

雨花石（图 7-86）是比较常见的用来装饰的石材。是一种天然玛瑙石，也称文石，观赏石、幸运石。中国自南北朝以来，文人雅士寄情山水，笑傲烟霞，至唐宋时期达到巅峰，雅史趣事中有关赏石的佳话不胜枚举，将水养的雨花石置于容器中，宁静而富韵致。

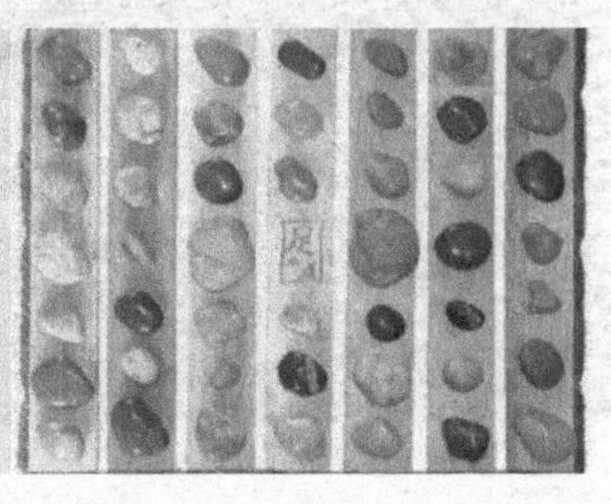

图 7-86 雨花石

鹅卵石（图 7-87）是一种很常见的石材，主要有天然鹅卵石与机制卵石两种。其体态圆润，没有突兀和棱角，富有野趣。

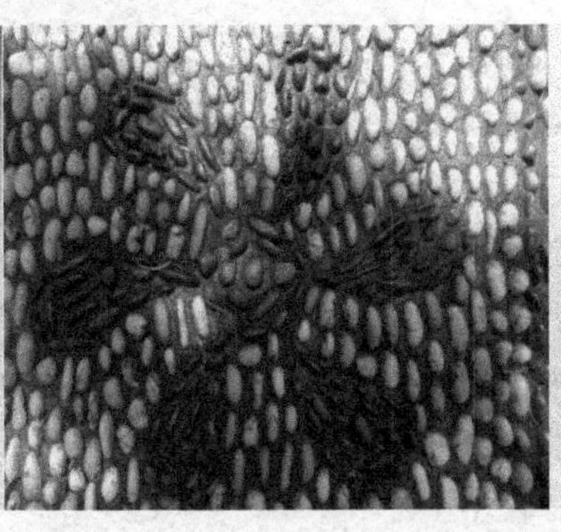

图 7-87 鹅卵石

黄蜡石（图 7-88）的表面较光滑，触感柔和，因而又给人一种温润的感觉，特别是有的黄蜡石竟能随天气晴晦而起变化，很是奇异。其不以“皱、瘦、漏、透”胜，而以石表滋润细腻，颜色纯黄、耀人眼目而受人钟爱，梁九图在《谈石》中就说：“蜡石最贵者色，色重纯黄，否则无当也。”它的造型，或抽象，或具象，总给人一种敦厚的感觉，引人亲近。在阳台景观中，可置于桌上，或点入池中。

英石（图 7-89）分为阳石、阴石两类：阳石露于天，阴石藏于土。阳石瘦漏皱透，阴石玉润通透。在阳台景观中，可选阳石作假山飞瀑。

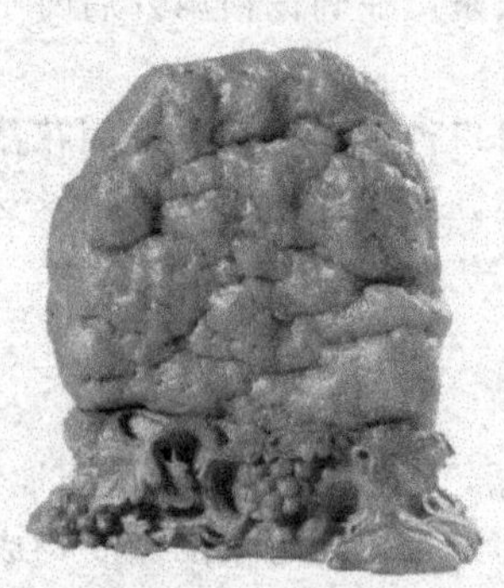

图 7-88 黄蜡石

图 7-89 英石

2. 木质材料

木质材料能充分体现自然风貌，给人以自然归属感。常用的木材有杉木、红橡木、松木。

杉木的材质松轻，易干燥，易加工，胶着性能好，强度中等，切面粗糙，易劈裂，是目前在阳台景观中较为常用的中档木材。通常将它运用于栏杆装饰或制作木质花架、小型水车以及空间隔断等。

红橡木具有香气，防潮防腐，质地硬，易于加工且纹理美观，油漆后色泽亮丽。多用于地板的铺装。

松木质地坚硬，具有松柏科植物的香味，且在受潮后不易变形。阳台绿化中，多将松木用于景观构建的边缘修饰，水景周边的平台、铺装等。但是由于松脂的处理需有很多工序，故而松木在应用中占的比重相对较小。

其它元素依阳台整体设计风格而配合搭配。

四、门厅、室内绿化辅助设施

（一）门厅立体绿化辅助设施

门厅的绿化要在保证出入方便的前提下，注意内外景色的不同，采用收放自如的手法，以增加风景层次深度，扩大空间，还要注意对景、框景的应用。在进行门厅的景观设计时，应结合考虑它所处的地点和建筑环境，灵活运用不同的绿化设计手法，使之成为建筑群体的亮点。

1. 门柱

门厅的立体绿化的主要部位是大门的门柱，门柱上可以绿化的部位有门柱的顶部和表面。

（1）*门柱的表面* 门柱的表面绿化，可以在门柱基部设置种植槽，或者在大门建筑的时候预先留出一定的空地，用来种植藤本植物，并在门柱上采取一定的措施使藤本植物固定。

（2）*门柱的顶部* 在门柱的顶部设置种植槽时，可以栽植迎春、连翘等垂枝小灌木或者花卉，具体要根据不同的门柱形式选择合适的种植方式。

2. 台阶

在建筑的门厅处，入口或者门道高出地面时，常常修建台阶来解决地势高低不同的问题。建筑门厅前的台阶一般比较整齐，绿化的方法是在台阶的护栏处设置种植池，在上面种植植株比较矮小的灌木如铺地柏等或一些宿根草花，以不影响门厅的景观为宜；也可以在台阶的两边放置盆花。或者在台阶的边缘设置花台，花台上设置种植池，在种植池的边缘种植爬山虎、忍冬等藤本植物，让其枝条自然下垂。

3. 庭廊

（1）大型建筑的门厅大多设有庭廊，绿化时可在入口门廊的边缘设置种植池，种植藤本植物或者垂枝的小型灌木，使枝条自然下垂，别有一番情趣。

（2）没有庭廊的建筑门厅，如果条件允许，在不影响建筑景观的前提下，可以在大门或者入口的地方设置棚架，在其上种植攀缘葡萄、紫藤、藤本蔷薇等藤本植物，可以形成一个相对私密的入口门厅空间。

（3）棚架可以用各种材料，常见的有木结构或者是钢架结构。棚架的形式可以根据门的情况与大门周围的环境灵活掌握。

4. 雨棚

（1）公用建筑或居民住宅楼门上设置较宽大的挑台，俗称雨棚。雨棚是大门建筑中常见的部分，一般突出于建筑之外，可以起挡雨的作用，从而保护大门。雨棚的结构样式也不尽相同，有的狭而长，有的短而阔，有的圆而小。

（2）利用植物材料覆盖雨棚，可以减轻雨水对大门的冲刷作用。雨棚立体绿化也是建筑空间中建筑本体垂直方向上的绿化，所以雨棚绿化也属于立体绿化的范畴。由于雨棚的位置和地位与窗台、屋顶类似，在大门绿化时，可以像屋顶绿化布置那样对一些大门的雨棚进行绿化，可以在上面摆设盆花或者直接设种植槽。在雨棚边沿摆设疏密有致的时令花卉，或者栽植一些小型的柔枝下垂的花灌木，例如迎春等植物，也可以在上方设置种植槽，采用牵牛花等草本的攀缘植物，但无论采用何种布局都要留心注意雨棚的荷载。

5. 门厅两侧的花墙

大门两侧的花墙，可以采取墙体绿化的方式，用爬山虎等藤本植物在墙面上攀缘覆盖，也可采用不带刺的藤本花木进行配置，如藤本月季，采用人工牵引的方法，使植物的枝条按照要求绿化大门两侧的墙面。种植池可以设在墙内，也可以设在墙外。

（二）室内立体绿化辅助设施

1. 容器

容器的选用首先要着眼于植物的生长发育，根据花卉的种类、植株的大小、根系的多少等来选择不同种类、不同大小的容器。一般盆花如在培养期内，最好选用泥盆，因为泥盆排水便利，易于透气，有利花木生长发育。而在装饰观赏时，则可改用陶盆或瓷盆，比较美观，但缺点是排水不良，通气较差，直接栽种花木不一定理想。因此，布置时常采取在瓦盆外面套用陶、瓷盆的做法，既具有较好的装饰效果，培养管理也较方便。若是置于书架、五斗橱或几、案之上，为清洁防湿，还可在盆底下垫只玻璃器皿如珍珠盘等，或是专门的垫盆。

选择容器时还应注意容器与植株在体量、质地、形式、色彩上相协调。花盆形式及色彩以简洁朴素为上品，以免喧宾夺主，影响盆中之花的美观。在色彩上，如颜色较深的吊兰、紫鸭跖草等可种在乳白色等淡雅的花盆中，而银边吊兰、银心宽叶吊兰等则需种在紫砂盆或颜色较深的塑料盆中，方可衬托其色彩（图 7-90）。

图 7-90　选择容器

2. 几架

几架多用于盆景中，好的盆景还要求有一个好的几架，精致的盆景，如能配上适当的几架，就能提高观赏价值，渲染气氛，增加盆景的名贵感。盆与几架能否配合盆景，则不啻衣履之于人体。因此盆景与几架配合协调至为重要，大小、高矮、轻重、方圆均极讲究。盆与架的大小必须相称，一般几架应略大于花盆底部。悬崖式盆景宜用高几架；长方形或椭圆形盆景，则用一般高度的几架，以便盆景的陈设与欣赏符合人的视觉习惯，达到更好的观赏效果（图 7-91）。

（1）室内几架，按陈设方式分类有两种：一为落地几架，属家具范围。如长桌、琴桌、圆桌、半圆桌、博古架等；二为案上几式座子，属小品配件，常置于桌案上，再在其上陈设盆景。

（2）几架形式：圆六角、书卷式等。几架的款式、风格，因时代的兴向而有所不同。有明式（1368—1644 年）与清代（1644—1911 年）两种。明式几架浅脚刚劲有力，造型古朴优雅，结构简洁洗练，色调深沉凝重；清式几架则雕琢刻花，线条复杂多变，结构精巧，造型富丽豪华。

（3）几架材料：多用名贵硬质木制成，如红木、紫檀木、柏木、酸枝、坤甸木等；有

图 7-91 几架

用天然树桩、树根和树枝，剥去表皮，打磨抛光，略加涂饰而成；有用斑竹、紫竹或人工熏制的斑竹、紫竹等制作几架，自然纯朴，色调淡雅；也有用陶器制成的几架，或木料中嵌上贝壳的几架。

3. 支架

支架是植物整形过程中不可缺少的工具，对蔓生的植物或是侧枝密生、呈拱形下垂的植物，应分别植物种类设立支架。支架的形式有单柱式（主要为防止植株或花枝倒伏，将竹竿直接插入盆土内，然后绑扎固定；主要用于多年生草本观花类花卉，如秋海棠、独本菊、大丽花等）、三角形支架、拍子式和牌坊式（用材料做成各种平面形的支架）、筒形和圆盘式支架（用于仙人指、蟹爪莲、大立菊等），以及蘑菇形支架（用于藤蔓植物）等（图 7-92）。

图 7-92 支架

4. 悬挂器具

盆和篮可以用铁丝、竹、藤、塑料等制作，其造型可根据个人的爱好及手边的材料情况而定，盆的造型比较自由活泼，篮的形式变化多样。由于盆和篮都是悬挂使用的，所以吊盆、吊篮的挂钩、吊绳要坚韧牢固，而且要与植物的色彩、形体相协调（图 7-93）。

图 7-93 悬挂绿化

第四节 栽植方法

一、屋顶绿化栽植方法

（一）种植床

种植床结构包括种植层（植被层+轻质种植基质层）、过滤层、排水层、防水层（图 7-94）。

种植床厚度应根据屋顶设计活荷载数值确定，各层总容重应小于 $1000kg/m^3$。

（1）种植层 轻质种植基质层是指满足植物的生长条件，具有一定的渗透性能、蓄水能力和空间稳定性的轻质材料层。种植基质层的微地形处理方法见图 7-95。为使植物生长良好，同时尽量减轻屋顶的附加荷重，种植基质一般不直接选用地面的自然土壤（主要因为土壤过重），而是选用既含各种植物生长所需元素又较轻的人工基质，一般选用壤土、泥炭土（草炭土）、蛭石（珍珠岩、锯末）等混合而成。如壤土+泥炭+蛭石（珍珠岩、锯末），

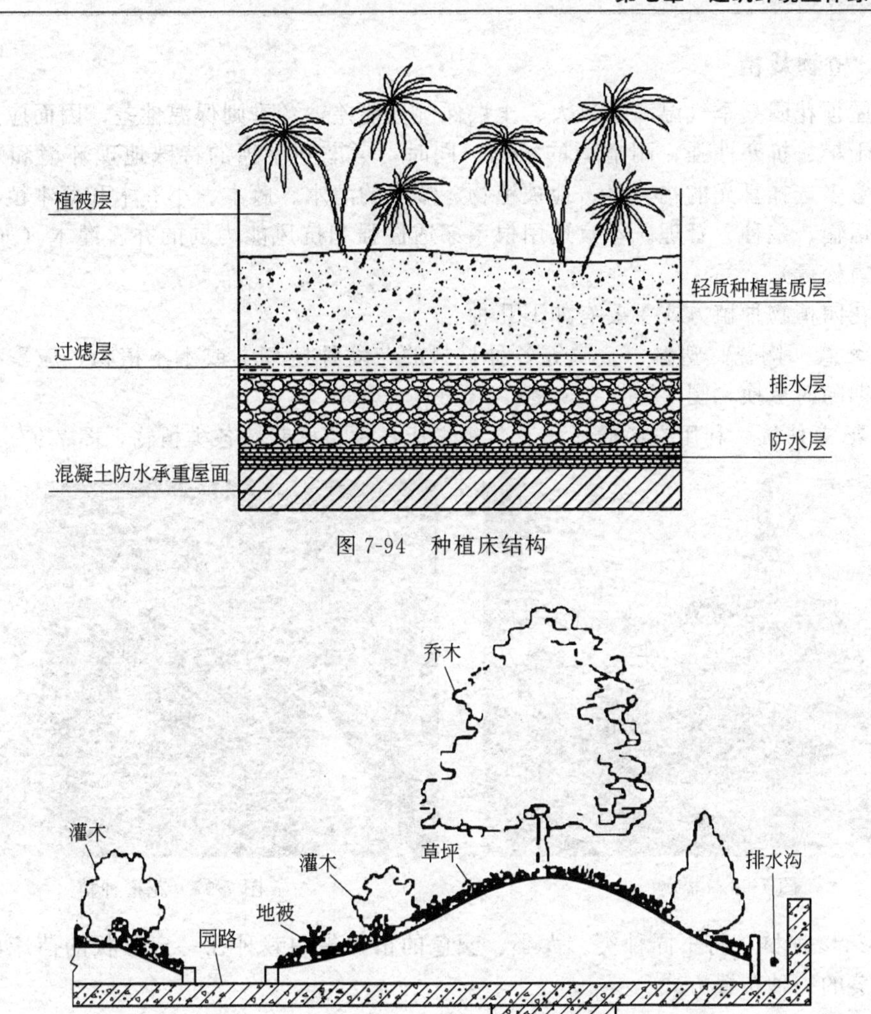

图 7-94 种植床结构

图 7-95 屋顶绿化植物种植微地形处理方法示意图

也可选用具一定肥力的其它介质。

(2) 过滤层　为防止种植土中小颗粒及养料随水而流失、堵塞排水管道，采用在种植基质层下铺设过滤层的方法。常用过滤层的材料有粗沙（50mm 厚），玻璃纤维布，稻草（30mm 厚）。可用无纺布（$200g/m^2$ 以下）或者其它不易腐烂又能起到过滤作用的材料。

过滤层所要达到的质量要求是：既可以通畅排灌，又可以防止颗粒渗漏。

(3) 排水层　一般包括排水板、陶粒（荷载允许时使用）和排水管（屋顶排水坡度较大时使用）等不同的排水形式，用于改善基质的通气状况，迅速排出多余水分，有效缓解瞬时压力，并可蓄存少量水分供植物生长之用。

排水层铺设在过滤层之下，应向建筑侧墙面延伸至基质表层下方 5cm 处。施工时，应根据排水口设置排水观察井，并定期检查屋顶排水系统的通畅情况。注意及时清理枯枝落叶，防止排水口堵塞造成积水倒流。

可用粗炭渣、砾石或其它物质组成，厚度 5cm 为宜，也可用塑料排水板等其它新型排水材料。花池每隔一定距离，设置排水孔。

（二）植物栽植

由于屋顶花园夏季气温高、风大、土层保湿性能差，冬季则保温性差，因而应选择适应性强、耐干旱、抗寒性强、耐瘠薄的植物，同时，考虑到屋顶的特殊地理环境和承重的要求，应注意多选择喜光的花、草、地被植物、矮小的灌木、藤本、小乔木和草本植物，以利于植物的运输、栽种、管理。不宜选用根系穿透性强和抗风能力弱的乔、灌木（如黄葛树、小叶榕、雪松等）。

屋顶花园植物种植方式主要有如下几种。

（1）盆栽　陶瓷、塑料、金属等各种材料的花盆种植草本或木本植物，应季布置，根据其盛花期随时更换，图 7-96。

（2）花槽种植　利用空心砖、木、竹等做成各种花槽栽植各类植物，图 7-97。

图 7-96　盆栽

图 7-97　花槽种植

（3）花坛种植　将不同种类、大小、颜色的植物集中栽种在一定形状的苗床内，使其发挥群体美的一种布置方式。

（4）整片地毯式种植　将草坪等地被植物整片地毯式种植，覆盖屋顶，图 7-98。

（5）棚架式种植　屋顶荷载允许的情况下，可以搭设阴棚花架栽种葡萄、紫藤、凌霄、木香等藤本植物。在平台的墙壁上可以栽种爬山虎、常春藤等，图 7-99。

（6）自然式种植　屋顶荷载很好的情况下，可以设计微地形，乔木、灌木、地被植物搭配种植，模仿自然园林。

植物进行栽植前首先用粉笔在屋面上根据设计要求划出花坛、花架、道路、排水孔道、浇灌设备的位置，在屋面铺设 5～10 厘米的排水层，然后在过滤层上铺设轻质人造土种植层，厚度依植物而定。花坛或种植槽内的排水孔事先必须用碎片或尼龙窗纱盖住，然后才能铺排水层与种植层。栽植树木或花草时，必须使根系舒展，剪去过长的根，使土壤与植物根系紧密结合。栽后立即浇水 1 次。

二、墙体垂直绿化栽植方法

植物栽植时应当注意墙体朝向对于植物的影响。一般来说，朝南和朝东的墙面光照较充足，而朝北和朝西的光照较少，因此，要根据具体条件选择对光照等生态因子相适合的植物材料。当选择爬墙植物时，宜在西向、北向两个朝向种植常绿树种，而在南向、东向墙面种植落叶树种，以利于南向墙面可在冬季吸收较多的太阳辐射热。

植物栽植时应当注意墙体色彩对于植物的影响。每一面墙都有一定的色彩，因此墙体垂

图 7-98 地毯式种植

图 7-99 棚架式种植

直绿化还要顾及墙体色彩和周围环境色彩：一堵黑瓦红墙应该配置枝叶葱绿的爬山虎、常春藤、薜荔；白粉墙上采用爬山虎，可以充分显示爬山虎的枝蔓游姿与叶色的变化，夏季枝叶茂密、翠绿，秋季红叶染墙，叶蔓摇曳墙头；橙黄色的墙面则应该选择叶色常花白繁密的络石等植物加以绿化，这些植物配置都能带来较好的视觉效果（图 7-100）。

图 7-100 五叶地锦在不同色彩墙体上的景观效果

另外，藤本植物季相变化特征非常突出，因此在配植时要在应用落叶藤本植物的情况下，选用一些常绿或者半常绿的藤本植物，以避免色泽单调或落叶后的缺憾，使墙体保持四季常绿（图 7-101）。

植物栽植时应当注意墙体高度对于植物的影响。墙体高度 2m 以上，可种植：爬蔓月季、扶芳藤、常春藤、猕猴桃等；高度 2～5m 可种植：葡萄、葫芦、紫藤、金银花、丝瓜、木香等。高度 5m 以上可种植美国地锦、中国地锦、美国凌霄、山葡萄等。

用于北方城市垂直绿化的攀缘植物种类有很多种，常见的主要有三叶地锦、五叶地锦、牵牛花、南蛇藤、野葡萄、猕猴桃、五味子、山荞麦、金银花、观赏南瓜、啤酒花、小葫芦等。除了一般要求的尽可能速生和常绿外还可根据环境、功能、绿化等目的选择适合的品

图 7-101　不同季相爬山虎墙体垂直绿化景观效果

种。下面主要介绍山荞麦、五叶地锦、三叶地锦、猕猴桃、茑萝、野葡萄等几种适合北方的攀缘植物的生物学特性及栽培方法。

山荞麦为蓼科蓼属、落叶藤本植物，喜光、耐阴、耐瘠薄土壤，能在零下的低温环境下越冬。茎缠绕或近直立，初为草质，后变为木质。单叶互生或簇生长圆形。花序圆锥状，花小，白色，花期 9～10 月。山荞麦生长迅速，具有很强的耐热蒸腾能力，无需管理即可快速生长。影响其生长的主要因素是水分，一般情况下只要水分充足，都能旺盛生长。对土壤无特殊要求，沙质土壤最宜生长，怕涝，为加快生长可在每年 4～5 月施少量氮、磷、钾复合肥。浆果球形，成熟时蓝黑色，花期 6～7 月、果期 9～10 月。原产美国东部，我国于 20 世纪 50 年代初引种栽培，宜于肥沃沙壤土生长，也耐干旱、耐阴、抗性强，可植于围墙、石旁，亦用作地被，秋季火红。播种、扦插繁殖具有重要意义。山荞麦的白色小花对街景起到良好的丰富、美化作用。山荞麦可用于庭院灯柱的绿化，但需严格修剪，以免影响灯光照明。

五叶地锦为葡萄科爬山虎属，落叶藤本植物，树皮红褐色，幼枝紫红色，茎长具有卷须，卷须顶端有吸盘，掌状复叶，小叶 5 片卵状椭圆形上。

三叶地锦为葡萄科爬山虎属攀缘藤本，枝具吸盘，可吸附在墙壁及其它植物上，花黄绿色，花期 6～7 月，果蓝黑色，果期 10 月，是优良墙壁垂直绿化植物。

猕猴桃为猕猴桃科猕猴桃属。落叶藤本，叶膜质，宽卵形，先端常分裂，边缘具纤毛状小锯齿，枝粗壮，多分枝卷须，须端扩大成吸盘，枝繁叶茂层层密布。幼枝及叶柄密生棕黄色毛，老枝无毛，髓大白色片状分隔，花多色，花期 5 月，喜光，耐湿、较耐寒，在湿润、肥沃疏松的酸性土壤、中性土壤里生长良好，主根发达、肉质，萌蘖力强，适应性强且生长快，常吸附于岩壁、墙垣和树上，易自然更新。适宜配置画架、绿廊、绿门与墙壁任其自然生长，入秋叶红。适于配植宅院墙壁、庭院入口、桥头石栅处，也可作为工矿、街道垂直绿化。

茑萝为旋花科茑萝属。草质藤本茎细长柔软光滑，叶羽状细裂茂密细腻，小花高脚碟形，花色鲜艳，深红或白色，花期 7～10 月，果成熟易脱落。原产美洲热带，喜光，植物茎蔓细长可达 7～8m，覆盖率高，铺地生长枝蔓交叉形成厚厚地被层，最外层的枝叶容易出现枯黄。栽培地应排水良好，土质疏松肥沃，如能追施薄肥则可延长绿叶期发挥绿化效果。是阳性植物，可作林缘或空旷地片植，也可用于大型花坛或在阳台、窗台等处栽培，靠播种繁殖。

野葡萄为葡萄科葡萄属，木质藤本，枝粗壮，具卷须，叶宽，革质，边缘有锯齿，表面深绿色、背面淡绿色，柄有毛。聚伞花序与叶对生，花黄绿色。浆果近球形，鲜蓝色，要求土质深厚排水良好。

三、阳台、窗台、露台绿化栽植方法

阳台、露台以及窗台的花木栽培，应和室内花卉陈设有机地结合。

阳台、露台与窗台植物的栽培方式主要有土壤栽培和非土壤介质栽培，即无土栽培。非土壤栽培包括有介质培、水培、附生栽培三种。阳台绿化较为先进的方法是非土壤介质栽培，也叫无污染栽培。这种方法的优点是：植株根系发达，生长健壮，容易移栽，无污染。

土培主要采用园土、泥炭土、腐叶土、砂等混合成舒松、肥沃的盆土。

介质栽培的材料有陶砾、珍珠岩、蛭石、浮石、锯末、花生壳、泥炭、砂等。适宜的植物有鸭脚木、龟背竹等。

水培主要指用水栽培的植物如：水仙、富贵竹等。

附生栽培是利用朽木、岩石（主要是指假山石）等作支撑物栽培的植物，如蕨类植物、兰科植物等。附生栽培植物日常管理中注意喷水保湿即可。

在栽植容器的选择上，根据植物体的大小和其生长速度来定。运用容器栽培利于组团成景，且在移动上相对方便。但是要注意不同的栽植容器在阳台造景上的限制因素：塑料容器不宜长时间处于阳光下，以免破裂、损坏；木制容器较塑料、金属器具更易于与周围环境相协调，增加景观效果，但长时间会出现腐烂，不过现有很多防腐木制品可以用在绿化上。花盆的大小要与植株的大小相匹配，一般来说，太大的花盆，由于土量过多会影响植物根部透气，也容易造成浇水不透的情况。所以，花盆还是要选择合适的大小。

还需注意的是，阳台、露台、窗台养花，对于大多数的花卉来说，都可以获得满足其生长需要的光照。但是在夏季上午十点到下午四点，最好做适当的遮阴；且在天气晴朗、炎热干燥时，要给植株和周围地面喷水，用以增加湿度和降温。

此外，在浇水方面需注意：城市的自来水最好先将其储存1～2天再浇。雨水、溪流里的水浇花更好；在水温方面，水温尽量和盆土温度接近。

四、门厅、室内绿化栽植方法

门厅室内绿化主要使用盆栽，应根据花苗的大小选用适宜的花盆。上盆的具体做法是：先用碎瓦片或金属网将花盆的底孔盖上，以免盆土漏出，然后填入培养土。根据起苗根系的大小，先填入1/3～1/2的盆土，然后将苗植入盆中，扶正，再继续填土。栽植深度应略高于根颈部1～2cm。盆土应低于盆沿2～4cm，以便浇水，不应太满。栽完后立即用喷壶浇一次透水，以水从盆的底孔微微渗出为准。

五、庭院绿化栽植方法

（一）棚架、花架植物的栽植技术

在植物材料选择、具体栽种等方面，棚架、花架植物的栽植应按以下方法处理。

（1）植物材料处理　用于棚架的植物材料，若是藤本植物，如紫藤、常绿油麻藤等，最好选一根独藤长5米以上的；如果是木香、蔷薇之类的攀缘类灌木，因其多为丛生状，要下决心剪掉多数的丛生枝条，只留1～2根最长的茎干，以集中养分供应，今后才能够较快地生长，较快地使枝叶盖满藤架。

（2）种植槽、穴的准备　在花架边栽植藤本植物或攀缘灌木，种植穴应当确定在花架柱子的外侧。穴深 40～60cm，直径 40～80cm，穴底应垫一层基肥并覆盖一层土壤，然后栽种植物。不挖种植穴，而在花架边沿用砖砌槽填土，作为植物的种植槽，也是花架植物栽植的一种常见方式。种植槽净宽度在 35～100cm，深度不限。但槽顶与槽外地坪之间的高度应控制在 30～70cm 为适中。种植槽内所填的土壤，一定要是肥沃的栽培土。

（3）栽植　花架植物的具体栽植方法与一般的树木基本相同。但是，在根部栽种施工完成之后，还要用竹竿搭在花架柱子旁，把植物的藤蔓牵引到花架顶上。若花架顶上的檩条比较稀疏，还应在檩条之间均匀放置一些竹竿，增加承托面积，以方便植物枝条生长，铺展开来。特别是对缠绕性的藤本植物如紫藤、金银花、常绿油麻藤等更需如此，不然以后新生的藤条相互缠绕一起，难以展开。

（4）养护管理　在藤蔓枝条生长过程中，要随时抹去花架顶面以下主藤架上的新芽，剪掉其上萌生的新枝，促使藤条长得更长，藤端分枝更多。对花架顶上藤枝分布不均匀的，要做人工牵引，使其分布均匀。以后，每年还要进行一定的修剪，剪掉病虫枝、衰老枝和枯枝。

（二）棚架、花架植物的施工方法

花架、棚架立体绿化的施工，主要依据这些不同植物的攀缘方式，确立不同的施工方法。因大部分攀缘植物对土壤等条件的要求不是特别严格，其栽植方法和其它树木的栽植方法没有大的区别。但是攀缘植物不同，其攀缘方式也不同，这就要求施工时对引导向上生长的方法也不同。

（1）缠绕藤本　这类植物靠茎干本身螺旋状缠绕上升，如紫藤、金银花、五味子、猕猴桃、三叶木通等。此类攀缘植物在种植前要挖较大的栽植坑，埋入足量的腐殖质土，特别是栽植猕猴桃、紫藤时要注意这个问题。同时，需搭好支架和引导架，藤蔓才能沿着支架向上攀缘生长（图 7-102～图 7-105）。

图 7-102　猕猴桃花架

（2）攀缘藤本　此类植物借助于感应器官，如变态的叶、柄、卷须、枝条等攀着它物生长，如葡萄、常春油麻藤等。这类攀缘植物必须搭好攀缘架或者引导架，才能向上生长。攀缘架依攀缘对象不同可以有不同的形式：如电杆，可用细铁丝和细钢筋绕电杆扎成圆柱状；如棚架，可以做成简易引导架，在引导植物到达棚架顶部后即可拆除引导架（图 7-106）。

（3）钩刺藤本　这类植物靠钩刺附属器官帮助向上攀缘生长，如木香、藤本月季等。这类植物必须搭好攀缘架或者引导架和引导绳，在种植后 1～2 年，要经常人为帮助缠绕向

图 7-103　金银花花架

图 7-104　五味子花架

上生长（图 7-107）。

（4）攀附藤本　这类植物上生长很多细小的不定根或吸盘，紧贴墙面或物体向上攀登生长，如薜荔、爬墙虎、凌霄等。此类植物不需要搭攀缘架或引导架，但在光滑的墙面上适当地搭一些引导架有助于向上攀登。在装饰有瓷砖的墙面进行绿化，应在靠近墙角处挖一30 厘米×30 厘米的小坑或做成花箱，把植物栽于其中。特别提出的是，种植这类植物不要离墙壁太远，以免人们路过踩坏。

根据攀缘植物不同种类、生态习性和形态特征，有意识地进行立架搭棚，可以很快收到显著的绿化效果，再经过人工修剪，艺术造型，更能成为各式各样的绿化美景（图 7-108）。

篱笆和栏杆立体绿化需要栽大量大型植株的藤本植物，可事先用石灰粉在栅栏或者篱笆前做出标志，一般植株之间的距离以 1m 为合适，接着挖穴种植。穴的形状不一，可方可圆，直径与深度根据植物的大小而定，一般不得小于 40cm，同时注意穴底不能比穴口小。

图 7-105　三叶木通花架

图 7-106　葡萄架

图 7-107　月季

图 7-108　凌霄花架

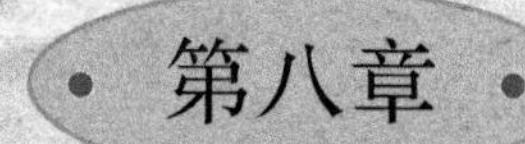

建筑环境立体绿化养护管理

第一节　植物材料的养护管理

一、屋顶绿化植物材料养护管理

屋顶花园建成后的养护，主要是指花园主体景物的各类地被、花卉和树木的养护管理。另外还有屋顶上的水电设施和屋顶防水、排水等管理工作。这项工作一般应由有园林绿化种植管理经验的专职人员来承担。屋顶花园管理难度大、费用高、管理不到位，是目前集中反映出的三大问题。屋顶花园土层较薄，土壤蓄水量较少，管养人员应密切注意土壤的湿润程度和天气变化，保持不旱不涝。还应熟悉所栽种植物的生长特性，按需给予水肥。高大的乔灌木应经常修剪，控制高度、冠幅和枝条密度，以免受台风危害。屋顶花园建成后，能否发挥其应有的作用，要做到注意植物生长情况，对于生长不良植物及时采取措施；注意水肥，浇水以勤浇少浇为主，经常修剪，及时清理枯枝落叶，注意排水，防系统被堵，对于草花应及时更新，以免影响整体形象。

由于植物品种和种植设计的不合理，导致目前一些屋顶绿化面临着严重的“养护危机”，成为令业主单位头疼的“负担”。以北京某些高档社区为例：社区的屋顶花园全部建设在波浪起伏的屋顶上，虽然视觉效果极为壮观，但由于植物材料全部选择冷季型草，作业面倾斜角度过大，相关蓄排水设施不配套，尽管目前物业公司每天都投入巨大的人力物力进行管理，景观效果仍旧持续恶化。

总之，屋顶绿化养护缺乏科学系统的研究和规范，施肥、灌溉以及病虫害防治管理都存在一定的随意性和不科学性，从而导致虫害、药害等一系列问题的出现，需要引起有关部门的关注。

（一）基本养护管理措施

1. 浇水

屋顶植物因光照强、风大，植物蒸腾量比较大，容易发生失水现象。而在夏季经常有高温现象，容易发生日灼、枝条干枯等现象，所以必须经常浇水来缓解干燥高温气候，创造较高的空气湿度，特别是夏季高温季节，应注意早晚浇水，加大浇灌量，不可断水。灌溉间隔一般控制在10～15天。花池土层薄，浇水量一定要控制好，要经常叶面喷洒，既可以保持植物的水分平衡，又可以降低温度。简单式屋顶绿化一般基质较薄，应根据植物种类和季节不同，适当增加灌溉次数。

2. 施肥

应采取控制水肥的方法或生长抑制技术，防止植物生长过旺而加大建筑荷载和维护成本。刚移栽的植物根系因受到不同程度的损伤，当年施肥量应该比较少；多采用叶面喷肥，施肥常采用复合肥。植物生长较差时，可在植物生长期内按照30～50g/m^{2}的比例，每年施1～2次长效N、P、K复合肥。

3. 修剪

屋顶花园一些植物容易发生基部落叶现象或者干枯现象，有些会长出徒长枝，这时要及时对植物进行修剪，控制植物的生长体量，以保持植物的优美生长外形，减少养分的消耗，使其不破坏设计意图。另外，屋顶上风大，体量过大植物对生长不利，同时考虑根冠平衡的原理，可以通过对树木花卉的整形修剪抑制其根部的生长，减少根系对防水层的破坏。根据植物的生长特性，进行定期整形修剪和除草，并及时清理落叶。

(1) 乔木　栽植满三年后，每年早春对其进行修剪，主要剪除枯枝和变形枝，将整体树冠修成圆形或卵形。树体大或老化时，可以随时更新。

(2) 灌木　栽植满两年后，每年早春对其进行修剪，主要剪除枯枝和变形枝以及顶芽，将树冠修剪成圆形或椭圆形。树体大或老化、开花率低时，可以随时更新。

(3) 草本植物　花草，不必进行修剪，但每年植物发芽前应清理枯枝落叶。草坪草，坪植后当年修剪1～2次，第二年起每年春季、夏季、秋季各进行1～2次修剪，保持高度5～7cm。如果产生枯死应及时补植。

4. 病虫害防治

在屋顶花园中，经常会有杂草侵入，杂草一旦侵入，往往会形成优势种，破坏原来的景观。例如上海常见的入侵植物有水花生、加拿大一枝黄花和鸟嗜植物构树等，这就需要将之清除，以免对其它植物生存造成危害。可以结合修剪防治病虫害：发生病虫害时应采用对环境无污染或污染较小的防治措施，如人工及物理防治、生物防治、环保型农药防治等措施，及时对症喷药，并修剪病虫枝。

5. 防风防寒

应根据植物抗风性和耐寒性的不同，采取搭风障、支防寒罩和包裹树干等措施进行防风防寒处理。使用材料应具备耐火、坚固、美观的特点。栽植乔木和大型植物材料应加设固定设施。北方冬季应注意保护植物正常越冬，要采取一定防冻措施。特别是要及时清除积雪，防止大雪压坏树苗。

6. 灌溉设施

宜选择滴灌、微喷、渗灌等灌溉系统。有条件的情况下，应建立屋顶雨水和空调冷凝水的收集回灌系统。

（二）养护管理技术

1. 屋顶植物的修剪

（1）乔木整形修剪　用于屋顶绿化的乔木由于生长基质较薄，应当缩小树冠，控制其生长速度，从而防止倒伏和对房屋顶部造成过大压力。根据树木本身的自然树形和生长习性，可分为无主轴型（如：槐树、栾树、馒头柳、元宝枫等）和有主轴型（如：毛白杨、银杏、白蜡等），修剪要领各不相同，对松柏类的修剪又另有要求。

无主轴型：不定芽萌生力强，耐修剪。从定植开始就应注意培养树形，主要在冬季进行修剪；夏季则进行小树掰芽、对生长过旺的枝条剪梢、摘心。修剪时应注意以下事项。

① 掌握定干高度。定植树木时一般进行抹头，要根据不同栽植地点和要求，确定分枝点的高度，尽量减少对屋顶的荷载，防止由于树木过高造成倒伏。

② 选留好主枝。对抹头后剪口以下萌生的新枝条选方向均匀、角度适宜的留三、四个作为主体，其余的及时掰芽或疏剪。次年冬对所留枝条根据强弱、长短情况适当进行中度或轻度短截，以保证主枝粗壮，二次分枝适度。夏季对过旺枝条进行短截或摘心，促使分枝。

③ 树形骨架基本成形后，则以疏枝为主，使枝条疏密适度，保持树冠通风透光。按去弱留强的原则，适当地疏剪重生枝、过密枝、交叉枝，并剪去枯枝、病虫枝，理顺骨干枝系统，达到树冠内部不乱又不空，外围丰满通风。

有主轴型：这类树木具有很强的顶端生长优势，直立壮观，不耐抹头或重截，应以疏剪为主。主要修剪要在冬季进行。修剪时应注意以下事项。

① 保持树冠与树干的适当比例，以保持足够的枝叶供应树木生长。

② 最下方三大主枝着生位置要上下错开，方向均匀，角度适宜，防止生在一个水平面上，影响主尖生长。

③ 及时剪掉三大主枝上基部贴近树干的侧枝，防止截留养分，影响主干往上生长。

④ 选留好三大主枝上的其它各主枝，使其呈螺旋形循序排列，保持适当距离（一般在40～100cm之间），避免重叠。适当疏剪过密枝、主枝的背上枝、内向枝、弱枝、徒长枝、病虫枝等。

对于常绿树的修剪，一般要保留全部侧枝，只修剪干枯枝、折损枝、病虫害枝。如果要提高松树的分枝点，应从幼树时逐年修剪，不宜一次修剪过多，剪口要适当离开主干，不可剪掉基部膨大部分，防止剪口过大，流胶过多，伤口回缩，影响树势。

（2）灌木的修剪　为保持灌丛状态，应逐年循序更新老枝，使上下部树枝都能丰满，避免下部空虚。一般在每年进入生长期前，在根生枝中先将1/3较老的自地面剪除，同时修整株形，控制高度，除去过密枝并随时清理死枝和病虫害侵害的枝条。对观花灌木的修剪，时间及方法必须根据不同开花习性进行。对当年生枝条上开花的，应在花开后剪去过长枝，进行整形；对秋季孕蕾，次年春季开花的，应在夏季休眠期剪去徒长枝和过密枝，入冬前剪去过长枝，修整株形；对花开于多年生枝上的和常绿开花灌木，可于休眠或萌动前进行必要的整形修剪。为使花繁色艳，应根据不同的开花习性掌握下列原则：

① 当年生枝条开花的如紫薇、木槿、珍珠梅等，选择适当高度的健壮枝留2～4个饱满芽短截；一年内多次开花的将花下4～6芽剪去，同时适当追肥。

② 两年生枝条开花的如碧桃、榆叶梅、丁香、连翘、锦带花等，春季剪去内膛过密枝，对开花枝适度轻剪。花后半月对弱枝留2/3轻剪，除去直立的徒长枝。

③ 多年生枝条上开花的紫荆、贴梗海棠等着重更新修剪，剪去衰老枝和细弱枝，选留健壮枝条，同时剪除枯病枝及老枝枯梢。

（3）绿篱修剪　春季萌动前和雨季休眠期进行整形。绿篱的高度应符合各种植物的不同习性，即不同高度的绿篱应选用适当的植物种类。可修剪成不同的几何形状；但对喜光的种类必须注意上部宽度不大于下部，以免下部枝叶稀疏衰弱。

（4）草坪选用及养护　绿化屋顶的草坪应该具有抗旱节水、隔热降温、根系无穿透力、对肥料的需求不高、绿色期较长、管理粗放简单、繁殖方法简单、成活率高、所需基质薄、对屋面负荷轻等特点。因为其枝叶均为肉质，不耐践踏，在管护中只需适时拔除杂草，不需要修剪，可在每年植物萌动季节将过老枝进行去除。

2. 屋顶植物的浇灌

屋顶植物的浇灌应遵循以下原则：

（1）应选择滴灌、微喷、渗灌等灌溉系统。

（2）在条件允许的状况下，应建立屋顶雨水和空调冷凝水的收集回灌系统。

（3）花园式屋顶绿化养护管理除参照 DBJ 11/T 213—2003 执行外，灌溉间隔一般控制在 10～15 天。

（4）简单式屋顶绿化基质一般比较薄，应根据植物种类和季节不同，适当增加灌溉次数。

（5）如佛甲草、垂盆草等地被植物，因生长基质较薄，在春季来临之前选温度较高、日照充足的天气进行适当补水，促进叶芽萌动。

3. 施肥

植物生长状况较差时，可在植物生长期内按照 15～25kg/m^2 的比例每年施 1～2 次长效复合肥。

4. 屋顶绿化植物的病虫害防治

（1）人工防治　刮除树干或建筑物上的柳毒蛾卵，挖除槐树附近松土里的国槐尺蠖蛹，采摘仰天社蛾的虫包，震落捕杀国槐尺蠖、油松毛虫的幼虫等。

（2）物理机械防治　利用简单的工具、设备或创造害虫喜欢的物质条件防治害虫。具体方法有：灯光诱杀，如黑光灯诱杀柳毒蛾成虫；潜所诱杀，如树干绑报纸诱杀柳毒蛾成虫；截止上树，如在树干上围钉塑料薄膜环，截止草鞋蚧上树；饵木诱杀，如设置新鲜柏树枝干，诱杀柏树双条杉天牛。

（3）生物防治　利用有益生物防治有害生物。以虫治虫，保护和利用寄生性或捕食性天敌来防治害虫，如利用赤眼蜂来防治国槐尺蠖、利用红缘瓢虫防治草鞋蚧等；以鸟治虫，即保护和利用益鸟来防治害虫，如利用啄木鸟防治双条杉天牛，利用灰喜鹊防治松毛虫；以微生物治虫，即利用能使害虫致病的细菌、真菌、病毒或它们的代谢物来防治害虫，如用苏云金杆菌来防治国槐尺蠖等。

（4）环保型农药防治　使用无公害的农药防治病虫害。

5. 屋顶绿化植物的四季管护

（1）春季管护　春季平均气温较低，降水量较少，树木结束休眠，在植物开始萌芽长叶前及时补充水分，缓和春旱。继续冬季修剪工作，促使植株健康生长，剪除冬季枯枝，修剪绿篱。撤除屋面防寒设施。清理越冬枯木，减少建筑物荷载。对缺失苗木进行补植，对生长弱的苗木适量追肥。

（2）夏季管护　夏季气温高，蒸发量大，做好旱期的植物补水，保证健康生长。修剪残花，剪除萌蘖、抹芽。对较大的树木及时修剪徒长枝，抽稀树冠，控制树形，避免倒伏。对绿篱进行整形修剪，对病虫害进行防治，拔除杂草，遇大雨、暴雨加强巡查，做好排水工作。

(3) 秋季管护　气温逐渐降低，植物逐步进入休眠期，对生长弱、木质化程度不高的苗木追施磷、钾肥。随时清理杂草落叶，土壤冻结前完成冬水浇灌，继续完成防病、防虫工作。

(4) 冬季管护　具体养护措施如下。

支撑、牵引植物材料，确保安全。北京地区冬季干旱多风，瞬间风力有时可达7～8级，因此要确保屋顶绿化植物材料、基础层材料以及绿化设施材料的牢固性。对于屋顶上的常绿乔木、落叶小乔木及体量较大的花灌木要采取支撑、牵引等方式对其进行固定。因北京冬季常刮西北风，所以在固定植物时，支撑、牵引方向应与植物生长地的常遇风向保持一致。牵引、支撑时应根据植物体量及自身重量选择适当的固定材料。对于枝条生长较密的植物，冬季还应进行适当修剪，使其通风透光，提高抗风能力。

搭建御寒风障。对于新植苗木或不耐寒的植物材料，适当采取防寒措施：云杉、五针松、大叶黄杨、小叶黄杨等不耐风的新植苗木应包裹树干、搭设风障，确保其安全越冬。在背风、向阳、小气候环境好的地点可不必搭设或灵活掌握。

进行屋顶覆盖。目前屋顶绿化工程大多采用简单式屋顶绿化形式，简单式屋顶绿化所用植物大多选用景天科景天属植物佛甲草或垂盆草。佛甲草抗寒能力稍差，如养护不当，容易大面积枯死，对来年草坪返青极为不利。所以，新铺设的佛甲草草坪如果尚未完全成坪或者生长较稀疏，应当及时补苗。进入冬季不适宜补苗时，应当对新铺草坪进行覆盖，以保护土壤，防止老苗及基础材料被风吹走，也可有效预防鸟类对于屋顶绿化的损害。

冬季补水。简单式屋顶绿化常用植物佛甲草、垂盆草均属抗旱植物，但冬季补水却非常关键。如果屋面土壤过分干旱，很容易造成土壤基质疏松，植物严重缺水，植株下部幼芽逐渐干瘪最终造成植株死亡。在冬季降水量减少的情况下，可于11月底结合北方园林植物浇“冻水”的时候为其浇水。由于简单式屋顶绿化基质较薄，屋顶蒸发量较大，因此建议在植物越冬期间选择日照充足、温度较高的天气进行适当补水。试验表明，冬季基质含水量高的地方，佛甲草的长势优良，绿色期可延长至12月中旬，返青时间也可提早15～20天。

加强日常巡视，保障屋顶建筑安全。施工单位应当经常对屋顶绿化进行巡视，检修屋顶绿化各种设施。灌溉系统及时回水，防止水管冻裂。遇大雪等天气，应及时排除降雪，减轻屋顶荷载，确保建筑及人员的安全。

二、墙体垂直绿化植物材料养护管理

墙体垂直绿化植物材料的养护管理较其它立体绿化形式一般要简单一些，因为用于墙体绿化的植物材料大多适应性强，极少病虫害。但在实施墙体垂直绿化后，也不能放任不管，只有经过良好绿化设计和精心养护管理才能保持墙体绿化恒久的效果。

采取保枝、摘叶的修剪方法，对下垂枝和弱枝进行适当修剪，防止因蔓枝过重过厚而脱落。并定期进行疏苗、补苗，促进植物生长。

栽植时应选择无病虫害的健壮苗，勿栽植过密，保持植株通风透光，防止或减少病虫发生。栽植后应加强攀缘植物的肥水管理，促使植株生长健壮，以增强抗病虫的能力并及时清理病虫落叶、杂草等，消灭病源虫源，防止病虫扩散、蔓延。

加强水肥管理，确保滴灌系统正常使用，一方面为植物供应水分，另一方面提高墙面的湿润程度而更利于植物的攀爬。定期补施肥料，保证植物有足够的水肥供应。

在种植槽外栽植保护篱，减少墙体垂直绿化中的人为践踏和干扰破坏，以保证植物成活和正常生长，同时解决藤本植物下部光秃不够美观的缺点。

三、阳台、窗台、露台绿化植物材料养护管理

由于阳台、露台、窗台的特殊生态条件使得其上养花较林地栽花要困难些。科学精心的管理成为阳台、露台、窗台绿化好坏的关键。

（一）光照管理

由于各楼层之间的相互遮挡，对植物有一定的遮阳作用，但效果常是差强人意。阳台的光照条件因阳台的朝向、宽度、高度及季节而变化。由于多数植物的趋光性，每隔一段时间要注意调整花卉的摆放位置，吊挂的花卉要经常移到光照好的环境下，以免影响植物的生长发育。当然，在光照强烈的夏季，对那些不耐强光的植物要适当遮阳，以免对植物造成伤害。

（二）水肥管理

阳台环境干燥，光照条件较好，加上墙面和地面的反射，阳台水分的蒸发量大，对阳台植物的浇水应多于露地。一般花卉春、秋两季每天浇一次透水即可。夏季则需在上午“找水”一次，寻找个别缺水的进行浇灌，傍晚再浇一次透水，遇到干旱、炎热的气候，每天上、下午还应向枝叶及地面喷水来提高空气湿度。冬季气温低许多花卉进入休眠或半休眠状态，应保持盆土干燥。通常每月选一晴天中午浇一次水即可。

在阳台养花中不论是盆栽还是池槽栽，营养土都不会太多。因此，施肥中应做到“薄肥勤施”，每次施的过多容易造成烧苗，施肥间隔期过长又易造成脱肥。具体施肥量及间隔期则应根据花卉及季节作具体分析。

（三）修剪整枝

及时修枝整形，不仅可以使得株形整齐、姿态优美，而且有利于花卉长芽抽梢，开花结果。

（四）病虫害防治

防治原则是预防为主，综合防治。阳台由于地理位置特殊，当病虫害发生时不适宜喷药。一般用液体药剂浸渍或涂搽植物，或用固体颗粒药剂让植物自根部吸收。也可以人工去除。

（五）换盆

窗、阳台绿化一项重要养护是换盆，以增加土中新的营养、对泥土消毒、修剪老根、促发新根。一般小盆每一二年一换，大盆三年一换。换入 2/3 的新土，浇足水放阴凉处一周后再移到阳光下。

（六）安全性检查

由于楼房阳台、露台、窗台是在空中，所以在进行绿化时，要对其安全性做充分的考虑。绿化中，要对固定花盆或者是悬挂的器具进行定期检查，同时，摆放花卉的固定措施也要做好，以保证绿化设施在大风或是其它环境因素影响下不会出现问题，及时排除安全隐患

以确保安全。

四、门厅、室内绿化植物材料养护管理

（一）门厅立体绿化植物材料的养护管理

门厅是进出比较频繁的地方，人流量相对较大，对植物的生长来说条件相对较差，大多数选择的藤本植物都能够比较适应这种环境，但是也要采取一定的管理措施才能够保证绿化效果的持久。

门厅绿化与墙面和屋顶绿化相似，管理措施也相类似。

1. 浇水

植物在比较恶劣的土壤环境中，往往生长不良，如果采取精心的水肥管理，可以充分发挥植物的优势，使植物生长良好。门厅是人流较多的地方，土壤密实度大，水分和养分条件较差，所以在门厅绿化完成后要加强水肥管理，使植物生长旺盛，充分发挥立体绿化的生态作用。

（1）栽植后应该立即浇水，新植和近植的各种攀缘植物，应连续浇水，直至植株不灌水也能正常生长为止。

（2）要掌握好1～5月浇水的关键时期。

（3）生长期应松土，保持土壤持水量65％～70％。

（4）由于攀缘植物根系浅，占地面积小，因此在土壤保水力差或者天气干旱季节应适当增加浇水次数和浇水量。

2. 牵引

对攀缘植物的牵引过程从植株栽植后到植株本身能独立沿依附物攀缘为止，根据攀缘植物的种类、生长时期采用不同的方法，例如借助外物设置攀缘网等。

3. 理藤

将新生枝条进行固定，并按照生长季节进行造型，最终达到均匀满铺的效果。

4. 施肥

植物的修剪期宜在5月、7月、11月或植物开花后进行，修剪主要为满足整个立体绿化效果，特别是藤本植物更应多关注修剪植物的造型、走向等。修剪后将立体绿化的厚度控制在15～30cm，对栽植2年以上的植株应对上部枝叶进行疏枝，以减少枝条重叠，并适当疏剪下部枝叶；对生长势较弱的植株修剪促进萌发。

5. 病虫害防治

对各种不同的病虫害防治应根据具体情况进行，以防为主，防治结合。特别是需要选择无公害药剂或高效低毒的化学药剂，适当进行生物防治。

（二）室内立体绿化植物材料的养护管理

1. 换盆

盆栽植物隔一段时间都要换盆换土，这是因为随着植株的长大，根系也逐渐布满盆土，甚至从盆的底孔穿出，或是向上露出土面，如不换大盆，植株生长就会受到抑制。另外，植株长大，根系也不断出现老化现象，只有常切除一部分腐朽的老根，才能促使新根正常生长。再者，从盆土方面来说，栽植多年的盆花，使盆土结构变劣，养分亏缺，结合换盆时换

用新的培养土，可促进植物生长。

室内种植多为多年生花卉。宿根花卉一般应一年换一次盆。木本花卉生长较慢，一般应2～3年换一次盆。宿根花卉和落叶木本花卉，应在秋季停止生长后至春季开始生长前换盆。而常绿花木应在雨季换盆。因为雨季的空气湿度大，叶面蒸发量小，换盆对植株生长的不利影响较小。换盆时，将土坨从盆中脱出，刮去一层四周的旧土，适当修剪根系，去除老、朽根，再植入稍大些的花盆中，在四周填入新土，用手指稍加镇压即可。对于宿根花卉来说，还可结合换盆进行分株繁殖。

2. 施肥

植物的肥料有基肥和追肥两种。基肥都在上盆时或冬季施用，主要是饼肥、骨粉等有机肥。追肥是在植物生长期使用充分腐熟的有机液肥或“花肥”。施肥的种类和数量应根据花卉的种类、观赏目的以及花卉的不同生长发育阶段来灵活掌握。如苗期需要氮肥较多，以促进植株快速成形；花芽分化和孕蕾阶段则需要较多的磷、钾肥。在选用肥料时，观叶植物应多施氮肥。

3. 浇水

植物浇水很讲究，初学养花的人，担心盆花干死，因此不断浇水，结果导致土壤过于潮湿，积水，窒息根系，甚至发生烂根，直至植株死亡。对于文竹、君子兰等肉质根系的花卉来说，发生烂根现象的可能性很大。因此，盆花浇水时最重要的原则是见湿见干，不干不浇，干透浇透，盆土既不能长期湿透，甚至积水，也不能长期干旱。要掌握在盆土大体上干透时浇水，并且要一次浇足，等下次盆土干燥时再浇。当然也不能过于干燥，否则就会出现萎蔫甚至枯死的现象。

检查盆土的干湿程度也是至关重要的一步。由于盆土饱含水分时，花盆本身（特别是瓦盆）也浸满了水，所以敲打时发出的声音就沉闷。反之，敲打时发出清脆音响则说明盆土已干，应立即浇水。春季大约2～3天浇一次水，夏季每天浇一次水，盛夏酷暑则需早晚各浇一次水。入秋以后，浇水次数应减少，一般1～2天浇一次水。冬季应少浇水。冬季若在有取暖设备的室内养花，温度高、湿度低，盆土也容易干燥，应该勤观察，一般亦应每天浇一次水。家庭阳台上种花，不接“地气”，极易干燥，要多观察，勤浇水。家庭养花时，叶面上常会积聚灰尘，影响生长，有碍雅观，还应进行叶面喷水，使花株洁净润泽。浇水最好用河水、池水、井水或贮存的雨水等天然水，不要直接用自来水，因为自来水温度太低，尤其是在炎热的夏天，对花木刺激太大，自来水经过漂白粉消毒，含有氯元素，对花木生长也不利。如用自来水，最好准备一个水盆或水缸，把自来水存放一两天，使水温、气温、土温相差不多时再用。考虑到水温与气温、土温的温差不宜太大，以免植株因刺激太大而带来伤害，天气炎热时浇水宜于早晚进行。

4. 整形和修剪

整形和修剪是盆栽花卉养护管理过程中的一项重要工作，它不仅可以维持植株优美的姿态，进行艺术的造型，还可通过修剪调整花木的生长状况，促进生长和开花，使株形美观，花繁果硕，提高观赏价值。

5. 病虫害防治

室内植物与外界的接触较少，所以病虫害也就比较少，但并不等于不会发生病虫害。其一就是栽培基质要彻底消毒，花苗选择时也要检查是否是病苗或是带有害虫的；其二是防治，由于是室内栽培，建议一般情况下不使用农药，就是要使用也要把花卉植物移到室外喷杀，放置两三天后才能搬回室内。

6. 松土和除草

室内植物在种植了一段时间后基质在肥料和水的作用下容易硬化，所以应两三个月左右用小铁锹或其它工具松土，但要注意不要太深，防止伤害到根系。除草，一般的细草不用去除，这里指的是有影响花形的杂草，一方面可以节省肥料，另一方面保证整个盆花的外形。

五、庭院绿化植物材料养护管理

（一）花架棚架养护管理

在花架、棚架立体绿化中，为了长期保持良好的效果，需要定期对植物和花架进行维护和管理。

植物的固定与牵引，在花架、棚架的绿化装饰中，植物在生长初期攀缘能力较弱，需要采取人工的措施帮助植物攀缘或者缠绕（如图 8-1）。

图 8-1　植物的固定与牵引

植物的栽培养护，由于花架、棚架立体绿化所用的都是藤本植物，这些植物对生长环境的适应性都比较强，对生长环境条件要求也不是很严格，所以绿化后的管理措施一般不需要很精细。但在现代园林中，花架、棚架一般设置在公共空间中，周围硬质景观比较多，路面反射使得这个小环境温度升高，生长环境中的水分以及养分都比较差，况且人们在此进行的活动比较多，这些都会在一定程度影响到植物的生长，所以棚架、花架立体绿化还是需要一定的水肥管理，才能使植物健康成长。

由于这类植物是没有固定的生长方向，若任其生长会对棚架的视觉效果以及使用功能产生影响，因此，还需要人工对植物进行适当的修剪。

（二）篱笆、栏杆养护管理

由于篱笆和栏杆立体绿化所用的植物一般是抗性比较强的植物，这类植物的管理一般比较粗放，当然也不是“全放养”，还是要有一定的管理措施，让植物较好地正常生长。植物栽植初期，由于树苗还比较弱，且刚换了环境，这个时期需要加强管理与保护，通过一定的修剪等措施，促进植物的分枝，保持合理的树形以及延伸范围，使篱笆与植物融为一体，既有分隔空间的作用，也达到所需要的视觉效果。

第二节 附属设施的养护管理

一、屋顶绿化附属设施的养护管理

（一）防水层结构

屋顶花园建筑的面层结构在投入使用若干年之后，会由于使用环境以及人为的影响，受到不同程度的损伤，进而影响结构的安全性、适用性等，影响建筑物的整体安全。因此，要对屋顶花园进行及时合理地维护和加固，提高其安全性、延长其耐久性，不仅可以保证以后屋顶花园的可靠使用，还有利于建筑物整体的适用和安全，具有明显的经济效益。

1. 柔性防水层的养护

柔性防水层屋顶面出现裂缝，一般分为两种，即有规则裂缝和无规则裂缝。有规则裂缝呈直线状，多出现在无保温层屋面或有保温层屋面板的横缝处。维修方法多采用半圆弧形贴缝法，先清除裂缝两边各 250mm 范围内的绿豆砂保护层，除去裂缝处浮灰，刷上冷底子油，裂缝处嵌入油膏或胶泥，应高出防水层 8mm 左右，再在上面铺 250mm 宽油毛毡条（或玻璃纤维布条），油毛毡条中间稍凸起成弧形状，油毛毡两端用热沥青胶结粘贴牢，最后做 380mm 宽一毡一油绿豆砂保护层。对于无规则裂缝，可在每条裂缝或多条裂缝集结区四周铲除绿豆砂保护层，并清除干净浮土，刷冷底子油，上铺一毡二油或一布二胶。

对保温层、隔热层损坏部分要重新按施工规范处理好，卷材老化、断裂部分要重新换材料，即重做一毡二油或二毡三油；卷材空鼓、翘边和封口脱开要揭开用黏结材料把它贴平，沥青流淌处可加一点绿豆砂制止（如图 8-2 所示）。

图 8-2 柔性防水卷材的维护

2. 刚性防水层的养护

近年来，采用桐油沥青防水油膏修补屋面分格缝效果较好。嵌缝的具体做法是：先将不规则的裂缝凿开，宽 20mm、深 25mm，再将缝内杂物用毛刷清除干净，以使油膏与底层黏结紧密。对大于30mm以上的缝，要用1∶3水泥砂浆把缝再抹为宽20mm，深25mm，然后再填嵌缝油膏。这样既不会影响施工质量，也不会提高造价。施工时要求屋面干燥，不潮湿，雨雾天气不适宜施工。特殊情况可用喷灯把潮湿板缝烘干，方可施工。填嵌缝油膏前，应该涂刷冷底子油一遍，待干后，再用抿子将油膏嵌入缝内，嵌填要密实，使其与基层严密粘牢，压实的嵌缝油膏应略高于板缝，以免积水。油膏的宽度需大于缝边200mm，再在嵌缝油膏表面均匀刷上2号涂料一层，在涂料面上平整铺贴玻璃纤维布（布的搭头约100mm）。在布的表面刷冷底子油一遍，一遍油膏平整光滑，最后再反复均匀地刷上一层2号涂料，在涂料表面均匀撒上云母粉，如图8-3。

图8-3 刚性防水层的维护

还应注意的是，嵌缝油膏为成品，使用时不得另加溶剂和其它填充料，以防改变油膏的性能。在冬季施工时，嵌缝油膏略显硬了一点，施工时可将油膏适当加热，但严禁用大火直接加热，以免影响质量。

对混凝土防水层表面风化的处理，主要采用覆盖法，即在被风化的板上，覆盖一层保护层。常用的保护层有20mm厚的水泥砂浆层以及涂刷各种涂膜防水材料形成的涂膜保护层。

对泛水处的嵌缝油膏老化失效，或嵌缝不牢，油膏与砖墙或混凝土脱开产生缝隙渗漏的情况，宜挖除已老化和脱落的油膏，按油膏嵌缝的施工要求重新嵌缝。

（二）水体

设计师要考虑到的是在屋顶上享有珍贵的水景的同时，要防止水的流失、变质。如果水池建在地势最低的地方，在下雨时就难免有被污染的雨水冲进来，而且一些在地面上施用的肥料和植物的残渣也会在池中积累。这些都会使池水变绿、变质，通常在这种情况下都应将水池的边缘适当加高一些（如图8-4）。

屋顶水景如果已经有水质变坏的迹象，即需要净化，水质的处理方法如下。

1. 微生物处理

直接向水体投放微生物或微生物发酵后制成的“生物净水剂”，每月在水池内投放3次，可消耗水中营养过剩的氮、磷等物质，并把污水中的有机物部分分解成氢气、二氧化碳等气体挥发掉。这种方法成本较低，1m^{3}的水域每年维护费为2元左右。

2. 物理处理

依靠物理沉淀作用，建造一个水循环系统，通过石英砂沉淀及净化处理，由水泵打水循

图 8-4 北京首都宾馆屋顶花园

环使用。通过石英砂过滤沉淀后，水中的杂物及藻类可以被过滤掉。在原有水循环系统中加一投药装置，定期投加杀菌剂，以改善水质。

3. 化学处理

投放化学药品净化水质，这种方法对观赏鱼危害较大，主要是向水中投加金属离子，使其与磷酸根形成可沉淀物而去除磷。较为常用的药剂有石灰、明矾、聚合铝盐和硫酸亚铁等，由于铁盐会增加水的色度，应以铝盐为好。理论上每投入 100mol 的铝盐可沉淀 1mol 的磷酸盐，通过铝盐的絮凝作用生成絮凝体，再经过滤将絮凝物去除。

4. 水生植物处理

依靠水生植物来改善水质，比如菖蒲、水竹等都有净化水质的功能。狐尾藻等沉水植物、水蜡烛等挺水植物和凤眼莲等浮叶植物，这些植物外形美观，可吸收、降解水中的氮、磷等富营养成分和重金属元素，使水质变好。

处理景观水体最科学的方法应是人为模拟自然生态系统，往水体中投入适量的鱼类、贝类，种植水生植物，植入混合菌种，形成一个完整的生态圈，使水体具有一定的自净功能，可根据屋顶环境及使用成本实际情况，使用多种方法净化水景水质，以达到“净化水质，美化环境”的效果。

二、墙体垂直绿化附属设施的养护管理

(一) 墙体

有些植物会给墙体留下黏性分泌物，冬天落叶后会很明显，很难去除，但不影响美观。有些种类的攀缘植物会腐蚀墙体。究其原因，一是某些植物的根（如爬山虎）会分泌某些具有腐蚀作用的酸性物质；二是一些植物（如爬山虎、薜荔）的枝条上会长出许多根，这些根一有缝隙就钻，深入缝隙后易引起墙壁坚固的水泥表面的剥落。为了避免攀缘植物对建筑的破坏，选择与建筑表面兼容的植物种类很重要，定期对墙体进行检查，确保长久的绿化节能效果。

支撑构件对墙体也造成一定的影响，一般墙体垂直绿化时会在墙体表面做一层防水，选择能耐受水土浸泡、经久耐用的防水材料，以防止种植基质的潮气和灌溉的水分进入到墙体中，对墙体产生破坏，另外固定点处防水应当着重处理。

除此之外，及时清除墙体上的病虫也是十分重要的。墙体绿化上的病虫，主要是来源于植物本身或者种植土，也有昆虫在适宜条件下会自发繁殖，例如蝴蝶。根据绿化植物的病虫防治办法，针对不同的病虫采取不同的措施。定期喷药，及时除去植物中的杂草，在管理时要注意工具的消毒，当发现时要及时销毁，并对墙面进行定期检查与管理，清理带病虫的落叶、消除病虫源。

（二）支撑骨架

定期维修检查支撑骨架的状况，确保植物不会进入不应有植物存在的地方，如排水管和排气孔等，可以有助于确定潜在的问题，保证在没有对支撑骨架造成任何破坏之前解决这些问题。

（三）其它设施

灌溉设施必须性能良好，接口处严禁滴、渗、漏现象发生。保证排水管道畅通，以便及时排涝。除此之外，灌溉水不应浪费，灌溉后，应该及时关闭灌溉设施。

定期检查排水系统的通畅情况也是十分必要的。设施维护人员应该及时清理枯枝落叶，以防排水口堵塞。一般在排水口附近做好防护措施，比较常见的是用不锈钢网罩。

在养护人员进行养护作业的同时，应采取必要的安全措施，还应该经常检查防风设施，防止松动以造成安全隐患或经济损失。

三、阳台、窗台、露台绿化附属设施的养护管理

阳台、露台上的花架、博古架，应定期进行维修检查，以排除安全隐患。

此外，对于花盆的养护，不同材质的花盆养护方法存在一定差异。素烧盆盆壁有细微的孔隙，有利于土壤中的养分分解和排湿透气，对花草根部生长提供了很好的条件，但是其质地相对粗糙，感官上觉得不甚精致，但别有风致，这种花盆用得时间长了，较易破碎，要在浇水时注意适量，且定时更换花盆。现在市场上有很多木制的花盆、花器，木盆透气，排水性能较好，很适合栽种花草。这些木盆用材大多经过防腐处理，但使用年月略长后，也要注意换盆时，将盆做一次彻底的消毒，上漆，以免腐烂，生虫。

四、门厅、室内绿化附属设施的养护管理

（一）容器

门厅和室内的立体绿化附属设施主要是花盆，使用时注意清理植物长期生长以及浇水留下的液体分泌物，防止影响美观；同时放置于地面与悬挂于墙体的立体绿化要注意防水，选择能耐受水土浸泡、经久耐用的防水材料，以防止种植基质的潮气和灌溉的水分进入到底面或墙体中，对底面或墙体产生破坏，另外固定点处防水应当着重处理。

（二）其它附属

定期维修检查几架、支架和吊钩等的状况，确保安全性，及时排除潜在的问题，保证在

没有附属设施造成任何破坏之前解决安全隐患问题。

五、庭院绿化附属设施的养护管理

（一）花架、棚架的养护

花架、棚架一般位于室外，受到各种自然因素和人为因素的影响，比较容易受到伤害，加上植物本身的生长，也会影响花架、棚架的整体效果。所以要对花架、棚架进行定期维护，注意保护花架、棚架的结构，检查油漆是否脱落。对结构不稳定的花架、棚架及时采取固定措施，以免影响视觉效果，同时也可防止安全事故的发生。

棚架维护：钢架大棚应每年涂刷 1 次防锈漆，尤其应注意生锈部分和易生锈的连接部件。注意水泥大棚的棚架内嵌的钢丝、竹片露出。个别断裂的单架应及时更换，以免影响整体牢固性。竹木大棚和水泥大棚等还应注意拱柱、立柱等连接处的铁丝、螺栓的牢固性，并应注意防锈。

（二）篱笆、栏杆的养护

对篱笆和栏杆的管理主要根据它们的原材料，金属结构主要在于防生锈，木结构主要在于防腐、防虫、防火，以下介绍木结构具体的保护方法。

防腐：木材腐朽是受木腐菌侵害的结果。木腐菌体内的水解酶能将组成木材细胞壁的纤维素、木质素及细胞内含物分解作为养料，使木材的强度逐渐降低，直至失去全部承载能力。

埋入土中的木桩，在土层表面上、下一个区段内，被土中的水分浸湿，又有氧气供应，所以招致腐朽。深埋于土中的部分不腐的原因是缺氧。地表以上较高部分不腐的原因是缺水(即含水率低于 18%)。因此，对于经常受潮或间歇受潮的木结构或构件，以及不得不封闭在墙内的木梁端头或木砖等，都必须用防腐剂处理以防木腐菌繁殖生长。

防腐剂是由具有一定毒性的化学品配制的，分水溶性、油溶性、油类及浆膏等几种。对于经常受潮的木构件，宜采用属于油类防腐剂的混合防腐油，也称蒽油，由煤杂酚油（即木材防腐油）和煤焦油配制，遇水不易流失，药效较长。沥青在外观上呈黑色黏滞状，与蒽油类似，常被误用作防腐剂。但沥青只能防水而不能防腐，用沥青涂在未经干燥的木材上，则适得其反，阻碍了木材的风干。

不同的树种木材，由于细胞的内含物不同其耐腐性也有差别，马尾松、桦木等即属于耐腐性差的树种。对于同一树种的木材，边材较心材易腐，所以边材所占比率较大的树种，其耐腐性也较差。当采用这些树种的木材制作木结构时，均应用防腐剂处理。

防虫：蛀蚀木材的昆虫主要有白蚁和甲虫。白蚁的危害较甲虫广泛而严重。楠木、紫檀、柚木等树种有较强的抗白蚁性，杉木、柳杉、樟木等也有一定的抗白蚁性，但多数树种木材皆易受白蚁危害，如马尾松最易受白蚁蛀蚀。所以对于易受白蚁危害的树种木材制作的木结构或木制品，都要用防虫药剂处理。

为了保证木结构的耐久性，目前世界各国都采用既能防腐又能防虫的药剂。如用硼酸、硼砂和五氯酚钠配制的硼酚合剂，是一种水溶性的药剂，可将木构件浸泡在药剂的水溶液中，若每立方米木材能吸收 4.5～6 千克的药剂（干剂重量），则能达到防腐防虫的目的。由于这种药剂遇水容易流失，故只宜用于不受潮的木构件。对易受潮的木构件，则应采用油溶性的五氯酚、林丹合剂。

防火：对木结构及其构件的防火主要是测定其耐火极限，并根据建筑物耐火等级的要求，采取提高木构件耐火极限的措施。

对于无保护层的木构件来说，应尽量采用截面尺寸较大的整体木构件，以提高耐火极限。试验证明，层板胶合构件的耐火性能与整体截面的木构件相似。所以采用截面大的层板胶合木结构，有利于防火。提高木结构的耐火极限有两个途径，一是加抹灰层或石膏板，如30厘米×30厘米的木柱加2.5厘米的钢丝网抹灰层，其耐火极限可提高到1.5小时，另一途径是采用防火药剂浸注或涂防火漆，如丙烯酸乳胶防火漆，在100～200°C的温度下能分解出磷酸使木材脱水炭化，减少可燃气体的形成，在250°C左右能膨胀起泡，形成蜂窝状的防火隔热层，做到小火不燃，以防止初期火灾的扩展，一经离开火焰即能自行熄灭。

屋顶绿化规范[1]

12 屋顶绿化

12.0.1 屋顶绿化种植，必须在建筑物整体荷载允许范围内进行，并符合下列规定：

(1) 应具有良好的排灌、防水系统，不得导致建筑物漏水或渗水。

(2) 应采用轻质栽培基质，冬季应有防冻措施。

(3) 绿化种植材料应选择适应性强、耐旱、耐贫瘠、喜光、抗风、不易倒伏的园林植物。

12.0.2 种植植物的容器宜选用轻型塑料制品。

13 绿化工程的附属设施

13.0.1 各类绿地应根据气候特点、地形、土质、植物配植和管理条件，设置相应的附属设施。

13.0.2 绿地的给水和喷灌的施工应符合下列规定：

(1) 给水管道的基础应坚实和密实，不得铺设在冻土和未经处理的松土上。

(2) 管道的套箍、接口应牢固、紧密，管端清洁不乱丝，对口间隙准确。

(3) 管道铺设应符合设计要求，铺设后必须进行水压试验。

(4) 管道的沟槽还土后应进行分层夯实。

13.0.3 绿地排水管道的施工应符合下列规定：

(1) 排水管道的坡度必须符合设计要求，管道标高偏差不应大于±10mm。

(2) 管道连接要求承插口或套箍接口应平直，环形间隙应均匀。灰口应密实、饱满，抹带接口表面应平整，无间断和裂缝、空鼓现象。

(3) 排水管道覆土深度应根据雨水井与接连管的坡度、冰冻深度和外部荷载确定，覆土深度不宜小于50cm。

13.0.4 绿地排水采用明沟排水时，明沟的沟底不得低于附近水体的高水位。采用收水井时，应选用卧泥井。

13.0.5 绿地护栏施工时应符合下列规定：

[1] 节选自《城市绿化工程施工及验收规范》。

(1) 铁制护栏立柱混凝土墩的强度等级不得低于C15，墩下素土应夯实。

(2) 墩台的预埋件位置应准确，焊接点应光滑牢固。

(3) 铁制护栏锈层应打磨干净刷防锈漆一遍，调和漆两遍。

13.0.6 花池挡墙施工应符合下列规定：

(1) 花池挡墙地基下的素土应夯实。

(2) 花池地基埋设深度，北方宜在冰冻层以下。

(3) 防潮层以1∶2.5水泥砂浆，内掺5%防水粉，厚度20mm，压实。

(4) 清水砖砌花池挡墙，砖的抗压强度标号应大于或等于MU7.5，水泥砂浆砌筑时标号不低于M5，应以1∶2水泥砂浆勾缝。

(5) 花岗岩料石花池挡墙，水泥砂浆标号不应低于M5，宜用1∶2水泥砂浆勾凹缝，缝深10mm。

(6) 混凝土预制或现浇花池挡墙，宜内配直径6mm钢筋，双向中距200mm，混凝土强度等级不应低于C15，壁厚不宜小于0mm。

13.0.7 园路施工应符合下列规定：

(1) 定桩放线应依据设计的路面中线，宜每隔20m设置一中心桩，道路曲线应在曲线的起点、曲线中点、曲线的终点各设一中心桩，并写明标号后以中心桩为准，按路面宽度定下边桩，最后放出路面平曲线。各中心桩应标注道路标高。

(2) 开挖路槽应按设计路面宽度，每侧加放20cm开槽，槽底应夯实或碾压，不得有翻浆、弹簧现象。槽底平整度的误差，不得大于2cm。

(3) 铺筑基层，应按设计要求备好铺装材料，虚铺厚度宜为实铺厚度的140%～160%，碾压夯实后，表面应坚实平整。铺筑基层的厚度、平整度、中线高程均应符合设计要求。

(4) 铺筑结合层可采用1∶3白灰砂浆，厚度25mm，或采用粗砂垫层，厚度30mm。

(5) 道牙的基础应与路槽同时填挖碾压，结合层可采用1∶3白灰砂浆铺砌。道牙接口处应以1∶3水泥砂浆勾缝，凹缝深5mm。道牙背后应以12%白灰土夯实。

13.0.8 各种面层铺设时应符合下列规定：

(1) 铺筑各种预制砖块，应轻轻放平，宜用橡胶锤敲打、稳定，不得损伤砖的边角。

(2) 卵石嵌花路面，应先铺垫M10水泥砂浆，厚度30mm，再铺水泥素浆20mm，卵石厚度的60%插入素浆，待砂浆强度升至70%时，应以30%草酸溶液冲刷石子表面。

(3) 水泥或沥青整体路面，应按设计要求精确配料，搅拌均匀，模板与支撑应垂直牢固，伸缩缝位置应准确，应振捣或碾压，路表面应平整坚实。

(4) 嵌草路面的缝隙应填入培养土，栽植穴深度不宜小于8cm。

14 工程验收

14.0.1 种植材料、种植土和肥料等，均应在种植前由施工人员按其规格、质量分批进行验收。

14.0.2 工程中间验收的工序应符合下列规定：

(1) 种植植物的定点、放线应在挖穴、槽前进行。

(2) 种植的穴、槽应在未换种植土和施基肥前进行。

(3) 更换种植土和施肥，应在挖穴、槽后进行。

(4) 草坪和花卉的整地，应在播种或花苗（含球根）种植前进行。

(5) 工程中间验收，应分别填写验收记录并签字。

14.0.3 工程竣工验收前，施工单位应于一周前向绿化质检部门提供下列有关文件：

(1) 土壤及水质化验报告；

（2）工程中间验收记录；

（3）设计变更文件；

（4）竣工图和工程决算；

（5）外地购进苗木检验报告；

（6）附属设施用材合格证或试验报告；

（7）施工总结报告。

14.0.4　竣工验收时间应符合下列规定：

（1）新种植的乔木、灌木、攀缘植物，应在一个年生长周期满后方可验收。

（2）地被植物应在当年成活后，郁闭度达到80%以上进行验收。

（3）花坛种植的一、二年生花卉及观叶植物，应在种植15天后进行验收。

（4）春季种植的宿根花卉、球根花卉，应在当年发芽出土后进行验收。秋季种植的应在第二年春季发芽出土后验收。

14.0.5　绿化工程质量验收应符合下列规定：

（1）乔、灌木的成活率应达到95%以上。珍贵树种和孤植树应保证成活。

（2）强酸性土、强碱性土及干旱地区，各类树木成活率不应低于85%。

（3）花卉种植地应无杂草、无枯黄，各种花卉生长茂盛，种植成活率应达到95%。

（4）草坪无杂草、无枯黄，种植覆盖率应达到95%。

（5）绿地整洁，表面平整。

（6）种植的植物材料的整形修剪应符合设计要求。

（7）绿地附属设施工程的质量验收应符合《建筑安装工程质量检验评定统一标准》GBJ 301的有关规定。

14.0.6　竣工验收后，填报竣工验收单，绿化工程竣工验收单应符合表14.0.6规定。

表14.0.6　绿化工程竣工验收单

<table>
<tr><td colspan="2">工程名称</td><td colspan="2"></td><td>工程地址</td><td colspan="2"></td></tr>
<tr><td colspan="2">绿地面积(平方米)</td><td colspan="5"></td></tr>
<tr><td>开工日期</td><td colspan="2"></td><td>竣工日期</td><td></td><td>验收日期</td><td></td></tr>
<tr><td colspan="2">树木成活率(%)</td><td colspan="5"></td></tr>
<tr><td colspan="2">花卉成活率(%)</td><td colspan="5"></td></tr>
<tr><td colspan="2">草坪覆盖率(%)</td><td colspan="5"></td></tr>
<tr><td colspan="2">整洁及平整</td><td colspan="5"></td></tr>
<tr><td colspan="2">整形修剪</td><td colspan="5"></td></tr>
<tr><td>附属设施
评定意见</td><td colspan="6">施工单位建设单位绿化质检部门
签字：
公章</td></tr>
<tr><td>全部工程
质量评定
及结论</td><td colspan="6">施工单位建设单位绿化质检部门
签字：
公章</td></tr>
<tr><td>验收意见</td><td colspan="6">施工单位建设单位绿化质检部门
签字：
公章</td></tr>
</table>

附录本规范用词说明

1.0.1　为便于在执行本规范条文时区别对待，对要求严格程度不同的用词说明如下。

(1) 表示很严格，非这样做不可的用词：

正面词采用“必须”；

反面词采用“严禁”。

(2) 表示严格，在正常情况下均应这样做的用词：

正面词采用“应”；

反面词采用“不应”或“不得”。

(3) 对表示允许稍有选择，在条件许可时，首先应这样做的用词：

正面词采用“宜”；

反面词采用“不宜”。

(4) 表示有选择，在一定条件下可以这样做的，采用“可”。

1.0.2　条文中指明应按其他有关标准执行的写法为：“应按……执行”或“应符合……的规定”。

参考文献

[1] 陈希，周翠微. 室内绿化设计. 北京：科学出版社，2008.
[2] 张宝鑫. 城市立体绿化. 北京：中国林业出版社，2004.
[3] （英）琼·克利夫顿. 住宅庭院设计. 贵州：贵州科技出版社，2004.
[4] 日本美丽出版社编著. 55种花园及前庭. 武汉：华中科技大学出版社，2010.
[5] 王仙民. 立体绿化. 北京：中国建筑工业出版社，2010.
[6] 王仙民. 上海世博立体绿化. 武汉：华中科技大学出版社，2011.
[7] 屠兰芬等. 室内绿化与内庭. 北京：中国建筑工业出版社，1996.
[8] 付军. 城市立体绿化技术. 北京：化学工业出版社，2011.
[9] 胡长龙. 庭院与室内绿化装饰. 上海：上海科技出版社，2008.
[10] 薛聪贤. 观叶植物256种. 广州：广东科技出版社，1999.
[11] 薛聪贤. 精选观叶植物255种. 杭州：浙江科学技术出版社，2000.
[12] 薛聪贤. 木本花卉196种. 合肥：安徽科技出版社，2000.
[13] 薛聪贤. 补遗-新品种180种. 北京：北京科技出版社，2002.
[14] 薛聪贤. 补遗-新品种167种. 北京：北京科技出版社，2002.
[15] 陈娟，王敏. 城市阳台绿化调查与设计. 北方园艺，2011，10.
[16] 苏玲，弓弼. 居室阳台的绿化景观营造. 安徽农业科学，2009，26.
[17] 刘晔，刘志德. 现代家居阳台绿化景观材质的选择与应用. 家具与室内装饰，2006，11.
[18] 陈学君，张淑萍，赵国怀，宋新伟. 阳台绿化的适宜植物和绿化形式. 山东林业科技，2003，4.
[19] 尹世明. “欧洲最美丽的露台”——卢森堡掠影. 山西社会主义学院学报，2005，4.
[20] 楚芳芳. 例析裙楼屋顶花园和露台花园的景观设计. 建筑，2011，13.
[21] 张华. 垂直绿化的形式探析. 现代农业科技，2008，21.
[22] 卓秋芬. 城市阳台绿化. 引进与咨询，2005，11.
[23] 房静. 城市阳台绿化探讨. 现代农业科技，2009，23.
[24] 孙君梅，杨光穗，尹俊梅. 热带农业科学，2009，29.
[25] 谢浩. 生态阳台的潮流设计. 门窗，2009，7.
[26] 蔡丽朋，曲恒明. 窗台绿化. 建筑知识，1999，02.
[27] 董晓. 紫叶鸭跖草　露台绿化适选植物. 中国花卉报，2009，08.
[28] 章利民. 阳台花园模式初探. 室内设计与装修，1996，05.
[29] 郭庆彤. 千色露台. 广东建筑装饰，2008，05.
[30] 孟芸芸. 露台花园. 中国花卉盆景，2011，08.